园林工程
从新手到高手——

园林种植设计与施工

主编　白巧丽

参编　魏文智　何艳艳　阎秀敏
　　　孙玲玲　董亚楠

机械工业出版社
CHINA MACHINE PRESS

本书将内容分为新手必读、高手必懂，以帮助读者掌握专业知识的关键点，快速提升从业技能。

本书共分为七章，内容包括：园林植物基础知识、乔灌木种植设计与施工、草坪种植设计与施工、花卉种植设计与施工、水生植物种植设计与施工、攀缘植物种植设计与施工及综合实例。

本书内容通俗易懂，简明扼要，可供从事园林植物养护等领域的工程技术人员、科研人员和管理人员参考，也可供高等学校园林景观及相关专业师生参阅。

图书在版编目（CIP）数据

园林工程从新手到高手：园林种植设计与施工/白巧丽主编 . —北京：机械工业出版社，2021.4
ISBN 978-7-111-68321-6

Ⅰ . ①园… Ⅱ . ①白… Ⅲ . ①园林 – 工程施工 Ⅳ . ①TU986. 3

中国版本图书馆 CIP 数据核字（2021）第 096370 号

机械工业出版社（北京市百万庄大街 22 号 邮政编码 100037）
策划编辑：张 晶 责任编辑：张 晶
责任校对：刘时光 封面设计：马精明
责任印制：常天培
北京机工印刷厂印刷
2021 年 7 月第 1 版第 1 次印刷
184mm×260mm · 15.75 印张 · 413 千字
标准书号：ISBN 978-7-111-68321-6
定价：49.00 元

电话服务　　　　　　　　　　网络服务
客服电话：010-88361066　　机 工 官 网：www.cmpbook.com
　　　　　010-88379833　　机 工 官 博：weibo. com/cmp1952
　　　　　010-68326294　　金 书 网：www.golden-book.com
封底无防伪标均为盗版　　机工教育服务网：www.cmpedu. com

前　言

　　随着我国经济的快速发展，城市建设规模不断扩大，作为城市建设重要组成部分的园林工程也随之快速发展。人们的生活水平提高，越来越重视生态环境，园林工程对改善环境具有重大影响。

　　园林工程主要是用来研究园林建设的工程技术，包括用于地形改造的土方工程，叠山、置石工程，园林理水工程和园林驳岸工程，喷泉工程，园林的给水排水工程，园路工程，种植工程等。园林工程的特点是以工程技术为手段，塑造园林的艺术形象。在园林工程中如何运用新材料、新设备、新技术是当前的重大课题。园林工程的中心内容是如何在综合发挥园林的生态效益、社会效益和经济效益功能的前提下，处理园林中的工程设施与风景园林景观之间的矛盾。

　　园林工程施工人员是完成园林施工任务的最基层的技术和组织管理人员，是施工现场与生产一线的组织者和管理者。随着人们对园林工程越来越重视，园林施工工艺越来越复杂，导致对施工人员的要求不断提高。因此需要大量掌握园林施工技术的人才，来满足日益扩大的园林工程人才需求。为此，我们特别编写了"园林工程从新手到高手"丛书。

　　本丛书分为5分册，包括：《园林基础工程》《园路、园桥、广场工程》《假山、水景、景观小品工程》《园林种植设计与施工》《园林植物养护》。

　　本书不仅涵盖了先进、成熟、实用的园林施工技术，还包括了现代新材料、新技术、新工艺等方面的知识，将新知识、新观念、新方法与职业性、实用性和开放性融合，培养读者园林植物养护的实践能力和管理经验，力求做到技术先进、实用，文字通俗易懂，书中文字、图片及视频相结合，能满足不同文化层次读者的需求。

　　由于时间有限，书中难免还有不妥之处，希望广大读者批评指正。

编　者

CONTENTS

目　录

第四章

第五章

第六章

第七章

第一章
园林植物基础知识

第一节
园林植物的作用

【新手必读】生态功能

一、吸收二氧化碳和释放氧气

现代工业发展迅速，并且大多集中在较大的城市中，致使城市人口密集，各种机动车排出大量二氧化碳，使局部地区二氧化碳的浓度远超过平均水平，这不仅会影响人类的健康，更为严重的是，二氧化碳是温室气体，会引起局部地区气温升高，形成"热岛效应"，进而引起全球气候变暖，对环境造成破坏。此外，燃料的燃烧和密集的人口呼吸消耗大量氧气，影响城市中二氧化碳和氧气的平衡。

植物在利用阳光进行光合作用制造养分的过程中，吸收空气中的二氧化碳，释放氧气。据估计，地球上 60% 以上的氧气来自陆地上的绿色植物。植物的光合作用所吸收的二氧化碳要比呼吸作用所排出的二氧化碳多 20 倍。绿色植物消耗了空气中的二氧化碳，增加了空气中的氧气含量，可以有效地解决城市氧气与二氧化碳的平衡问题。试验表明，1hm² 公园绿地白天 12h 能产生600kg 氧气并吸收 900kg 二氧化碳；1hm² 森林制造的氧气可供 1000 人呼吸，只要每人有 10m² 的森林或 25m² 的草坪，即可解决供氧之需，保持空气清新。因此，森林和公园绿地被誉为"绿肺"和"氧吧"。花木草地繁茂的地方，不但山清水秀，风景优美，而且空气新鲜宜人，可以减少各种慢性病的发生。

不同种类的园林植物通过光合作用吸收二氧化碳的能力各不相同。北京市园林科学研究所测定了常见园林树种单位叶面积年吸收二氧化碳和释放氧气量，结果如图 1-1 所示。其中，柿树、紫薇、刺槐、山桃、合欢等单位叶面积（m²）年吸收二氧化碳可达 2000g 以上。

二、调节温度，减少辐射

城市小气候会受到物体表面温度、气温和太阳辐射的影响，而气温对人体的影响是最主要的。城市本身如同一个大热源，不断散射热能，利用砖、石、水泥建造的房屋、道路、广场以及各种金属结构和工业设施在阳光照射下也散发大量热能，因此，市区气温在一年四季都比郊区

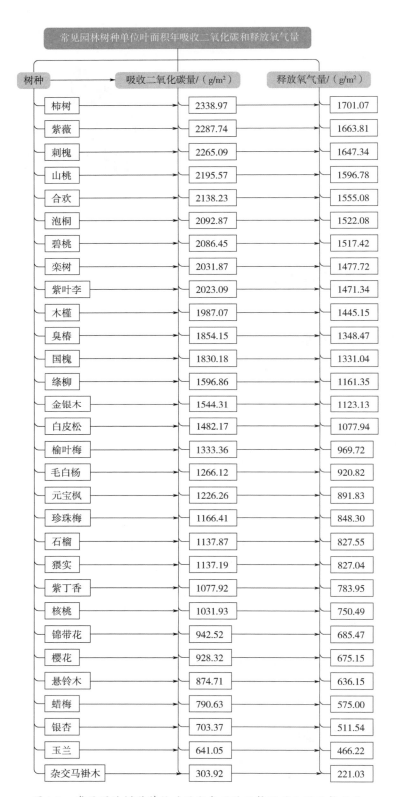

图 1-1 常见园林树种单位叶面积年吸收二氧化碳和释放氧气量

要高。在炎热的夏季，市区与郊区的气温相差 1~2℃。

园林植物具有调节气温的作用，因为植物蒸腾作用可以降低植物体及叶面的温度。一般 1g 水（在 20℃）需要吸收 2441J（584cal）的能量（太阳能），所以叶的蒸腾作用对于热能的消散起着一定作用。植物的树冠能阻隔阳光照射，起到荫蔽作用，使水泥或柏油路及部分墙垣、屋面减少辐射热和降低辐射温度。夏季人们在树荫下的气温较无绿地处低 3~5℃。南方城市夏季气温高达 40℃ 以上，空气湿度又高，人们感到闷热难忍；而在森林环境中，则清凉舒适。这是因为太阳照到树冠上时，有 30%~70% 的太阳辐射热被吸收。森林的蒸腾作用需要吸收大量热能，每公顷生长旺盛的森林，每年要蒸腾 8000t 水，蒸腾这些水分要消耗 167.5×10^8kJ 热量，从而使森林上空的温度降低。

草坪也有较好的降温效果。在没有树木遮阴的草地上，其温度比无草皮空地的温度低些。经测定，当夏季城市气温为 27.5℃ 时，草坪表面温度为 22~24.5℃，比裸露地面低 6~7℃，比柏油路面低 8~20.5℃。这使人们感觉在绿地上和在非绿地上的温度差异很大。据观测，夏季绿地比非绿地温度可低 3℃ 左右，相对湿度提高 4%；而在冬季，绿地散热又较空旷地少 0.1~0.5℃，故绿地有冬暖夏凉的效果。除了局部绿化所产生的不同气温、表面温度和辐射温度的差别外，大面积的绿地覆盖对气温的调节则更加明显。

三、调节湿度

在没有绿化的空旷地区，一般只有地表蒸发水蒸气，而经过了绿化的地区，地表蒸发会显著降低，这与植物的蒸腾作用有关。植物蒸腾产生大量的水分，增加了大气的湿度。大片的树林如同一个小水库，使林多草茂的地方雨雾增多。研究表明，树木在生长过程中所蒸发的水分要比它本身的重量大三四百倍。树林在生长过程中，每形成 1kg 的干物质大约需要蒸腾 300~400kg 的水。据计算，1hm² 阔叶林，在夏季能蒸腾 2500t 的水，相当于同面积的水库蒸发量，比同面积的土地蒸发量高 20 倍。由于树木的蒸腾作用，使绿地比非绿地的绝对湿度大 1mb，相对湿度大 10%~20%，这为人们生产、生活创造了凉爽、舒适的气候环境。

植物具有强大的蒸腾作用，可使夏季森林的空气湿度比城市的空气湿度高 38%，公园中的空气湿度比城市的空气湿度高 27%。冬季绿地里的风速小，蒸发的水分不易扩散，绿地的绝对湿度普遍比非绿地的绝对湿度高 1mb。水分的热容量大，林冠如同一个保温罩，防止热量迅速散失，使林内比无林地气温高 2~4℃，故林区冬暖夏凉。绿地是大自然中最理想的"空调器"。

春天树木开始生长，从土壤中吸收大量水分，然后蒸腾散发到空气中去，绿地内绝对湿度比没有树的地方增加 2mb，相对湿度增加 20%~30%，可以缓和春旱，有利于生产及生活。秋季树木落叶前，树木逐渐停止生长，但蒸腾作用仍在进行，绿地中空气湿度仍比非绿地空气湿度高。夏季树木庞大的根系如同抽水机一样，不断从土壤中吸收水分，然后通过枝叶蒸腾到空气中去。

不同种类的园林树木蒸腾量有所不同。北京市园林科学研究所对常见园林树种单位叶面积的蒸腾量进行了测定，结果如下：合欢、紫薇、杂交马褂木、柿树、刺槐等树种单位叶面积的年蒸腾量大于 300kg；泡桐、碧桃、蜡梅、臭椿、栾树等大部分树种单位叶面积的年蒸腾量在 200~300kg；悬铃木、银杏、玉兰、毛白杨、猥实等少数树种单位叶面积的年蒸腾量小于 200kg。在炎热的夏季，一棵胸径 20cm 的国槐每天蒸腾水量为 439kg，蒸腾吸热 84kW·h，相当于 3 台功率 1100W 的空调工作 24h 产生的降温效应。根据测算，北京城近郊 6 个区绿地全年蒸腾 4.39×10^8t 水分，蒸腾吸热 107396×10^8kJ；每公顷绿地日平均蒸腾水量 182t，蒸腾吸热 4.48×10^8kJ；其中乔木树种占蒸腾吸热的87%，可见园林树木蒸腾吸热对降温和提高空气湿度的重要作用。常见园林树种单位叶面积的蒸腾量如图1-2～图1-30所示。

合欢

| 春季蒸腾量/（kg/m²）：89.67 |
| 夏季蒸腾量/（kg/m²）：232.55 |
| 秋季蒸腾量/（kg/m²）：35.47 |
| 年蒸腾总量/（kg/m²）：357.69 |

图1-2　合欢

紫薇

| 春季蒸腾量/（kg/m²）：82.61 |
| 夏季蒸腾量/（kg/m²）：160.50 |
| 秋季蒸腾量/（kg/m²）：108.82 |
| 年蒸腾总量/（kg/m²）：351.93 |

图1-3　紫薇

杂交马褂木

| 春季蒸腾量/（kg/m²）：39.90 |
| 夏季蒸腾量/（kg/m²）：202.74 |
| 秋季蒸腾量/（kg/m²）：107.43 |
| 年蒸腾总量/（kg/m²）：350.07 |

图1-4　杂交马褂木

柿树

| 春季蒸腾量/（kg/m²）：85.28 |
| 夏季蒸腾量/（kg/m²）：237.66 |
| 秋季蒸腾量/（kg/m²）：23.34 |
| 年蒸腾总量/（kg/m²）：346.28 |

图1-5　柿树

刺槐

春季蒸腾量/（kg/m²）：88.72

夏季蒸腾量/（kg/m²）：233.41

秋季蒸腾量/（kg/m²）：20.07

年蒸腾总量/（kg/m²）：342.20

图 1-6　刺槐

木槿

春季蒸腾量/（kg/m²）：82.41

夏季蒸腾量/（kg/m²）：242.48

秋季蒸腾量/（kg/m²）：17.14

年蒸腾总量/（kg/m²）：342.03

图 1-7　木槿

白蜡

春季蒸腾量/（kg/m²）：57.23

夏季蒸腾量/（kg/m²）：254.17

秋季蒸腾量/（kg/m²）：16.10

年蒸腾总量/（kg/m²）：327.50

图 1-8　白蜡

绦柳

春季蒸腾量/（kg/m²）：91.69

夏季蒸腾量/（kg/m²）：213.23

秋季蒸腾量/（kg/m²）：16.77

年蒸腾总量/（kg/m²）：321.69

图 1-9　绦柳

核桃

春季蒸腾量/（kg/m²）：22.37
夏季蒸腾量/（kg/m²）：226.23
秋季蒸腾量/（kg/m²）：71.24
年蒸腾总量/（kg/m²）：319.84

图1-10 核桃

白皮松

春季蒸腾量/（kg/m²）：71.25
夏季蒸腾量/（kg/m²）：206.47
秋季蒸腾量/（kg/m²）：32.92
年蒸腾总量/（kg/m²）：310.64

图1-11 白皮松

国槐

春季蒸腾量/（kg/m²）：51.94
夏季蒸腾量/（kg/m²）：243.15
秋季蒸腾量/（kg/m²）：14.76
年蒸腾总量/（kg/m²）：309.85

图1-12 国槐

泡桐

春季蒸腾量/（kg/m²）：103.71

夏季蒸腾量/（kg/m²）：173.39

秋季蒸腾量/（kg/m²）：15.82

年蒸腾总量/（kg/m²）：292.92

图 1-13　泡桐

碧桃

春季蒸腾量/（kg/m²）：85.57

夏季蒸腾量/（kg/m²）：160.22

秋季蒸腾量/（kg/m²）：37.18

年蒸腾总量/（kg/m²）：282.97

图 1-14　碧桃

蜡梅

春季蒸腾量/（kg/m²）：45.36

夏季蒸腾量/（kg/m²）：220.34

秋季蒸腾量/（kg/m²）：9.48

年蒸腾总量/（kg/m²）：275.18

图 1-15　蜡梅

臭椿

春季蒸腾量/（kg/m²）：56.11
夏季蒸腾量/（kg/m²）：182.95
秋季蒸腾量/（kg/m²）：20.13
年蒸腾总量/（kg/m²）：259.19

图 1-16　臭椿

栾树

春季蒸腾量/（kg/m²）：78.93
夏季蒸腾量/（kg/m²）：143.65
秋季蒸腾量/（kg/m²）：36.28
年蒸腾总量/（kg/m²）：258.86

图 1-17　栾树

紫叶李

春季蒸腾量/（kg/m²）：67.07
夏季蒸腾量/（kg/m²）：138.59
秋季蒸腾量/（kg/m²）：42.29
年蒸腾总量/（kg/m²）：247.95

图 1-18　紫叶李

樱花

春季蒸腾量/（kg/m²）：74.43
夏季蒸腾量/（kg/m²）：134.55
秋季蒸腾量/（kg/m²）：24.69
年蒸腾总量/（kg/m²）：233.67

图 1-19　樱花

石榴

春季蒸腾量/（kg/m²）：39.79

夏季蒸腾量/（kg/m²）：159.31

秋季蒸腾量/（kg/m²）：27.90

年蒸腾总量/（kg/m²）：227.00

图 1-20　石榴

元宝枫

春季蒸腾量/（kg/m²）：72.28

夏季蒸腾量/（kg/m²）：138.40

秋季蒸腾量/（kg/m²）：15.98

年蒸腾总量/（kg/m²）：226.66

图 1-21　元宝枫

金银木

春季蒸腾量/（kg/m²）：75.73

夏季蒸腾量/（kg/m²）：138.29

秋季蒸腾量/（kg/m²）：11.15

年蒸腾总量/（kg/m²）：225.17

图 1-22　金银木

西府
海棠

春季蒸腾量/（kg/m²）：43.66

夏季蒸腾量/（kg/m²）：133.42

秋季蒸腾量/（kg/m²）：44.15

年蒸腾总量/（kg/m²）：221.23

图 1-23　西府海棠

山桃

春季蒸腾量/（kg/m²）：52.51
夏季蒸腾量/（kg/m²）：119.29
秋季蒸腾量/（kg/m²）：33.72
年蒸腾总量/（kg/m²）：205.52

图 1-24　山桃

紫丁香

春季蒸腾量/（kg/m²）：44.35
夏季蒸腾量/（kg/m²）：145.56
秋季蒸腾量/（kg/m²）：10.62
年蒸腾总量/（kg/m²）：200.53

图 1-25　紫丁香

悬铃木

春季蒸腾量/（kg/m²）：19.74
夏季蒸腾量/（kg/m²）：154.99
秋季蒸腾量/（kg/m²）：12.38
年蒸腾总量/（kg/m²）：187.11

图 1-26　悬铃木（法桐）

银杏

春季蒸腾量/（kg/m²）：54.45
夏季蒸腾量/（kg/m²）：100.62
秋季蒸腾量/（kg/m²）：28.75
年蒸腾总量/（kg/m²）：183.82

图 1-27　银杏

玉兰

春季蒸腾量/（kg/m²）：19.32

夏季蒸腾量/（kg/m²）：142.30

秋季蒸腾量/（kg/m²）：11.34

年蒸腾总量/（kg/m²）：172.96

图 1-28 玉兰

毛白杨

春季蒸腾量/（kg/m²）：18.51

夏季蒸腾量/（kg/m²）：74.99

秋季蒸腾量/（kg/m²）：20.53

年蒸腾总量/（kg/m²）：114.03

图 1-29 毛白杨

猬实

春季蒸腾量/（kg/m²）：46.45

夏季蒸腾量/（kg/m²）：40.27

秋季蒸腾量/（kg/m²）：20.79

年蒸腾总量/（kg/m²）：107.51

图 1-30 猬实

四、通风防风

园林植物对降低风速的作用明显，而且效果随着风速的增大而增强。当气流穿过绿地时，树木的阻截、摩擦和过筛作用将气流分成许多小涡流，这些小涡流方向不一，彼此摩擦，消耗了气流的能量。因此，绿地中的树木能使强风变为中等风速，中等风速变为微风。研究表明，绿地可使夏秋季风速降低 50%～80%，而且绿地里平静无风的时间比非绿地区要长；冬季绿地能降低风速 20%，减少了暴风的吹袭。

绿地降低风速的作用，还表现在它所影响的范围。它的影响范围是其高度的 10～20 倍。在林带高度 1 倍处可使风速降低 60%，10 倍处降低 20%～30%，20 倍处可降低 10%。

城市带状绿地如城市道路和滨水绿地是城市气流的绿色通道，特别是带状绿地与该地夏季主导风向相一致的情况下，可将城市郊区的新鲜气流趋风势引入城市中心地区，为炎夏城市的通风降温创造良好的条件。而冬季，大片树林可以降低风速，发挥防风作用。因此，在垂直冬季寒风方向种植防风林带，可以减少风沙，改善气候。

五、影响气流

城市绿地与建筑地区的温度差能形成城市上空的空气对流。城市地区的污浊空气因温度升高而上升，随之城市绿地温度较低的新鲜空气就移动过来，而高空冷空气又下降到绿地上空，这样就形成了一个空气循环系统。如果城市郊区还有大片森林，郊区的新鲜冷空气就会不断向城市建筑区流动。这样既调节了气温，又改善了通风条件。

城市有害气体，如二氧化硫、二氧化氮、汞、铅等气体和粉尘，比空气重，在无风时不易扩散稀释，特别是夏季高温，危害很大。由于大片的林地和绿化地区能降低气温，而城市中建筑和铺装道路广场在吸收太阳辐射后表面增热，使绿地与无绿化地之间产生大的温差。据测定，在大气平静无风时，大片林地内冷空气因比重大向无绿化的比重小的热空气地区流动，驱使比重小的热空气上升，形成垂直环流，可以产生 1m/s 的风速，使在无风的天气形成微风、凉风，也使城市污染气体得以向郊区绿地扩散。这种"热岛效应"有效地改善了城市内的通风条件。

【新手必读】环境功能

一、吸收有毒气体

工厂或居民区排放的废气中，通常含有各种有毒物质，主要是二氧化硫、氯气和氟化物等，这些有毒物质对人的健康危害很大。如图 1-31 所示，为二氧化硫在空气中的浓度。

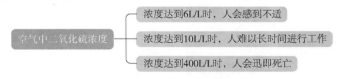

空气中二氧化硫浓度 —— 浓度达到6L/L时，人会感到不适

浓度达到10L/L时，人难以长时间进行工作

浓度达到400L/L时，人会迅即死亡

图 1-31　二氧化硫在空气中的浓度

绿地具有减轻污染物危害的作用，一般污染气体经过绿地后，有 25% 的二氧化硫可被阻留。

空气中的二氧化硫主要是被各种植物表面所吸收，且植物叶片的表面吸收二氧化硫的能力最强，为其所占土地面积吸收能力的 8～10 倍以上。二氧化硫被植物吸收会形成亚硫酸盐，然后被氧化成硫酸盐。当植物吸收二氧化硫的速度小于亚硫酸盐转化为硫酸盐的速度时，植物叶片就会不断吸收大气中的二氧化硫。叶片的衰老凋落时，植物所吸收的二氧化硫会一同落到地面，或者流失或者渗入土中。植物年年长叶、年年落叶，因此可以不断地净化空气，是大气的"天然净化器"。

不同植物吸收二氧化硫的能力不同，如图 1-32 所示。

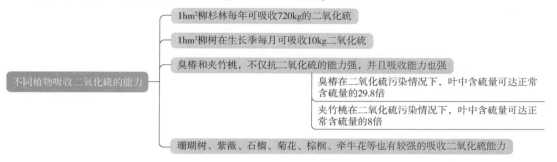

图 1-32　不同植物吸收二氧化硫的能力

对二氧化硫抗性强的树种如图 1-33 所示。

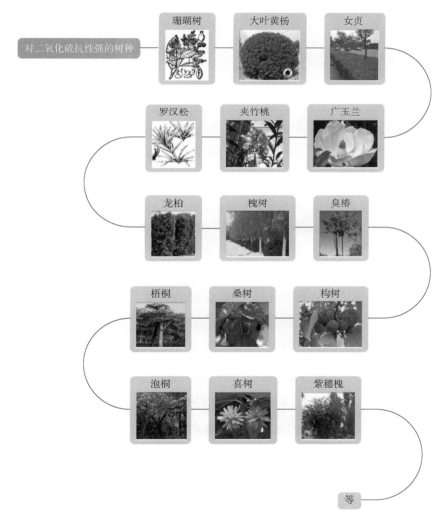

图 1-33　对二氧化硫抗性强的树种

氟是一种无色而有腐蚀性的气体，很活泼，自然界中很少有游离态的氟，而都以氟化物的形式存在，氟化氢就是其中之一，在炼铝厂、炼钢厂、玻璃厂、磷肥厂等企业的生产过程中排出。氟化氢对人体的毒害作用是二氧化硫的 20 倍，许多植物如石榴、蒲葵、葱兰、黄皮等能对氟化氢具有较强的吸收能力。

> **有如下研究**
> 在一个氟污染地区选择 3 块林地，分别同时测定了林内、林外、林冠下 1.5m 及林冠上 1.5m 等处大气氟化氢的浓度。
> **第一块林地**
> （油杉、栎树混交林）测定结果是：
> 林冠上的大气氟化氢浓度要比林冠下高 1 倍，林外较林内高 2.7 倍。
> **第二块林地**
> （麻栎林）测定结果是：
> 林冠上的大气氟化氢浓度要比林冠下高 1.6 倍。
> **第三块林地**
> （油杉林）测定结果是：
> 林冠下的大气氟化氢浓度要比林冠上低 1/3。
> **结论**：说明树木具有减轻大气氟污染的作用。

氟化氢对植物的危害也比二氧化硫要大。植物从大气中吸收氟化氢，几乎完全由叶子吸收，然后运转到叶子的尖端和边缘，很少向下运转到根部。生长在氟污染区的重阳木叶片中含氟量为 1.92mg/g，而茎中含氟量为 0.5mg/g，根中含氟量为 0.02mg/g。同一叶片的不同部位含氟量也不同，如柳树叶尖部含氟量为 4.03mg/g，叶片中部含氟量为 3.53mg/g，叶基部含氟量为 1.82mg/g。植物在正常情况下叶片也含一定量的氟化物，一般含量在 0~95mg/kg（干重），但在大气中有氟污染的情况下，植物吸收氟化氢而使叶片中氟化物含量大大提高。如果植物吸收氟化氢超过了叶片所能忍受的限度，则叶片会受到损害而出现症状。

不同植物吸收氟化氢的能力和抗性如图 1-34 所示。几种植物吸氟能力比较见表 1-1。

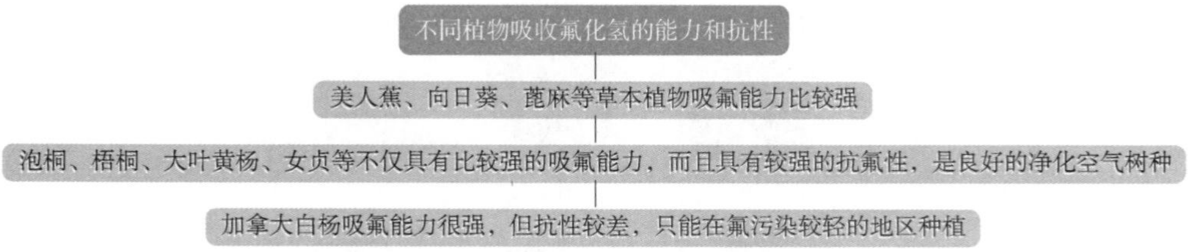

图 1-34　不同植物吸收氟化氢的能力和抗性

表 1-1　几种植物吸氟能力比较

种类	叶中含氟量/(mg/kg)	生长情况	受害情况	对照植物含氟量/(mg/kg)
美人蕉	146.0	良好	边缘稍有枯焦	7.45
向日葵	112.0	良好	边缘稍有枯焦	3.71
泡桐	106.0	中等	无症状	10.9
加拿大杨	93.6	差	叶发黄	10.5
蓖麻	89.4	中等	边缘枯焦	2.99

（续）

种类	叶中含氟量/(mg/kg)	生长情况	受害情况	对照植物含氟量/(mg/kg)
梧桐	68.4	良好	无症状	12.0
大叶黄杨	55.1	良好	无症状	6.25
女贞	53.8	良好	无症状	5.56
榉树	45.7	中等	无症状	12.9
垂柳	37.8	差	无症状	16.4

对氟化氢抗性强的树种如图 1-35 所示。

图 1-35　对氟化氢抗性强的树种

氯气是一种有强烈臭味而令人窒息的黄绿色气体。主要在化工厂、电化厂、制药厂、农药厂的生产过程中逸出，污染周围环境，对人、畜及植物的毒性很大。在氯污染区生长的植物，叶中含氯量往往比非污染区高几倍到十几倍。

氯污染区几种植物的含氯量如图 1-36 所示。

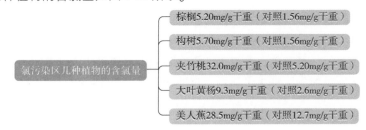

图 1-36　氯污染区几种植物的含氯量

据北京园林科学研究所测定，猥实每平方米叶片可吸收氯气 1.6g，金叶女贞可吸收氯气 1.3g。山桃、皂荚、青杨、银桦、悬铃木、水杉、君迁子、怪柳、桧柏、棕榈等树种均具有较强的吸收氯气的能力。对氯气或氯化氢敏感的树种有油松、落叶松、复叶槭、柳树、石榴等，可使植株叶片产生褐色斑点或斑块，严重时全叶褐色或脱落。

许多植物能够吸收氨气、臭氧，有的植物还能吸收大气中的汞、铅、镉等重金属气体。大多数植物能吸收臭氧，其中银杏、柳杉、日本扁柏、樟树、海桐、青冈栎、日本女贞、夹竹桃、栎树、刺槐、悬铃木、连翘、冬青等净化臭氧的作用大。

据国外研究表明，苏铁、美洲槭等 40 多种植物具有吸收二氧化氮的能力。栓皮槭、桂香柳、加拿大白杨等树种能吸收空气中的醛、酮、醇、醚和致癌物质安息香吡啉等毒气。

二、吸收放射性物质

园林植物可以阻隔放射性物质和辐射的传播，并且起到过滤吸收作用。据美国试验，用不同剂量的中子-伽玛混合辐射照射 5 块栎树林，发现剂量在 15Gy 以下时，树木可以吸收而不影响枝叶生长；剂量为 40Gy 时，对枝叶生长量有影响；当剂量超过 150Gy 时，枝叶才大量减少。因此，在有辐射性污染的厂矿周围设置一定结构的绿化林带，能够在一定程度上防御和减少放射性污染的危害。在建造这种防护林时，要选择抗辐射树种，针叶林净化放射性污染的能力比常绿阔叶林低得多，因此优先选择常绿阔叶树种。

三、吸滞粉尘和烟尘

粉尘和烟尘是造成环境污染的原因之一。一方面粉尘中有各种有机物、无机物、微生物和病原菌，人呼吸时，飘尘进入肺部，容易使人患气管炎、支气管炎、尘肺、矽肺等疾病；另一方面，粉尘可降低太阳照明度和辐射强度，特别是减少紫外线辐射，对人体健康产生不良影响。地球上每年降尘量达 $1 \times 10^6 \sim 3.7 \times 10^6$ t。许多工业城市每年每平方千米降尘量平均为 500t 左右，某些工业十分集中的城市甚至高达 1000t 以上。我国是以煤为主要燃料的国家，大气受粉尘和二氧化硫的污染较为严重。

森林及绿地对粉尘有明显的阻滞、过滤和吸附作用，从而能减轻大气的污染。树木之所以能减尘，一方面由于树冠茂密，具有降低风速的作用，随着风速的降低，空气中携带的大颗粒灰尘便下降；另一方面由于叶子表面不平，多绒毛，有的还能分泌黏性油脂或汁液，空气中的尘埃经过树木便附着于叶面及枝干的下凹部分，从而起到过滤作用。蒙尘的植物经过雨水冲洗又能恢复吸尘的能力。由于树木叶子总面积很大，$1hm^2$ 高大的森林其叶面积总和比其占地面积大 75 倍，因此，树木吸滞粉尘的能力很强，是空气的"天然滤尘器"。

我国对一般工业区的初步测定表明：绿化区较非绿化对照区空气中飘尘浓度减少 10% ~ 50%。树木对粉尘的阻滞作用在不同季节有所不同，如冬季叶量少，甚至落叶，夏季叶量最多，植物吸滞粉尘能力与叶量多少成正相关。据测定，即使在树木落叶期间，其枝干，树皮也有蒙滞粉尘的作用，能减少空气含尘量的 18% ~ 20%。

草坪的减尘作用也是很显著的，草覆盖地面，不使尘土随风飞扬，草皮茎叶也能吸附空气中的粉尘。据测定，草地足球场比裸土足球场上空的含尘量少 2/3 ~ 5/6。

不同树种的滞尘能力不同，这与叶片形态结构、叶面粗糙程度，叶片着生角度，以及树冠大小、疏密度等因素有关。

吸滞粉尘能力强的树种如图 1-37 所示。

图 1-37　吸滞粉尘能力强的树种

四、保持水土

树木和草地对保持水土有非常显著的功效。树木的枝叶茂密地覆盖着地面，当雨水下落时首先冲击树冠，然后穿透枝叶，不会直接冲击土壤表面，这样可以减少表面土壤的流失。树冠本身还会积蓄一定数量的雨水，不使其降落地面。同时，树木和草本植物的根系在土壤中蔓延，能够紧紧地"拉着"土壤而使其不被水冲走。加上树林下往往有大量落叶、枯枝、苔藓等覆盖物，能吸收数倍于本身的水分，有防止水土流失的作用，这样便能减少地表径流，降低流速，增加渗入地下的水量。森林中的溪水澄清透彻，就是植物保持了水土的证明。

反之，如果破坏了树林和草地，就会造成水土流失，山洪暴发，使河道淤浅，水库阻塞，洪水猛涨。有些石灰岩山地，当暴雨来时会冲带大量泥沙石块而下，形成"泥石流"，能破坏公路、农田、村庄，对人民生活和生产造成严重危害。

五、防噪作用

城市噪声随着工业的发展日趋严重，对居民身心健康危害很大。一般噪声超过 70dB 人体便会感到不适，如果高达 90dB，则会引起血管硬化。国际标准组织（ISO）规定住宅室外环境噪声的容许量为 35～45dB。城市噪声来源主要有三个方面，如图 1-38 所示。

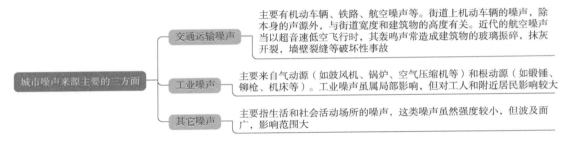

图 1-38　城市噪声主要来源

园林绿化的增加是减少噪声的有效方法之一。树木对噪声具有吸收和消声的作用，可以减弱噪声的强度。目前，一般认为其衰减噪声的机理是噪声波被树叶向各个方向不规则反射而使声音减弱；另外，由于噪声波造成树叶微振而使声音消耗。因此，树木的减噪因素是林冠层。树叶的形状、大小、厚薄、叶面光滑与否、树叶的软硬，以及树冠外缘凹凸的程度等都与减噪效果有关。据测试，40m 宽的林带可以减低噪声 10～15dB，公路两旁各 15m 宽的乔灌木林带可减低噪声的一半。街道、公路两侧种植树木不仅有减少噪声的作用，而且可以防治汽车废气及光化学烟雾的污染。

为了减低噪声，还应合理进行城市功能分区，妥善安排居住、工业、交通运输用地的相对位置，并按照噪声随距离递减的特性，将生活、工作地点放在噪声的影响区外。对于噪声大而目前无法减低噪声的机场、火车站、铁路干线等均应放在郊外，以控制交通噪声对城市的影响。

六、杀菌驱虫

在空气中含有千万种细菌，其中很多是病原菌。园林植物可以杀灭多种细菌，从而达到改善空气质量的功效。一般城镇闹市区空气中的细菌比公园绿地中多 7 倍以上。据测定，北京市中心王府井每立方米空气中细菌数量是中山公园的 7 倍，是香山公园的 10 倍。法国的相关资料表明，百货大楼内每立方米空气中有细菌 400 万个，而公园内仅有 1000 个，二者相差达 4000 倍。

绿色植物之所以可以减少空气中细菌的数量，一方面是通过吸附尘埃减少了细菌的载体，使空气中含菌量降低；另一方面，许多植物的芽、叶、花粉能分泌出具有杀死细菌、真菌和原生动物的挥发性物质，称为杀菌素。

樟树、桉树的挥发物

可杀死肺炎球菌、痢疾杆菌、结核菌和流感病毒。

圆柏和松的挥发物

可杀死白喉、肺结核、伤寒等多种病菌。

紫薇、柠檬等植物

5min 内便能杀死白喉菌和痢疾菌等原生菌。

桦树、栎树、椴树、冷杉等

分泌的杀菌素能杀死白喉、结核、霍乱、痢疾等病原菌。

蔷薇、玫瑰、桂花等植物

散发的香气对结核杆菌、肺炎球菌、葡萄球菌的生长繁殖具有明显的抑制作用。

悬铃木的叶子

揉碎后，能在 3min 内杀死原生动物。

洋葱、大蒜的碎糊

能杀死葡萄球菌、链球菌及其他细菌。

1hm² 松柏林

一昼夜能分泌 30kg 的杀菌素。

据测定，森林内空气含菌量为 $300 \sim 400$ 个/m³，林外则达 3 万～4 万个/m³。在松林中建立疗养院有利于治疗肺结核等多种传染病，这些森林都是对人类健康有益的"义务卫生防疫员"。

不少树种除了具有杀菌作用外，还可以驱虫。稠李的叶片捣碎物在 $5 \sim 30s$，且最多 $3 \sim 5min$ 便可杀死苍蝇，夜香树具有驱虫作用，柠檬桉林中蚊子较少。

城市绿化植物中具有较强杀菌力的种类有：黑胡桃、柠檬桉、大叶桉、苦楝、白千层、臭椿、悬铃木、茉莉花、薜荔以及樟科、芸香科、松科、柏科。这些植物释放的挥发性物质还有使人精神愉快的效果。侧柏还具有抗癌作用，对肺癌细胞（NCL-H460）抑制率高达 97%。

七、净化水体与土壤

城市和郊区的水体常受到工厂废水及居民生活污水的污染而影响环境卫生和人们的身体健康。植物有一定的净化污水的能力。

草地可以大量滞留许多有害的重金属，可以吸收地表污物；树木可以吸收水中的溶解质，减少水中的细菌数量。如在通过 $30 \sim 40m$ 宽的林带后，1L 水中所含的细菌数量比不经过林带的减少 1/2。

许多水生植物和沼生植物对净化城市污水有明显作用。据相关测定，芦苇能吸收酚及其他二十多种化合物，1m² 芦苇一年可积聚 9kg 的污染物质。在种有芦苇的水池中，其水的污染物含量也减少了很多，如图 1-39 所示。

因此，有些国家把芦苇作为污水处理的最后阶段。有些水生植物如水葱、田蓟、水生薄荷等也能够杀死水中的细菌。据有关试验，这 3 种植物放置在每毫升含细菌 600 万个的污水中，2 天后大肠杆菌消失。此外，芦苇、小糠草、泽泻等也有一定的杀菌能力，将它们放在每毫升含细菌 600 万个的污水中 12 天后，放芦苇的水中尚有细菌 10 万个，放小糠草的尚有 12 万个，放泽泻的

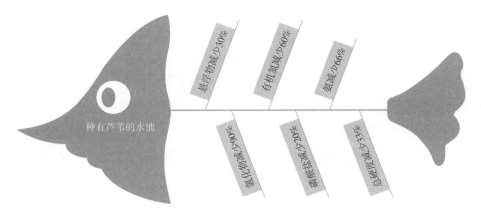

悬浮物减少30%
有机氮减少60%
氨减少66%
氯化物减少90%
磷酸盐减少20%
总硬度减少33%
种有芦苇的水池

图 1-39　种有芦苇的水池污染物减少量

尚有 10 万个。此外，水葱还具有很强的吸收有机物的能力，凤眼莲能从污水里吸取银、金、汞、铅等重金属。

植物的地下根系能吸收大量有害物质，因而具有净化土壤的能力。如一些植物根系分泌物能使进入土壤的大肠杆菌死亡。有植物根系分布的土壤，好气性细菌比没有根系分布的土壤多几百倍至几千倍，故能促使土壤中的有机物迅速无机化，既净化了土壤，又增加了肥力。研究证明，含有好气性细菌的土壤，具有吸收空气中一氧化碳的能力。

草坪草是城市土壤净化的重要地被植物，城市中裸露的土地，种植草坪草后，不仅可以改善地上的环境卫生，而且也能改善地下的土壤卫生。

八、安全防护

城市常有风害、火灾和地震等灾害。大片绿地可以隔断火势并使火灾自行停息。此外，树木枝叶中含有大量水分，亦可阻止火势的蔓延。树冠浓密，可以降低风速，防止台风袭击。

【新手必读】经济功能

许多园林植物既有很强的观赏性，又能获得一定的经济效益，如林木、果树、花卉和中草药等；水面景观如湖、池等可养鱼种藕。园林植物还可以产生间接经济效益，即生态效益，它是无形的产品，可以用有形的市场价值加以换算，做出科学的定性评估和定量计算。下面举几个例子，作为参考。

榨油：香樟、乌桕、核桃、油橄榄。

香料：刺槐、香樟、丁香、玫瑰。

食用：银杏、柿、枣、枇杷、桔、葡萄等。

造纸：白榆、白杨、青桐、芦苇、构树、竹类。

染料：国槐、栾树。

药用：绝大部分树木的根、叶、花、果实、种子、树皮等可供药用。

【新手必读】景观功能

园林植物是现代城市景观中不可或缺的元素，是园林美的灵魂所在。杭州西湖"苏堤春晓"不知醉倒了多少游人，"曲院风荷"美景美事不知让多少人为之驻足，而"灵峰探梅"成为人们冬季赏花的又一美景；北京的香山红叶以秋色叶树种而闻名，长沙岳麓山的红叶树种更是有"霜叶红于二月花"的景观效果。园林植物之所以能够成景是因其具有一般植物不具备的景观效果。园林植物可以通过外形、颜色、质地所表现的视觉效果来感染人们。

园林树木形态各异，能够表现出独特的视觉效果，如图1-40所示。

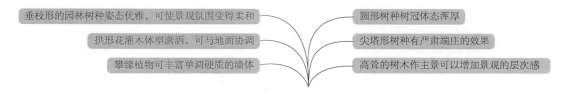

图1-40　园林树木表现的独特视觉效果

此外，将形状相同或不同的植物配置在一起能创造出奇特的视觉景观。不同形状的乔灌木组合能打破建筑的呆板和单一，丰富景观效果；而在不同风格的建筑周围配置连续的、形状相似的植物，则可降低杂乱无章的感觉。

植物的色彩可以对人们的视觉和心理产生刺激。一般来说，人们愿意接近明快和鲜艳的色调，如红、黄、橙等暖色调可以使人们感到兴奋；而绿色和蓝色等冷色调则使人感到广阔、深远和宁静。将同一种色调的树种种植在一起，形成一个大块的景观背景主色，可以创造宏大开阔的视觉效果，如在广场周围种植同种颜色的树种更能突出中心的喷泉或雕塑。将各种颜色不同的植物相搭配可以形成色彩鲜明、万紫千红的植物景观。此外，植物的色彩还会随着季相的变化而发生变化，更加丰富了景观。

植物质地不同，也会使人产生不同的感觉，如质地细腻的植物让人感到明亮，粗糙的植物材料则显得暗淡。将不同质地的植物按一定的顺序种植，会产生一种视觉的空间感。

园林植物还可与建筑、山石、水体、亭台楼阁、道路等园林构成要素相互协调、融合、映衬，使园林内容更为丰富，从而提高整体园林景观水平。

【高手必懂】文化效应

一、传统园林树木的文化内涵

植物作为古今园林的主要构成要素，具有深厚的文化内涵。植物具有深刻的文化象征和特定寓意，是园林文化的重要载体，不同园林植物会反应出不同的文化内涵。"有名园而无佳卉，犹金屋之鲜丽人"足见园林植物文化内涵的重要性。

儒家文化的"君子比德"思想和古代诗人对世间万物的赋诗感怀，不仅影响了造园文化，同时极大地丰富了植物的文化内涵。如竹因有"未曾出土便有节，纵使凌云仍虚心"的品格被喻为有气节的君子。人们常因植物的特征、姿态、色彩给人的不同感受，而产生比拟、联想，作为某种情感的寄托或表达某一意境。如以"岁寒三友"松、竹、梅来比拟文人雅士清高孤洁的性格；菊傲霜而立，象征离尘居隐、临危不惧；柳灵活强健，象征有强健的生命力，亦喻依依惜别之情；荷花出淤泥而不染，象征廉洁朴素；桃花鲜艳明快，象征和平、理想、幸福；石榴果实籽多，象征多子多福。

与此同时，植物景观的不同配置方式及其栽种的不同地点也被赋予了各种不同的文化内涵，比如学校常常栽种碧桃、绿叶植物以表达"桃李满天下"，绿篱修剪成方圆形状以隐喻"无规矩不成方圆"来赞扬严谨的教学风气，如图 1-41 所示。

除了植物本身的象征和时代赋予的文化内涵之外，植物的文化内涵有时还会融入诗文、碑刻、对联、匾额等，如"桃之夭夭，灼灼其华；之子于归，宜其室家"，则通过对桃花的赞美，以花喻人，使植物成为一种具有审美意义的情感符号；"昔我往矣，杨柳依依"记述了亲友离别以柳枝表达惜别之情等。

人们对花草树木的鉴赏，还从形式美升华到意境美。在相互的交往中，常用花木来表达感情。如紫罗兰代表忠实、永恒，百合花代表纯洁，牡丹花代表富贵，木棉花代表英雄，红豆寓意相思，萱草寓意忘忧，玫瑰代表爱情等。

图 1-41　学校绿萝

二、市花市树的文化魅力

市花市树可以反映城市的历史和民俗风情，在一定意义上代表着城市的人文景观、文化底蕴和精神风貌。通过评选市花市树，能体现人民当家做主的民主意愿，增加市民对花卉的热爱，同时能提高城市的品位和知名度，优化城市生态环境，带动绿色产业的发展。我国各个城市都有各自的市花，以梅花、月季、桂花、丁香、山茶、杜鹃、荷花、菊花等栽培历史悠久、群众喜闻乐见的传统花卉为主，可见市花所具有的历史积淀和深厚的文化内涵。有的市花还富有地方特色，如香港的紫荆花、成都的木芙蓉、福州的茉莉、广州的木棉等。

月季是北京的市花，近年来为宣传月季文化，举办了月季文化节，让市民更好地了解月季。榕树叶茂如盖，四季常青，是福建省省树和福州市市树，福州又被称为榕城。丁香是西宁、哈尔滨和呼和浩特市的市花，丁香种类较多，西宁塔尔寺的北京丁香（常被叫作暴马丁香）被认为是该寺的菩提树，信徒们对其顶礼膜拜，如图 1-42 所示。金边瑞香是南昌市和赣州市的市花，观赏价值高，通过对市花的宣传推广，现已成为我国重要的年宵花卉，畅销国内和东南亚国家，带动了当地的花卉产业发展。

图 1-42　西宁塔尔寺的北京丁香

三、古树名木的文化价值

园林树木由于寿命长，很多是长寿树种，因而古树名木众多。古树是历史的见证，既是自然遗产，又是活的文物，留下了许多千古佳话和传奇故事。古树中最负盛名的当数陕西黄陵的黄帝手植柏（黄帝柏、轩辕柏、黄陵古柏），许多去黄帝陵祭拜的人们都对这棵参天古树充满敬意和感慨。

北京市的古树名木不仅种类多，而且数量大，最有名气的当属门头沟区潭柘寺的"帝王树"，如图 1-43 所示。该树是一棵银杏，栽植于辽代，其枝繁叶茂，气势恢弘，清代乾隆皇帝御封为"帝王树"，可谓是古树中的最高荣誉。北海公园团城的"遮阴侯"和"白袍将军"，如图 1-44 与图 1-45 所示，也是乾隆皇帝御封的名字，它们分别是一棵油松和白皮松，相传为金代时所植，乾隆皇帝见油松亭亭如盖，浓阴满地，非常适合纳凉休息，因而赐名"遮阴侯"。

图 1-43　门头沟区潭柘寺的"帝王树"

图 1-44　北海公园团城的"遮阴侯"

图 1-45　北海公园团城的"白袍将军"

　　其他著名的古树还有戒台寺的"活动松""自在松""卧龙松""抱塔松""九龙松"，树种为油松和白皮松，姿态和神韵各异，被称为戒台寺"五绝"。北京植物园樱桃沟的"石上松"则是生长在一块巨石石缝中的一棵古柏，相传曹雪芹看到此景，构思出了"木石前盟"的一段精彩故事。曹雪芹纪念馆前有一株古国槐"歪脖槐"，令人想起曹雪芹的故事和"门前古槐歪脖树，小桥溪水野芹麻"的诗句。

　　此外，名人亲手栽植的树木也具有纪念意义，如北京市西城区珠市口西大街纪晓岚故居处的紫藤相传为纪晓岚亲手栽植，已近 200 年树龄，仍生机盎然。纪晓岚曾在《阅微草堂笔记》中描述"其荫满院，其蔓旁引，藤云垂地，香气袭人"，可见他对紫藤的喜爱和赞誉。苏州忠王府内也有一株文徵明手植的紫藤，苍劲有力，成为园内一景。

四、行道树的特色文化

　　行道树是道路旁栽植的树木，起着遮阴、防护和美化的作用。街道犹如城市的大门，当人们想起某个城市时，首先出现在脑海里的就是街道。一个城市的街道行道树是该城市的重要组成因素，体现了城市的特色文化。

不同地区和城市在长期应用园林树木作为行道树的过程中，逐步形成了该城市的特有风貌，如上海的广玉兰行道树、南京的雪松行道树、郑州的悬铃木行道树、南宁的蒲葵行道树、福州的榕树行道树等，均构成具有地方特色的市容。郑州选用悬铃木作主要行道树，在金水路、文化路、人民路、经五路、经六路等街道上，通过细心养护和整形修剪，形成了绿荫如盖的景观，为人们遮阴挡风雨。南京引种应用雪松已有约 90 年的历史，虽然雪松不耐空气污染，但其高大挺拔，四季苍翠，姿态优美，且吸尘、降噪和杀菌能力很强，与日本金松、南洋杉、金钱松、北美红杉并列为世界五大庭园树种。

第二节
园林植物的特性

【新手必读】园林植物的分类

一、植物的基本类群

1. 低等植物

植物体无根、茎、叶的分化，没有中柱，多为异养植物，不含叶绿体，多为无性繁殖。包括藻类植物门、细菌植物门、真菌植物门、粘菌植物门、地衣植物门。

2. 高等植物

植物体有根、茎、叶的分化，有中柱，含叶绿体，能进行光合作用，制造有机物供自身生长需要。包括苔藓植物门、蕨类植物门和种子植物门。

种子植物门的进化程度最高，器官最发达，种子繁殖。各种乔木、灌木和草本都属于这一门，按有无果皮包被种子分为裸子植物和被子植物两个亚门，裸子植物叶形小，多为针形、条形或鳞形，俗称针叶树；被子植物叶片较宽，一般称阔叶树。

二、园林植物的分类及命名

1. 园林植物分类

园林植物种类繁多，不论从研究和认识的角度，还是从生产和消费的角度，都需要对这么多的种类进行归纳分类。

人们根据植物的进化规律和亲缘关系，将具有相似的形态构造、有一定生物学特性和分布区的个体总和定为"种"，相近似的种归纳为一属，相近似的属归纳为一科，从此建立了分类系统。常用的单位为界、门、纲、目、科、属、种，并可根据实际需要，再加划中间单位，如亚门、亚纲、亚科、亚属、变种、变型等。界是最高级单位，种是最基本单位。如马尾松在分类系统中的地位，如图 1-46 所示。

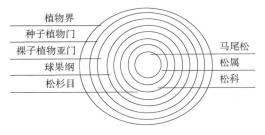

图 1-46 马尾松在分类系统中的地位

全世界的植物大约有 40 多万种，其中高等植物有 30 多万种，归属 300 多个科，被子园林植物主要的科有：十字花科、蔷薇科、豆科、菊科、茄科、芸香科、百合科、葡萄科、苋科、唇形科、禾本科、石蒜科、鸢尾科、兰科、毛茛科、仙人掌科、景天科、虎耳草科、木犀科、旋花科、芭蕉科、天南星科、棕榈科、凤梨科、桑科、山茶科、杜鹃花科、石竹科、睡莲科、漆树科、无患子科、锦葵科、报春花科、杨柳科、木兰科等。蕨类植物、裸子植物中也有一些重要的园艺作物，如银杏、铁线蕨、油松、雪松、水杉、圆柏等，分别归属不同的科。

2. 园林植物的命名

在现实生活中，不同地方、不同人群对植物的认识不同，造成植物同物多名或同名异物的现象。为此，瑞典植物学家林奈提倡用双名法来命名，得到世界的公认和统一。林奈双名法用拉丁文命名，由属名和种加词组成，用拉丁文书写，印刷时用斜体字，属名首字母大写，种名首字母小写，其余字母小写。种名之后是命名者的姓，用正体字，首字母大写。若该学名更改过，则原定名人的姓外要加圆括号。

三、园林植物按其生长特性分类

1. 乔木

树体高大（6m 以上），具明显高大主干者为乔木。依叶片大小与形态分为针叶乔木和阔叶乔木两大类。

针叶乔木

叶片细小，呈针状、鳞片状或线形、条形、钻形、披针形等。除松科、杉科、柏科等裸子植物属此类外，木麻黄、柽柳等叶形细小的被子植物也常被置于此类。

针叶乔木可按叶片生长习性分为两类：

一类是常绿针叶乔木，如雪松、白皮松、圆柏、罗汉松等。

另一类是落叶针叶乔木，如水杉、落羽杉、池杉、落叶松、金钱松等，如图 1-47 所示。

阔叶乔木

叶片宽阔，大小和叶形各异，包括单叶和复叶，种类远比针叶类丰富，大多数被子植物属此类。阔叶乔木可按叶片生长习性分为两类：

一类是常绿阔叶乔木，如白兰花、桂花、扁桃、香樟等。

另一类是落叶阔叶乔木，如毛白杨、二球悬铃木、栾树、槐树等，如图 1-48 所示。

罗汉松

落叶松

图 1-47　针叶乔木

香樟

国槐

图 1-48　阔叶乔木

乔木类可依其高度而分为伟乔（30m 以上）、大乔（21～30m）、中乔（11～20m）和小乔（6～10m）四级，乔木类树木多为观赏树种，应用于园林露地，还可按生长速度分为速生树、中生树、慢生树 3 类。

2. 灌木

树体矮小，通常无明显主干或主干极矮，树体有许多相近的丛生侧枝。有赏花、赏果、赏叶类等，多作基础种植和盆栽观赏树种。

（1）根据叶片大小分为针叶灌木和阔叶灌木，如图 1-49，图 1-50 所示。

针叶灌木只有松属、圆柏属和鸡毛松属的少量树种，其余均为阔叶灌木。

图 1-49　针叶灌木　　　　　　　　　图 1-50　阔叶灌木

（2）按叶片生长习性分为常绿阔叶灌木和落叶阔叶灌木两类，如图 1-51、图 1-52 所示。

常绿阔叶灌木

如海桐、茶梅、黄金榕、龙船花等。

海桐　　　　　　　　茶梅　　　　　　　　黄金榕　　　　　　　　龙船花

图 1-51　常绿叶阔叶灌木

落叶阔叶灌木

如蜡梅、铁梗海棠、紫荆、珍珠梅等。

蜡梅　　　　　　　　铁梗海棠　　　　　　　紫荆　　　　　　　　珍珠梅

图 1-52　落叶阔叶灌木

3. 藤本类植物

茎细长不能直立，呈匍匐或常借助茎蔓、吸盘、吸附根、卷须、钩刺等攀附在其他支撑物上才能直立生长。藤本类植物主要用于园林垂直绿化，依其攀附特性可分为四类，如图1-53所示。

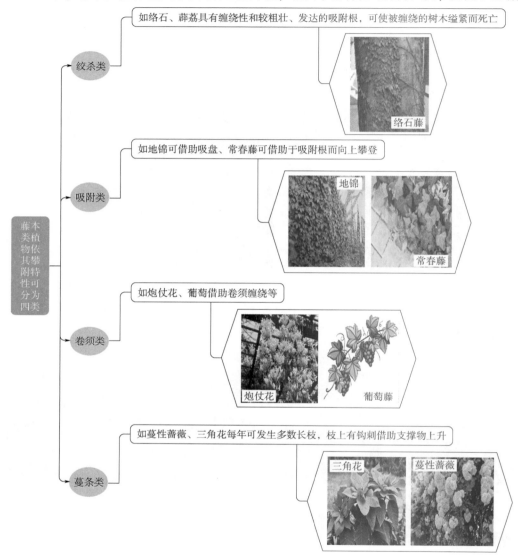

图 1-53　藤本类植物依其攀附特性可分的类型

四、园林植物按观赏性分类

1. 草本观赏植物

一、二年生花卉

一年生花卉：是指一个生长季节内完成生活史的观赏植物，即从播种、萌芽、开花结实到衰老、乃至枯死均在一个生长季节内，如凤仙花、鸡冠花、一串红、千日红、万寿菊等。

二年生花卉：是指两个生长季节内才能完成生活史的观赏植物，一般较耐寒，常秋天播种，当年只生长营养体，第二年开花结实，如三色堇、金鱼草、虞美人、石竹、福禄考、瓜叶菊、羽衣甘蓝、美女樱、紫罗兰等。

宿根花卉

地下部分形态正常，不发生变态，依其地上部茎叶冬季枯死与否又分为落叶类（如菊花、芍药、蜀葵、铃兰等）与常绿类（如万年青、萱草、君子兰、铁线蕨等）。

球根花卉

地下部分变态肥大，茎或根形成球状物或块状物，其中球茎类花卉有小苍兰、唐菖蒲、番红花等；鳞茎类花卉有水仙、风信子、朱顶红、郁金香、百合等；块茎类花卉有彩叶芋、马蹄莲、晚香玉、球根秋海棠、仙客来、大岩桐等；根茎类花卉有美人蕉、鸢尾等；块根类花卉有大丽花、花毛茛等。

兰科花卉

春兰、惠兰、建兰、墨兰、石斛、兜兰等。

水生花卉

生长在水池或沼泽地，如荷花、王莲、睡莲、凤眼莲、慈姑、千屈菜、金鱼藻、芡、水葱等。

蕨类植物

这是一大类观叶植物，包括很多种的蕨类植物，如铁线蕨、肾蕨、巢蕨、长叶蜈蚣草、观音莲座蕨、金毛狗等。

2. 木本观赏植物

落叶木本植物

月季、牡丹、蜡梅、樱花、银杏、红叶李、丁香、爬山虎、西府海棠、碧桃、山杏、合欢、柳树等。

常绿木本植物

雪松、侧柏、罗汉松、女贞、变叶木等。

竹类

紫竹、佛肚竹、方竹、矮竹、箭竹等。

3. 地被植物

地被植物

地被植物一般指低矮的植物群体，用于覆盖地面。地被植物不仅有草本和蕨类植物，也包括小灌木和藤本类植物。主要的地被植物有多边小冠花、葛藤、紫花苜蓿、百脉根、蛇莓、二月兰、百里香、铺地柏、虎耳草等。草坪草也属地被植物，但通常另列一类，主要是指禾本科草和莎草科草，也有豆科草。

4. 仙人掌类及多肉多浆植物

仙人掌类及多肉多浆植物

仙人掌类及多肉多浆植物多数原产于热带或亚热带的干旱地区或森林中，通常包括仙人掌科以及景天科、番杏科、萝摩科植物。

五、园林植物按植物原产地分类

园林植物按植物原产地分类如图 1-54 所示。

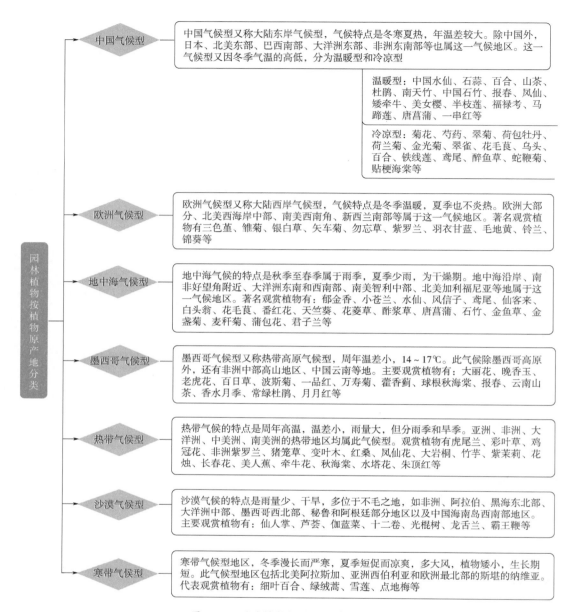

图 1-54 园林植物按植物原产地分类

六、按栽培方式分类

1. 露地园林植物

露地园林植物是指在自然条件中生长发育的园林植物。这类园林植物适宜栽培于露天的园地。由于园地土壤水分、养分、温度等因素容易达到自然平衡，光照又较充足，因此枝壮叶茂，花大色艳。露地园林植物的管理比较简单，一般不需要特殊的设施，在常规条件下便可栽培，只要求在生长期间及时浇水和追肥，定期进行中耕、除草。

2. 温室园林植物

温室园林植物是指必须使用温室栽培或进行越冬养护的园林植物。这类植物通常上盆栽植，以便搬移和管理。所用的培养土或营养液，光照、温度、湿度的调节以及浇水和追肥全依赖于人工管理。对于温室植物的养护管理要求比较细致，否则会导致生长不良，甚至死亡。另外，温室植物的概念也因地区气候的不同而异，如北京的温室植物到南方则常作为露地植物栽培。除以上两种栽培方式外，还有无土栽培、促成或抑制栽培等方式。

实践中，许多园林植物均是"身兼数职"，因此应用时应根据实际需要，灵活运用。

七、依植物观赏部位分类

依植物观赏部位分类如图1-55所示。

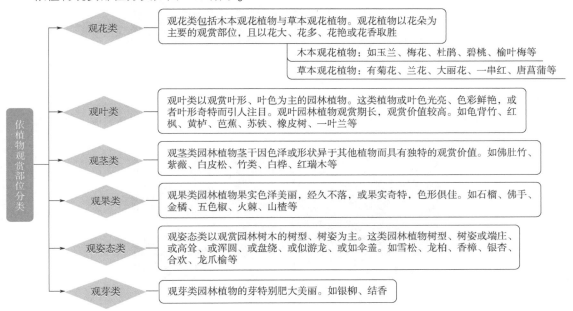

图1-55　依植物观赏部位分类

八、按在园林绿化中的用途分类

按在园林绿化中的用途分类，如图1-56～图1-64所示。

行道树

为了美化、遮阴和防护等目的，在道路两旁栽植的树木。如悬铃木、樟树、杨树、垂柳、银杏、广玉兰等。

银杏　　　　　　　　　　广玉兰

图1-56　行道树

庭荫树

又称绿荫树，主要以能形成绿荫供游人纳凉避免日光曝晒和装饰用。多孤植、或丛植在庭院、广场或草坪内，供游人在树下休息之用。如樟树、油松、白皮松、合欢、梧桐、杨类、柳类等。

梧桐 白皮松

图 1-57 庭荫树

花灌木

凡具有美丽的花朵或花序，其花形、花色或芳香有观赏价值的乔木、灌木、丛木及藤本类植物。如牡丹、月季、紫荆、迎春花、大叶黄杨、玉兰、山茶等。

茶树花 迎春花

图 1-58 花灌木

绿篱植物

在园林中主要起分隔空间、范围、场地，遮蔽视线，衬托景物，美化环境以及防护等作用。如黄杨、女贞、水蜡、榆、三角花和地肤等。

水蜡树 地肤

图 1-59 绿篱植物

地被植物及草坪

用低矮的木本或草本植物种植在林下或裸地上，以覆盖地面，起防尘降温及美化作用。常用的植物有：酢浆草、枸杞、野牛草、结缕草、匍地柏等。

匍地柏　　　　　　　　　　　结缕草

图 1-60　地被植物及草坪

垂直绿化植物

通常做法是栽植攀缘植物，绿化墙面和藤架。如常春藤、木香、爬山虎等。

木香　　　　　　　　　　　爬山虎

图 1-61　垂直绿化植物

花坛植物

采用观叶、观花的草本花卉及低矮灌木，栽植在花坛内组成各种花纹和图案。如石楠、月季、金盏菊、五色苋等。

石楠　　　　　　　　　　　五色苋

图 1-62　花坛植物

室内装饰植物

将植物种植在室内墙壁和柱上专门设立的栽植槽内。如蕨类、常春藤等。

蕨类　　　　　　　　　　　常春藤

图 1-63　室内装饰植物

31

片林

用乔木类植物带状栽植作为公园外围的隔离带。环抱的林带可组成一封闭空间，稀疏的片林可供游人休息和游玩。如各种松、柏、杨树林等。

杨树林

柏树林

图1-64　片林

【新手必读】园林植物的生态习性

一、植物的生态特性

植物生长环境中的温度、水分、土壤、光照、空气等生态因子，对植物的生长发育具有重要的影响，研究环境中各因子与植物的关系是植物造景的生态理论基础。植物长期生长在某种环境里，受到该环境条件的特定影响，并通过新陈代谢在生活过程中形成了对某些生态因子的特定需要，这就是植物的生态习性。

1. 温度因子

温度能够直接影响园林植物的生理活动和生化反应，所以温度因子的变化对园林植物的生长发育以及分布都具有极其重要的作用。

（1）园林植物的温周期。温度并不是一成不变的，而是呈周期性的变化，这就是温周期，包括季节的变化及昼夜的变化。不同地区的四季长短、温度变化是不同的，其差异的大小受地形、地势、纬度、海拔、降水量等因子的综合影响。该地区的植物由于长期适应这种季节性的变化，形成了一定的生长发育节奏，即物候期。在园林植物配置及栽培和养护中，都应该对当地气候变化特点及植物物候期有充分的了解，才能进行合理的栽培管理。一天中白昼温度较高，光合作用旺盛，同化物积累较多；夜间温度较低，可以减少呼吸消耗。这种昼高夜低的温度变化对植物生长有利。但不同植物适宜的昼夜温差范围不同。通常热带植物适宜的昼夜温差为 $3 \sim 6℃$，温带植物为 $5 \sim 7℃$，而沙漠植物的昼夜温差则在 $10℃$ 以上。

（2）高温及低温障碍。当园林植物所处的环境温度超过其正常生长发育所需温度的上限时，引起蒸腾作用加强，水分平衡失调，破坏新陈代谢作用，造成伤害直至死亡。另外，高温也会妨碍花粉的萌发与花粉管的伸长，并会导致落花落果。

低温主要指寒潮南下引起突然降温而使植物受到伤害，如图1-65所示。

园林植物抵抗突然低温的能力，因植物种类、植物的生育期、生长状况等的不同而有所不同。例如柠檬在 $-3℃$ 时会受害，金柑在 $-11℃$ 时会受害，而生长在寒温带的针叶树可耐 $-20℃$ 的低温。同一植物的不同生长发育时期，抵抗突然低温的能力也有很大不同，休眠期最强，营养生长期次之，以生殖生长时期最弱。同一植物的不同器官或组织的抵抗能力也是不同的，一般来

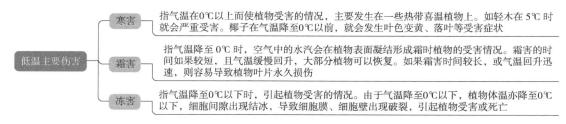

低温主要伤害	寒害	指气温在0℃以上而使植物受害的情况，主要发生在一些热带喜温植物上。如轻木在5℃时就会严重受害。椰子在气温降至0℃以前，就会发生叶色变黄、落叶等受害症状
	霜害	指气温降至0℃时，空气中的水汽会在植物表面凝结形成霜时植物的受害情况。霜害的时间如果较短，且气温缓慢回升，大部分植物可以恢复。如果霜害时间较长，或气温回升迅速，则容易导致植物叶片永久损伤
	冻害	指气温降至0℃以下时，引起植物受害的情况。由于气温降至0℃以下，植物体温亦降至0℃以下，细胞间隙出现结冰，导致细胞膜、细胞壁出现破裂，引起植物受害或死亡

图 1-65　低温主要伤害

说胚珠、心皮等能力较弱，果实和叶片较强，以茎干的抗低温性最强，其中，根颈部是最耐低温的地方。

另外，在寒冷地区，低温障碍还有冻拔和冻裂两种情况。冻拔主要发生在草本植物中，尤其小苗会更严重。当土壤含水量过高时，土壤结冻会产生膨胀隆起，并将植物一并抬起；当解冻时土壤回落而植物留在原位，造成根系裸露，从而导致死亡。冻裂则是指树干的阳面受到阳光直射，温度升高，树干内部温度与表面温度相差很大，造成树体出现裂缝。树液活动后，出现伤流并产生感染，进而受害甚至死亡。毛白杨、椴、青杨等植物较易受冻裂害。

（3）温度与植物分布。在园林建设中，由于绿化的需要，经常要在不同地区间进行引种，但引种并不是随便的。如果把凤凰木、鸡蛋花、木棉等热带、亚热带植物引种到北方去，则会发生冻害，或冻死。而把碧桃、苹果等典型的北方植物引种到热带地区，则会生长不良，不能正常开花结实，甚至死亡。其主要原因是温度因子影响了植物的生长发育，从而限制了这些植物的分布范围。故而园林建设工作者必须要了解各地区的植物种类，各植物的适生范围及生长发育情况，才能做好园林的设计和建设工作。

受植物本身遗传特性的影响，不同植物对温度变化的幅度适应能力有很大差异。有的植物适应能力很强，能够在广阔的地域范围内分布，这类植物被称为"广温植物"。一些适应能力小，只能生活在较狭小的温度变化范围内的种类则被称为"狭温植物"。

从温度因子来讲，一般是通过查看当地的年平均温度来判断一种植物能否在一地区生长。但这种做法只能作为一个粗略的参考数字，比较可靠的办法是查看当地无霜期的长短、生长期日平均温度高低、当地变温出现时期及幅度大小、当地积温量、最热月和最冷月的月平均温度值、极端温度值及持续期等。这些相关温度极值对植物的自然分布都有着极大的影响。

2. 水分因子

水是园林植物进行光合作用的原料，也是养分进入植物的外部介质，同时也对植株体内物质代谢和运输起着重要的调配作用。园林植物吸收的水分大部分用于蒸腾作用，通过蒸腾拉力促进水分的吸收和运输，并有效调节体温，排出有害物质。

（1）园林植物的需水特性

1）旱生植物是指能够长期忍受干旱并正常生长发育的植物类型，多见于雨量稀少的荒漠地区或干旱草原。根据其适应环境的生理和形态特性的不同，又可以分为两种情况。

①少浆或硬叶旱生植物。一般具有以下不同旱生形态结构。叶片面积小或退化变成刺毛状、针状或鳞片状，如柽柳等；表皮具有加厚角质层、蜡质层或绒毛，如驼绒藜等；叶片气孔下陷，气孔少，气孔内着生表皮毛，以减少水分的散失；体内水分缺失时叶片可卷曲、折叠；具有发达的根系，可以从较深的土层或较广的范围内吸收水分；具有极高的细胞渗透压，其叶失水后可以不萎凋变形，一般可以达到 20～40 个大气压，高的甚至可达 80～100 个大气压。

②多浆或肉质植物。这类植物的叶或茎具有发达的储水组织，并且茎叶一般具有厚的角质

层、气孔下陷、数目不多等特性，能够减少水分蒸发，适应干旱的环境。依据储水组织所在部位，这类植物可以分为肉茎植物和肉叶植物两大类。肉茎植物具有粗壮多肉的茎，其叶则退化为叶刺以减少蒸发，如仙人掌科的大多数植物；肉叶植物则叶部肉质明显而茎部肉质化不明显，叶部可以储存大量水分，如景天科、百合科等的一些植物。

旱生植物形态和生理特点如图1-66所示。

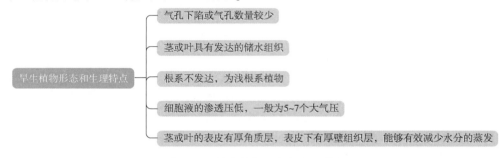

图1-66　旱生植物形态和生理特点

2）中生植物。大多数植物属于中生植物。此类植物不能忍受过干或过湿的水分条件。由于种类极多，其对水分的忍耐程度也具有很大差异。中生植物一般具有较为发达的根系和输导组织；叶片表面有一层角质层以保持水分。一些种类的生态习性偏于旱生植物，如油松、侧柏、酸枣等；另一些种类则偏向湿生植物的特征，如桑树、旱柳等。

3）湿生植物。该类植物耐旱性弱，需要较高的空气湿度和土壤含水量，才能正常生长发育。根据其对光线的需求情况又可分为喜光湿生植物和耐阴湿生植物两种。

喜光湿生植物为生长在阳光充足、土壤水分充足地区的湿生植物。例如生长在沼泽、河边湖岸等地的鸢尾、落羽杉、水松等。其根部有通气组织且分布较浅，没有根毛，木本植物通常会有板状根或膝状根。

耐阴湿生植物主要生长在光线不足、空气湿度较高的湿润环境中。这类植物的叶面积一般较大，组织柔嫩，机械组织不发达；栅栏组织不发达而海绵组织发达；根系分布较浅，较不发达，吸水能力较弱。如一些热带兰类、蕨类和凤梨科植物等。

4）水生植物。生长在水中的植物称为水生植物，根据其生长形式又可以分为挺水植物、浮水植物和沉水植物三类，如图1-67所示。

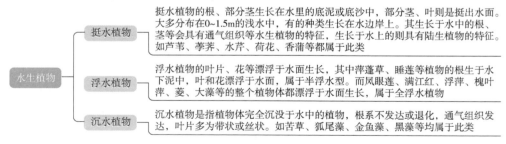

图1-67　水生植物

（2）其他形态水分对园林的影响。其他形态水分对园林的影响，如图1-68所示。

（3）园林植物不同生育期对水分要求的变化。园林植物不同生育期对水分需要量也不同。种子萌发时，需要充足的水分，以利种皮软化，胚根伸出；幼苗期根系在土壤中分布较浅，且较

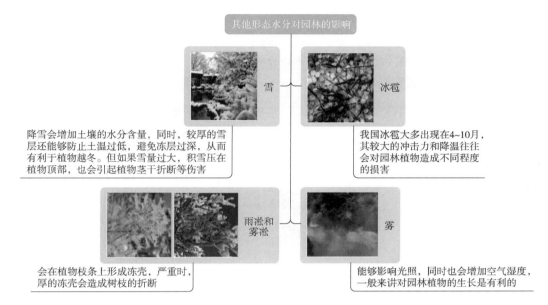

其他形态水分对园林的影响

雪

降雪会增加土壤的水分含量，同时，较厚的雪层还能够防止土温过低，避免冻层过深，从而有利于植物越冬。但如果雪量过大，积雪压在植物顶部，也会引起植物茎干折断等伤害

冰雹

我国冰雹大多出现在4~10月，其较大的冲击力和降温往往会对园林植物造成不同程度的损害

雨凇和雾凇

会在植物枝条上形成冻壳，严重时，厚的冻壳会造成树枝的折断

雾

能够影响光照，同时也会增加空气湿度，一般来讲对园林植物的生长是有利的

图 1-68　其他形态水分对园林的影响

弱小，吸收能力差，抗旱力较弱，故而必须保持土壤湿润。但水分过多，幼苗在地上长势过旺，易形成徒长苗。生产中园林植物育苗常适当蹲苗，以控制土壤水分，促进根系下扎，增强幼苗抗逆能力。大多数园林植物旺盛生长期均需要充足的水分。如果水分不足，容易出现萎蔫现象。但如果水分过多，也会造成根系代谢受阻，吸水能力降低，导致叶片发黄，植株也会形成类似干旱的症状。园林植物开花结果期，通常要求较低的空气湿度和较高的土壤含水量。一方面较低的空气温度可以适应开花与传粉，另一方面充足的水分又有利于果实的生长和发育。

3. 光照因子

光照是园林植物生长发育的重要环境条件。光照强度、光质和日照时间长短都会影响植物的光合作用，从而制约着植物的生长发育、产量和品质。

（1）光照强度。光照强度随着地理位置、地势高低、云量等的不同而有所变化。一年之中以夏季光照最强，冬季光照最弱；一天之中以中午光照最强。不同园林植物对光照强度的要求是不一样的，据此可将园林植物分为以下几类，如图 1-69 ~ 图 1-71 所示。

喜光植物又称阳生植物

这类园林植物需要在较强的光照下才能生长良好，不能忍受荫蔽环境。如桃、李、杏、枣等绝大多数落叶树木；多数露地一二年生花卉及宿根花卉；仙人掌科、景天科和番杏科等多浆植物等。

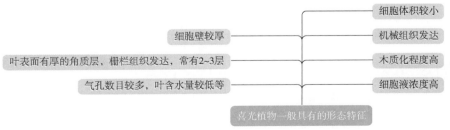

细胞壁较厚

叶表面有厚的角质层，栅栏组织发达，常有2~3层

气孔数目较多，叶含水量较低等

细胞体积较小

机械组织发达

木质化程度高

细胞液浓度高

喜光植物一般具有的形态特征

图 1-69　喜光植物一般具有的形态特征

耐阴植物又称阴生植物

这类植物不能忍受强烈的直射光线，在适度荫蔽下才能生长良好，主要为草本植物。如蕨类植物、兰科、凤梨科、姜科、天南星科植物等均为耐阴植物。

图 1-70 耐阴植物一般具有的形态特征

中性植物又称中生植物

这类植物对光照强度的要求介于上述两者之间，通常喜欢在充足的阳光下生长，但有不同程度的耐阴能力。由于耐阴能力的不同，中性植物中又有偏喜光和偏阴性的种类之分。

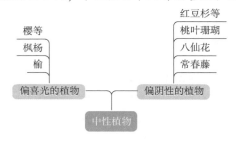

图 1-71 中性植物分类

（2）光质。光质是指具有不同波长的太阳光谱成分。其中波长为 380～770nm 的光是可见光，即人眼能见到的范围，也是对植物最重要的光质部分。但波长小于 380nm 的紫外线部分和波长大于 770nm 的红外线部分对植物也有作用。植物在全光范围内生长良好，但其中不同波长段的光对植物的作用是不同的。植物同化作用吸收最多的是红光，有利于植物叶绿素的形成、促进二氧化碳的分解和碳水化合物的合成。其次为蓝紫光，其同化效率仅为红光的 14%，能够促进蛋白质和有机酸的合成。红光能够加速长日植物的发育，而蓝紫光则加速短日植物发育。蓝紫光和紫外线还能抑制植物茎节间的伸长，促进多发侧枝和芽的分化，有助于花色素和维生素的合成。

（3）日照时间长短。按照园林植物对日照长短的反应的不同，分类如图 1-72 所示。

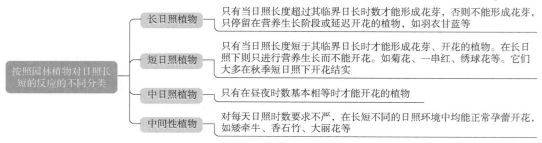

图 1-72 按照园林植物对日照长短的反应的不同分类

植物对日照长度的不同反应，是植物在长期的发育中对土壤适应的结果。长日照植物多起源于高纬度地区，而短日照植物则多起源于低纬度地区。同时，日照长度也会对植物的营养生长产生影响。在植物的临界长度范围内，延长光照时数，会促进植物的营养生长或延长其生长期。而缩短光照时数，则能够促进植物休眠或缩短生长期。在园林植物的南种北引过程中，就可以通过缩短光照时数的方式让植物提前进入休眠而提高其抗寒性。

4. 空气因子

（1）主要影响成分。

二氧化碳

二氧化碳是园林植物进行光合作用的原料，当空气中的二氧化碳浓度增加到一定程度后，植物的光合速率不会再随着二氧化碳浓度的增加而提高，此时的二氧化碳浓度称为二氧化碳饱和点。空气中二氧化碳的浓度一般在 $300 \sim 330mg/L$，生理实验表明，这个浓度远远低于大多数植物的二氧化碳饱和点，仍然是植物光合作用的限制因子。因此，对于温室植物，施用气体肥料，增加二氧化碳浓度，能够显著提高植物的光合效率，还有提高某些雌雄异花植物雌花分化率的作用。

氧气

氧气是园林植物进行呼吸作用不可缺少的，但空气中氧气含量基本不变，对植物地上部分的生长不构成限制。能够起到限制作用的主要是植物根部的呼吸，及水生植物尤其是沉水植物呼吸作用，其主要依靠土壤和水中的氧气。栽培中经常进行中耕以避免土壤的板结，以及多施用有机肥来改善土壤物理性质，加强土壤通气性等措施，以保证土壤氧气量。

氮气

虽然空气中的氮含量高达78%，但高等植物却不能直接利用它，只有一些固氮微生物和蓝绿藻可以吸收和固定空气中的氮。而一些园林植物与根瘤菌共生从而有了固氮能力，如每公顷紫花苜蓿一年可固氮200kg以上。

（2）常见空气污染物质。

二氧化硫

二氧化硫是大气主要污染物之一，燃煤燃油的过程均可能产生二氧化硫。二氧化硫气体进入植物叶片后遇水形成亚硫酸，并逐渐氧化形成硫酸。当达到一定量后，叶片会失绿，严重的会焦枯死亡。

植物对二氧化硫的抗性不同，如图1-73所示。并且同一植物在不同地区有时也表现出不同的抗二氧化硫能力。

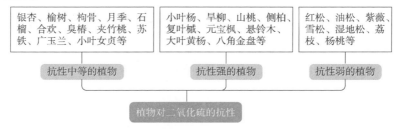

图 1-73　植物对二氧化硫的抗性

光化学烟雾、汽车、工厂等污染源排入大气的碳氢化合物和氮氧化物等

一次污染物在紫外线作用下发生光化学反应生成二次污染物，主要有臭氧、三氧化硫、乙醛等。参与光化学反应过程的一次污染物和二次污染物的混合物所形成的烟雾污染现象，称为光化学烟雾。因此，光化学烟雾成分比较复杂，但以臭氧的量最大，占比达到90%。以臭氧主要毒质进行的抗性实验中，植物对臭氧主要毒质的抗性如图1-74所示。

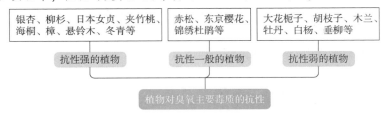

图1-74　植物对臭氧主要毒质的抗性

氯及氯化氢

塑料工业生产排放的气体中，会形成氯及氯化氢污染物。对氯及氯化氢抗性的园林植物，如图1-75所示。

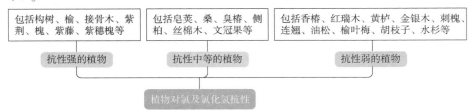

图1-75　植物对氯及氯化氢的抗性

氟化物

氟化物对植物的毒性很强，某些植物在含氟1×10^{-12}的空气中暴露数周即可受害，短时间暴露在高氟空气中可引起急性伤害。氟能够直接侵蚀植物体敏感组织，造成酸损伤；一部分氟还能够参与机体某些酶的反应，影响或抑制酶的活力，造成机体代谢紊乱，影响糖代谢和蛋白质合成，并阻碍植物的光合作用和呼吸功能。植物受氟害的典型症状是叶尖和叶缘坏死，并向全叶和茎部发展。幼嫩叶片最易受氟化物的危害；另外，氟化物还会对花粉管伸长有抑制作用，影响植物的生长发育。空气中的氟化氢浓度如果达到0.005mg/L，就能在7~10天内使葡萄、樱桃等植物受害。根据北京地区的调查，对氟化物抗性园林植物，如图1-76所示。

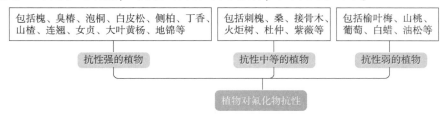

图1-76　植物对氟化物的抗性

（3）风对园林植物的影响。空气的流动形成风，低速的风对园林植物是有利的，而高速的风则会对园林植物产生危害。风对园林植物有利的方面主要是有助于风媒花的传粉，也有利于部分园林植物果实和种子的传播。

风对园林植物不利的方面包括对植物生理和机械的损伤。风会促进植物的蒸腾作用，加速水分的散失，尤其是生长季的干旱风。风速较大的台风、飓风会折断树木枝干，甚至整株拔起。

抗风力强的植物包括马尾松、黑松、榉树、胡桃、樱桃、枣树、葡萄、朴、栗、樟等；抗风力中等的包括侧柏、龙柏、杉木、柳杉、楝、枫杨、银杏、重阳木、柿、桃、杏、合欢、紫薇等；抗风力弱的包括雪松、木棉、悬铃木、梧桐、钻天杨、泡桐、刺槐、枇杷等。

5. 土壤因子

（1）依土壤酸碱度分类的植物类型。土壤酸碱性受成土母岩、气候、土壤成分、地形地势、地下水、植被等多种因素的影响。如果成土母岩为花岗岩则土壤是酸性土，母岩为石灰岩则土壤为碱性土；气候干燥炎热则中碱性土壤多，气候潮湿多雨则酸性土壤多；地下水富含石灰质则土壤多为碱性土。同一地区不同深度、不同季节的土壤酸碱度也会有所差异，长期施用某些肥料也能够改变土壤的酸碱度。依照植物对土壤酸碱度的要求的不同，植物可以分为三类，如图1-77所示。

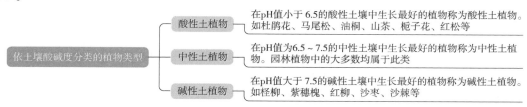

图 1-77　依土壤酸碱度分类的植物类型

（2）依土壤含盐量分类的植物类型。在我国沿海地区和西北内陆干旱地区的内陆湖附近，都有相当面积的盐碱化土壤。氯化钠、硫酸钠含量较多的土壤，称为盐土，其酸碱性为中性；碳酸钠、碳酸氢钠较多的土壤，称为碱土，其酸碱性呈碱性。实际上，土壤往往同时含有上述几种盐，故称为盐碱土。根据植物在盐碱土中的生长情况，将植物分为四种类型，如图1-78所示。

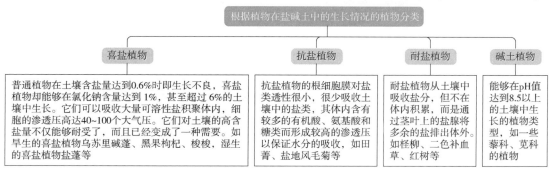

图 1-78　根据植物在盐碱土中的生长情况的植物分类

（3）其他植物分类类型。按照植物对土壤深厚、肥沃程度需要，可分为喜肥植物，如梧桐、核桃；一般植物和瘠土植物，如牡荆、酸枣、小檗、锦鸡儿、小叶鼠李等。

荒漠绿化中还经常用到能够耐干旱贫瘠、耐沙埋、耐日晒、耐寒热剧变、易生根生芽的沙生植物等。

6. 地势地形因子

地势地形能够改变光、温、水、热等在地面上的分配，从而影响园林植物生长发育。

（1）海拔高度。海拔高度由低至高，温度渐低，光照渐强，紫外线含量渐增，会影响植物的生长和分布。海拔每升高100m，气温就下降0.6～0.8℃，光强平均增加4.5%，紫外线增加3%～4%，降水量与相对湿度也发生相应变化。同时，由于温度下降、湿度上升，土壤有机质分解渐缓，淋溶和灰化作用加强，土壤pH值也会逐渐降低。对同种植物而言，从低海拔到高海拔处，往往表现出高度变低、节间变短、叶变密等变化。从低海拔处到高海拔处，植物会形成不同的植物分布带，从热带雨林带、阔叶常绿植物带、阔叶落叶植物带过渡到针叶树带、灌木带、高山草原带、高山冻原带，直至雪线。

（2）坡度坡向。坡度主要通过影响太阳辐射的接受量、水分再分配及土壤的水热状况，对园林植物生长发育产生不同程度的影响。一般认为50～200的斜坡是发展园林植物的良好坡地。坡向不同，接受太阳辐射量不同，其光、热、水条件有明显差异，因而对园林植物生长发育有不同的影响。在北半球南向坡接受的太阳辐射最大，光热条件好，水分蒸发量也大，北坡最少，东坡与西坡介于两者之间。在北方地区，由于降水量少，而造成北坡可以生长乔木，植被繁茂。南坡水分条件差，仅能生长一些耐旱的灌木和草本植物。南方地区的降雨量大，南坡水分条件亦良好，故而南坡植物会更繁茂。

（3）地形。地形是指所涉及地块纵剖面的形态，具有直、凹、凸及阶形坡等不同的类型。地形不同，所在地块光、温、湿度等条件各异。如低凹地块，冬春夜间冷空气下沉，积聚，易形成冷气潮或霜眼，造成较平地更易受晚霜危害。

7. 生物因子

园林植物不是孤立存在的，在其生存环境中，还存在着许许多多其他生物，这些生物便构成了生物因子。它们均会或大或小、或直接或间接地影响园林植物的生长和发育。

（1）动物。动物与园林植物的生存有着密切的联系，它们可以改变植物生存的土壤条件，取食损害植物叶和芽，影响植物的传粉、种子传播等。在一些地方，由于蚯蚓的活动运到地表土壤。这显著地改善了土壤的肥力，增加了钙质，从而影响着植物的生长。很多鸟类对散布种子有利，蝴蝶、蜜蜂是某些植物的主要媒介。也有一些土壤中的动物以及地面上的昆虫会对植物的生长有一定的不利影响。

（2）植物。植物间的相互关系对共同生长的植物来说，可能对一方或相互有利，也可能对一方或相互有害。植物间的相互关系根据作用方式、机制的不同分为直接关系和间接关系。

1）直接关系：植物之间直接通过接触来实现的相互关系，在林内有以下表现。

树冠摩擦：主要指针阔叶树混交林中，由于阔叶树枝较长又具有弹性，受风作用便与针叶树冠产生摩擦，使针叶、芽、幼枝等受到损害又难于恢复。林下更新的针叶幼树经过幼年缓慢生长阶段后，穿过阔叶林冠层时，比较容易发生树冠摩擦导致更替过程的推迟。

树干机械挤压：指林内两棵树干部分地紧密接触互相挤压的现象。天然林内较多见这种现象，人工林内一般没有，树木受风或动物碰撞产生倾斜时才会出现。树干挤压能损害形成层。随着林木双方的进一步发育，便互相连接，长成一体。

附生关系：某些苔藓、地衣、蕨类以及其他高等植物，借助吸根着生于树干、枝、茎以及树叶上进行生活，称为附生。生理关系上与依附的林木没有联系或很少联系。温带、寒带林内附生植物主要是苔藓、地衣和蕨类；热带林内附生植物种类繁多，以蕨类、兰科植物为主。它们一般对附主影响不大，少数有害。如热带森林中的绞杀榕等，可以缠绕附主树干，最后将附主绞杀致死。

攀缘植物：攀缘植物利用树干作为它的机械支柱，从而获得更多的光照。攀缘植物与所攀缘的树木间没有营养关系，但对树木有如下不利影响：机械缠绕会使被攀缘植物输导营养物质受阻或使其树干变形；由于树冠受攀缘植物缠绕，削弱被攀缘植物的同化过程，影响其正常生长。

植物共生现象对双方均有利，例如豆科植物与根瘤菌。

2）间接关系：间接关系是指相互分离的个体通过与生态环境的关系所产生的相互影响。

竞争：竞争是指植物间为利用环境的能量和资源而发生的相互关系，这种关系主要发生在营养空间不足时。

改变环境条件：植物间通过改变环境因子，如小气候、土壤肥力、水分条件等间接相互影响的关系。

生物化学的影响：植物根、茎、叶等释放出的化学物质对其他植物的生长和发育产生抑制和对抗作用或者某些有益作用。

二、植物群落

植物群落是指在环境相对均一的地段内，有规律地共同生活在一起的各种植物种类的组合。它具有一定的结构和外貌，一定的种类组成和种间的数量比例，一定的环境条件执行着一定的功能。其中，植物与植物、植物与环境之间存在着密切的相互关系，是环境选择的结果。在空间上占有一定的分布区域，在时间上是整个植被发育过程中的某一阶段。

植物群落是绿地的基本构成单位，科学合理的植物群落结构是绿地稳定、高效和健康发展的基础，是城市绿地系统生态功能的基础和绿地景观丰富度的前提。在城市中恢复、再造近自然植物群落，这有着生态学、社会学和经济学上的重要意义。

首先，群落化种植可以提高叶面积指数，更好地增加绿量，起到改善城市环境的作用；其次，植物群落物种丰富，对生物多样性保护和维护城市生态平衡等方面意义重大；再者，模拟自然植物群落、开展城市自然群落的建植研究以及建立生态与景观相协调的近自然植物群落，能够扩大城市视觉资源，创造清新、自然、纯朴的城市园林风光，创造优良的人居环境；最后，植物群落可降低绿地养护成本，且节水、节能，从而更好地实现绿地经济效益，这对提高城市绿地质量具有重要的现实意义。

建立一个合理的园林植物群落不是简单的将乔、灌、藤本、地被的组合，而应该从自然界或城市原有的、较稳定的植物群落中去寻找生长健康、稳定的植物组合，在此基础上结合生态学与园林美学原理建立适合城市生态系统的人工植物群落。人工模拟的自然群落类型如下：

1. 模拟岩生植物群落

依照自然山石的位置，选择地面上堆置石块，并根据岩石的不同类型，在岩石间种植适宜的岩生植物。如石灰岩主要由碳酸钙组成，属钙质岩类风化物。风化过程中，碳酸钙可受酸性水溶解，大量随水流失，土壤中缺乏磷和钾，多具石灰质，呈中性或碱性反应。土壤黏实，易干，宜喜钙耐旱植物生长。

可选择的植物有：菊科、石竹科、鸢尾科、金丝桃科、景天科、蔷薇科和十字花科中低矮、叶丛或花朵美丽的灌木和草花以及耐干旱、瘠薄土壤的肉质多浆植物等。阴坡则可以选择苔藓、附生蕨类及景天科、苦苣苔科、秋海棠科、兰科等植物。

2. 模拟高山植物群落

生长在高山上的植物，一般体积矮小，茎叶多毛，有的还匍匐生长或者像垫子一样铺在地上，成为所谓的"垫状植物"。"垫状植物"是植物适应高山环境的典型形状之一。一团团垫状体就好像一个个运动器械中的铁饼，散落在高山的坡地之上。流线形（或铁饼状）的外表和贴地生长特性，能抵御大风的吹刮和冷风的侵袭。另外它生长缓慢、叶子细小，可以减少蒸腾作用而节省对水分的消耗，以适应高山缺水的恶劣环境。一些直立乔木由于受到大风经常性的吹袭而形成旗形树冠，有时主干也常年被吹成沿风向平行生长，形成扁化现象。

可选择的植物有：草类如菭草、羊茅、发草、剪股颖、珠芽蓼、马先蒿、堇菜、毛莨属、黄芪属、问荆等，小灌木如柳丛、仙女木、乌饭树等，下层常伴生藓类，形成植被的基层。另外杜鹃、报春和龙胆是高山花卉的典型代表植物。

3. 模拟热带雨林群落

热带雨林中植物种类繁多，具有多层结构。参天的大树、缠绕的藤萝、繁茂的花草交织成一座座绿色迷宫。其中老茎生花、木质大藤本、附生植物是热带雨林特有的现象。

可选择的植物有：用于老茎生花的植物如波罗蜜、可可、番木瓜、杨桃、水冬哥、大果榕等；大藤本如风车藤、扁担藤、翼核果藤、白背瓜馥木、麒麟尾、龟背竹、香港崖角藤、鸡血藤、紫藤、使君子、炮仗花、西番莲、禾雀花、常春油麻藤等；具有板根的如木棉、高山榕等；大叶植物如棕榈科中的大王椰子、枣椰子、长叶刺葵、假槟榔、穗花轴榈等；附生植物如蜈蚣藤、石蒲藤、岩姜、巢蕨、气生兰、凤梨科一些植物、麒麟尾等。

4. 模拟水生植物群落

水生植物群落能够给人一种清新、舒畅的感觉，它不仅可以观叶、品姿、赏花，还能欣赏映照在水中的倒影，令人浮想联翩。另外，水生植物也是营造野趣的上好材料，在河岸密植芦苇林、大片的香蒲、慈姑、水葱、浮萍定能使水景野趣盎然。

可选择的植物有：挺水类如荷花、千屈菜、水葱、菖蒲、鸢尾、香蒲、慈姑、泽泻、梭鱼草、灯心草、鱼腥草等；浮水类如睡莲、王莲、芡实、萍蓬草、水罂粟、菱等；漂浮类如凤眼莲、大漂、萍、水鳖等；沉水类如金鱼藻、菹草、浮叶眼子菜、角果藻等。

5. 模拟湿生植物群落

湿生植物生活在阳光充足、土壤水分饱和的沼泽地区或湖边。如莎草科、蓼科和十字花科的一些种类，它们根系不发达，没有根毛，但根与茎之间有通气的组织，以保证取得充足的氧气。这类植物的根常没于浅水中或湿透了的土壤中，常见于沼泽、河滩、山谷等地，抗旱能力差，水分缺乏就将影响生长发育以致萎蔫。由于长期适应水分充沛的环境，蒸腾强度大，叶片两面均有气孔分布。

可选择的植物有：木本的有落羽松、池杉、水松、红树、垂柳、丝棉木、榕属等；草本的有水葱、菖蒲、灯心草、石菖蒲、旱伞草、纸莎草、香蒲、红叶芦荻、细叶芒、玉带草、三白草、花叶鱼腥草、水翁、千屈菜、黄花鸢尾、驴蹄草等。

6. 模拟旱生植物群落

能较长期在严重缺水地区生长的耐旱植物，称为旱生植物。它们有发达的旱生形态与旱生生理适应，可在不易获得水分的环境（如沙漠、岩石表面、冻土、酸沼或盐渍化土壤）中生长。

可选择的植物有：肉质植物有仙人掌、景天等；硬叶植物有夹竹桃、羽茅等；小叶或无叶植物如麻黄、梭梭等。另外我国雪松、旱柳、榆、朴、柏木、侧柏、槐、黄连木、君迁子、合欢等都很抗旱，是旱生景观造景的良好树种。

【新手必读】园林植物的美学特性

一、色彩美

人们视觉对色彩尤为敏感，从美学的角度讲，园林植物的色彩在园林上应是第一性的，其次才是园林植物的形体、线条等其他特征。园林植物的各个部分如花、果、叶、枝干和树皮等，都有不同的色彩，并且随着季节和年龄的变化而绚丽多彩、万紫千红。

1. 叶色美

叶色决定了植物色彩的类型和基调。植物的叶色变化丰富，早春的新绿，夏季的浓绿，秋季的红黄叶和果实交替，这种物候态景观规律的色彩美，观赏价值极高，能达到引起人们美好情思的审美境界。根据叶色变化的特点可将园林植物分为以下6类。

（1）绿色叶类。绿色是园林植物的基本叶色，有嫩绿、浅绿、鲜绿、浓绿、黄绿、蓝绿、墨绿、暗绿等差别，将不同深浅绿色的园林植物搭配在一起，同样能够产生特定的园林美学效果，给人以不同的园林美学感受，如在暗绿色针叶树丛前配植黄绿色树冠，会形成满树黄花的效果。叶色呈深浓绿色类的有雪松、油松、侧柏、圆柏、云杉、毛白杨、槐、女贞、榕、桂花、构树、山茶等。叶色呈浅淡绿色类的有七叶树、落羽松、金钱松、水杉、玉兰、鹅掌楸等。如图 1-79 所示为园林一角。

图 1-79　园林一角

（2）春色叶类及新叶有色类。园林植物的叶色常随季节的不同而发生变化，对春季新发生的嫩叶有显著不同叶色的统称为"春色叶树"，如臭椿、五角枫的春叶呈红色。在南方热带、亚热带地区，一些园林植物一年多次萌发新叶，长出的新叶有美丽色彩如开花效果的种类称为新叶有色类，如芒果、无忧花、铁刀木等。

（3）秋色叶类。秋色叶类植物其叶片在秋季发生显著变化，并且能保持一定时间的观赏期。秋季叶色的变化体现出独特的秋色美景，在园林植物的色彩美学中具有重要地位。秋季呈红色或紫红色类的树种如鸡爪槭、茶条槭、五角枫、枫香、小檗、地锦、樱花、柿、盐肤木、卫矛、山楂、花楸、黄连木、黄栌、乌桕、南天竹、石楠、红槲等。秋叶呈黄色或黄褐色类的树种如银杏、加拿大杨、白蜡、栾树、水杉、落叶松、悬铃木、梧桐、鹅掌楸、榆、白桦、金钱松、柳、复叶槭、紫荆、无患子、胡桃等。

（4）常色叶类。常色叶类植物其叶片一年不分春秋季节而呈现一种不同于绿色的其他单一颜色，以红色、紫色和黄色为主。全年呈红色或紫色类如紫叶李、紫叶桃、红枫、紫叶小檗、紫叶欧洲槭、红花檵木等。全年均为黄色类有金叶雪松、金叶圆柏、金叶鸡爪槭、黄金榕、金叶女贞、黄叶假连翘等。

（5）双色叶类。双色叶类植物其叶背与叶表的颜色显著不同如银白杨、红背桂、胡颓子、栓皮栎、翻白叶树等。

（6）斑色叶类。斑色叶类植物的叶上具有两种以上颜色，以其中一种颜色为底色，叶上有斑点或花纹，如金边或金心大叶黄杨、洒金桃叶珊瑚、花叶榕、变叶木、花叶橡皮树、花叶络石、花叶鹅掌柴、洒金珊瑚等。

2. 花色美

花朵是色彩的来源，花朵五彩缤纷、姹紫嫣红的颜色最易吸引人们的视线，使人心情愉悦，感悟生命的美丽。花朵既能反映大自然的天然美，又能反映出人类匠心的艺术美。以观花为主的树种在园林中常作为主景，在园林植物配置时可选择不同季节开花、不同花色的植物搭配在一起，形成四时景观，表现丰富多样的季节变化。此外，还可以建立专类园如春日桃园、夏日牡丹园、秋日桂花园、冬日梅园等。

花朵的基本颜色可分为 5 种类型：

红色花系

如桃花、梅花、牡丹、月季、山茶、杜鹃、刺桐、凤凰木、木棉等。

橙黄、橙红色花系

如丹桂、鹅掌楸、洋金凤、翼叶老鸦嘴、杏黄龙船花等。

紫色、紫红色花系

如紫红玉兰、紫荆、泡桐、大叶紫薇、红花羊蹄甲、紫藤等。

黄色、黄绿色花系

如黄槐、栾树、蜡梅、鸡蛋花、无患子、腊肠树、黄素馨等。

白色、淡绿色花系

如广玉兰、槐树、龙爪槐、珍珠梅、栀子、白千层、珙桐等。

3. 果色美

果实的颜色有着很大的观赏意义，尤其是在秋季，硕果累累的丰收景色充分显示了果实的色彩效果，正如苏轼的词"一年好景君须记，正是橙黄橘绿时"描绘的果实成熟时的喜庆景色。

果实常见的色彩有 5 种类型：

红色类

如樱桃、山楂、郁李、金银木、枸骨、橘、柿、石榴、花楸、冬青、火棘、平枝栒子、桃叶珊瑚、小檗类、南天竹、珊瑚树、洋蒲桃等。

黄色类

如银杏、梅、杏、柚、梨、木瓜、甜橙、贴梗海棠、金柑、佛手、瓶兰花、南蛇藤、假连翘、沙棘、蒲桃等。

蓝色类

如桂花、李、忍冬、葡萄、紫珠、十大功劳、白檀等。

黑色类

如女贞、小蜡、小叶女贞、五加、鼠李、金银花、常春藤、君迁子、黑果忍冬等。

白色类

如红瑞木、芫花、雪果、花楸等。

4. 枝干皮色美

树木的枝条，除了因其生长习性而直接影响树形外，它的颜色亦具有一定的观赏价值。尤其是当深秋叶落后，枝的颜色更为显眼。对于枝条具有美丽色彩的树木，特称其为观枝树种。常见观赏红色枝条的有野蔷薇、红茎木、红瑞木、杏、山杏等；可赏古铜色枝的有李、山桃、梅等；冬季观赏青翠碧绿色彩时则可种植梧桐、棣棠与青榨槭等。

树干的皮色对美化配植起着很大的作用，可产生极好的美化效果。干皮的颜色主要有以下 7 种类型：

一般树种常呈灰褐色；暗紫色，如紫竹；红褐色，如杉木、赤松、马尾松、尾叶桉；黄色，如金竹、黄桦；绿色，如梧桐、三药槟榔；斑驳色彩，如黄金间碧竹、碧玉间黄金竹、木瓜；白或灰色，如白桦、毛白杨、白皮松、朴树、悬铃木、山茶、柠檬桉。

二、姿态美

园林植物种类繁多，姿态各异，有大小、高低、轻重等感觉，通过外形轮廓，干枝、叶、花果的形状、质感等特征综合体现。不同姿态的植物经过配植可产生层次美、韵律美。且它会随着生长发育过程呈现出规律性的变化而表现出不同的姿态美感。

1. 树冠

园林植物种类不同，其树冠形体各异，同一植株树种在不同的年龄发育阶段树冠形体也不一样。园林植物自然树冠形体归纳起来主要有以下几种类型：

尖塔形

树木的顶端优势明显，主干生长旺盛，树冠剖面基本以树干为中心，左右对称，整体形态如尖塔形，如雪松、水杉等。

圆柱形

树木的顶端优势仍然明显，主干生长旺盛，但是树冠基部与顶部都不开展，树冠上部和下部直径相差不大，树冠冠长远大于树冠冠径，整体形态如圆柱形，如塔柏、钻天杨、杜松等。

卵圆形

树木的树形构成以弧线为主，给人以优美、圆润、柔和、生动的感受，如加拿大杨、榆树、香樟、梅花、樱花、石楠等。

垂枝形

树木形体的基本特征是有明显的悬垂或下弯的细长枝条，给人以柔和、飘逸、优雅的感受，如垂柳、垂枝桃等。

棕榈形

树木叶集中生于树干顶部，树干直而圆润，给人以挺拔、秀丽的感受，具有独特的南国风光特色，如棕榈、椰子树、蒲葵等。

2. 枝干

园林植物枝干的曲直姿态和斑驳的树皮具有特殊的观赏效果。

（1）枝干形态。园林植物树干形态主要有以下几类：

直立形

其树干挺直，表现出雄健的特色，如松类、柏类、棕榈科乔木类树种。

并丛形

其两条以上树干从基部或接近基部处平行向上伸展，有丛茂情调。

连理形

在热带地区的树木，常出现两株或两株以上树木的主干或顶端互相愈合的连理干枝，但在北方则须由人工嫁接而成。

盘结形

由人工将树木的枝、干、蔓等加以屈曲盘结而成图案化的境地，具有苍老与优美的情调。

偃卧形

树干沿着近乎水平的方向伸展，由于在自然界中这一形式往往存在于悬崖或水体的岸畔，故有悬崖式与临水式之称，都具有奇突与惊险的意味。

（2）树皮形态。根据树皮的外形，大概可分为以下几种类型：

光滑树皮

表面平滑无裂，如柠檬桉、胡桃幼树。

片裂树皮

表面呈不规则的片状剥落，如白皮松、悬铃木、毛桉、白千层等。

丝裂树皮

表面呈纵而薄的丝状脱落，如青年期的柏类、悬铃木。

纵裂树皮

表面呈不规则的纵条状或近于人字状的浅裂，多数树种均属于此类。

纵沟树皮

表面纵裂较深呈纵条或近于人字状的深沟，如老年的胡桃、板栗；长方裂纹树皮，表面呈长方形之裂纹，如柿、君迁子、塞楝等。

3. 树叶

园林植物的叶片具有极其丰富多彩的形貌，其形态变化万千、大小相差悬殊，能够使人获得不同的心理感受。

园林植物根据叶形分为以下4种：

针叶树类

叶片狭窄、细长，具有细碎、强劲的感觉，如松科、杉科等多数裸子植物。

小型叶类

叶片较小，长度大大超过叶片宽度或等宽，具有紧密、厚实、强劲的感觉，部分叶片较小的阔叶树种属于此类，如柳叶榕、瓜子黄杨、福建茶等。

中型叶类

叶片宽阔，叶片大小介于小型叶类和大型叶类之间，形状各异，是园林树木中最主要的叶形，多数阔叶树种属于此类，使人产生丰富、圆润、朴素、适度的感觉。

大型叶类

叶片巨大，但是叶片数量不多，大型叶类以具有大中型羽状或掌状开裂叶片的树种为主，如苏铁科、棕榈科、芭蕉科树种等。

4. 花

园林植物的花朵形状和大小各不相同，花序的排聚各式各样，在枝条着生的位置与方式也不一样，在树冠上表现出不同的形貌，即花相。

园林植物花相包括以下3种类型：

外生花相

花或花序着生在枝头顶端，集中于树冠表层，花朵开放时，盛极一时，气势壮观，如泡桐、紫薇、夹竹桃、山茶、紫藤等。

内生花相

花或花序着生在树冠内部，树体外部花朵的整体观感不够强烈，如含笑、桂花、白兰花等。

均匀花相

花或花序在树冠各部分均匀分布，树体外部花朵的整体观感均匀和谐，如蜡梅、桃花、樱花等。

5. 果实

园林植物果实形体的观赏体现在"奇、巨、丰"三个方面。

"奇"

指果实形状奇特有趣，如佛手果实的形状似"人手"，腊肠树的果实如香肠等；有的果实富有诗意，如红豆树，王维诗云："红豆生南国，春来发几枝，愿君多采撷，此物最相思。"

"巨"

即单个果实形体巨大，如椰子、柚子、木瓜、木菠萝等；还有一些果实体虽小而果形鲜艳，果穗较大，如金银木、接骨木等。

"丰"

是从植物整体而言，硕果累累，果实数量多，如葡萄、火棘。

6. 根

园林植物裸露的根部也有一定的观赏价值。一般而言，植物达到老年期以后，均可或多或少地表现出露根美。在这方面效果突出的树种有榕属树种、松、梅、蜡梅、银杏、广玉兰、榆、朴、山茶等。特别在热带、亚热带地区，有些树有巨大的板根、气生根，很有气魄，如桑科榕属植物具有独特的气生根，可以形成极为壮观的独木成林、绵延如索的景象。

三、芳香美

一些园林植物具有芳香，主要体现在花香方面，每当花开时节，便会芳香四溢，给人们美的感受。花香既能沁人心脾，还能招蜂引蝶，吸引众多鸟类，可实现鸟语花香的理想景观效果。有的鲜香使人神清气爽，轻松无虑。即使是新鲜的叶香、果香和草香，也可使人心旷神怡。在园林中，许多国家建有"芳香园"，我国古典园林中有"远香堂""闻木樨香轩""冷香亭"，现代园林中有的城市建有"香花园""桂花园"等，这些园林都以欣赏花香为目的。

一些芳香植物还可利用散发的芳香素调节人的心理、生理机能，改变人的精神状态，并有杀菌驱虫、净化空气、增强人的免疫力、消除疲劳、增强记忆力等功效。例如：松柏、樟类植物能有效增加空气中的负离子；鼠尾草散发的香气能滋养大脑，被誉为"思考者之茶"；紫茉莉分泌出的气体可杀死白喉杆菌、结核菌、痢疾杆菌，是绿色、无污染的天然杀菌剂；米兰可吸收空气中的二氧化硫；桂花、蜡梅可吸收汞蒸气；丁香、紫茉莉、含笑等植物对二氧化硫、氟化氢、氯气具有吸收能力，且具有吸收光化学烟雾、防尘降噪的功能；薄荷、罗勒、茴香、薰衣草、灵香草分泌的特殊香味能驱避蚊蝇、昆虫，成为无毒、无污染、无残留的高效的天然驱蚊（虫）灵。

四、动感美

园林植物随季节和植物年龄的变化而丰富多彩，让人们感受到植物的动态变化和生命的节奏，这些都是园林植木"动态美"的园林美学价值体现。园林植物随季节有四相，如图1-80所示。

园林植物随季节的四相	春英	夏荫	秋毛	冬骨
	春英者，谓叶绽而花繁也	夏荫者，谓叶密而茂盛也	秋毛者，谓叶疏而飘零也	冬骨者，谓枝枯叶槁也

图1-80　园林植物随四季的四相

早春树新叶展露、繁花竞放，使人身心愉悦；夏季群树葱茏，洒下片片绿荫，使人清凉舒爽；秋季硕果累，霜叶绚丽，让人感到充实喜悦；冬季枝干裸露，则显得苍劲凄美。这种动态变化使人们间接感受到了四季的更替，时光的变迁，领略到大自然的变化无穷和生命的可贵。

此外，园林植物枝叶受风、雨、光、水的作用会发声、反射及产生倒影等而加强气氛，令人遐想，引人入胜，给人以动感美。如因风的作用，柳枝摇曳多姿，婀娜妩媚、柔情似水；"风敲翠竹"如莺歌燕语，鸣金戛玉；"白杨萧萧"，悲哀惨淡，催人泪下；而"松涛阵阵"则气势磅礴，雄壮有力，如万马奔腾，具排山倒海之势；"夜雨芭蕉"则如自然界的交响乐，青翠悦耳，轻松愉快。当阳光照射在排列整齐、叶面光亮的植物上时，会有一种反光效果，使景物更辉煌；而阳光透过树林洒下斑驳的光影，一阵风过，光影摇曳，则如梦如幻。

五、意境美

园林植物的意境美是指观察者在感知的基础上通过情感、联想、理解等审美活动获得的植物景观内在的美。在这里，植物景观不只是一片有限的风景，而是具有象外之象，景外之景，就像诗歌和绘画那样，"境生于象外"。这种象外之境即为意境，它是"情"和"景"的结晶。刘勰在《文心雕龙》中曾说："神用象通，情变所孕。物以貌求，心以理应"。强调情景交融，以景动情，以情去感染人，让人在与景的情感交流中领略精神的愉悦和心理的满足，达到审美的高层次境界。在园林植物造景中，意境美的表达方式常见以下几种：

1. 比拟联想，植物的"人化"

中国具有悠久的灿烂文化，人们在欣赏大自然植物美的同时逐渐将其人格化。例如视松柏耐寒，抗逆性强，虽经严冬霜雪或在高山危岩，仍能挺立风寒之中，即《论语》之"岁寒，然后知松柏之后凋也。"松树寿长，故有"寿比南山不老松"之句，以松表达祝福长寿之意。竹被认为是有气节的君子，有"未曾出土便有节，纵使凌云仍虚心"之誉，又有"其有群居不乱，独立自持；振风发屋，不为之倾；大旱乾物，不为之瘁；坚可以配松柏，劲可以凌雪霜；密可以泊晴烟，疏可以漏宵月；婵娟可玩，劲挺不回者，尔其保之"的特色。苏东坡曾云："宁可食无肉，不可居无竹。"梅亦被誉为傲霜雪的君子，习称松、竹、梅为岁寒三友。荷花被认为"出淤泥而不染，濯清涟而不妖"是有脱离庸俗而具有理想的君子的象征，它有"荷香风送远""碧荷生幽泉，朝日艳且鲜"的美化效果。桃花在公元前的诗经周南篇有："桃之夭夭，灼灼其华"誉其艳丽；后有"人面桃花"句转而喻淑女之美，而陶渊明的《桃花源记》更使桃花林给人带来和平、理想仙境的逸趣。在广东一带，春节习俗家中插桃花表示幸福。白兰有幽香为清高脱俗的隐士，白杨萧萧表惆怅、伤感，翠柳依依表情意绵绵。李花繁而多子，现在习称"桃李满天下"表示门人弟子众多之意。紫荆表示兄弟和睦，含笑表深情，木棉表示英雄，桂花、杏花因声而意显富贵和幸福，牡丹因花大艳丽而表富贵。过去北京城内较考究的四合院内的植物配植讲究"玉堂春富贵"，即在庭院中对植玉兰、海棠、迎春、牡丹或盆栽桂花，有的还讲究摆设荷花缸。

2. 诗词书画、园林题咏的点缀和发挥

诗词书画、园林题咏与中国园林自古就有着不解之缘，许多园林景观都有赖于诗词书画、园林题咏的点缀和发挥，更有直接取材于诗文画卷者。园林中的植物景观亦是如此，如西湖三潭印月中有一亭，题名为"亭亭亭"，点出亭前荷花亭亭玉立之意，在丰富景观欣赏内容的同时，增添了意境之美。扬州个园袁枚撰写的楹联："月映竹成千个字，霜高梅孕一身花"，咏竹吟梅，点染出一幅情趣盎然的水墨画，同时也隐含了作者对君子品格的一种崇仰和追求，赋予了植物景观以诗情画意的意境美。"空山不见人，但闻人语响，返景入深林，复照青苔上。""独生幽篁里，弹琴复长啸，深林人不知，明月来相照。"王维用深林、青苔、幽篁这些植物构成多么静谧的环境。杜甫的"两个黄鹂鸣翠柳，一行白鹭上青天。"景色清新，色彩鲜明。李白的"镜湖三百里，菡萏发荷花，五月西施采，人看隘若耶"，写出了优美动人的意境。"几处早莺争暖树，

谁家新燕啄春泥。乱花渐欲迷人眼，浅草才能没马蹄，最爱湖东行不足，绿杨阴里白沙堤"，白居易在诗中用"暖树""乱花""浅草""绿杨"描绘出一幅生机盎然的西湖春景。"竹外桃花三两枝，春江水暖鸭先知"，苏轼用青竹与桃花带来春意。陆游的"山重水复疑无路，柳暗花明又一村"，用植物构成多么美妙的景色。而张继的"月落乌啼霜满天，江枫渔火对愁眠；姑苏城外寒山寺，夜半钟声到客船"所描绘的江枫如火、古刹钟声的景色，竟引得大批日本友人漂洋过海前来游访，这是诗的感染力，但诗的灵感源于包括以植物为主构成的景象。北宋诗人林和靖的"疏影横斜水清浅，暗香浮动月黄昏"近千年来传为名句。而《红楼梦》里的葬花词、桃花行、柳絮词、芦雪庭、红梅诗、海棠社、菊花题、风雨词、螃蟹咏，也都是在联想意境上较为深邃。

3. 借视觉、听觉、嗅觉等营造感人的典型环境

园林植物景观的意境美不仅能使人从视觉上获得诗情画意，而且还能从听觉、嗅觉等感官方面来得到充分的表达。如苏州拙政园的"听雨轩""留听阁"借芭蕉、残荷在风吹雨打的条件下所产生的声响效果而给人以艺术感受。承德避暑山庄中的"万鹤松风"景点也是借风掠松林发出的瑟瑟涛声而感染人的。而苏州留园的"闻木樨香轩"、拙政园的"远香益清"、承德避暑山庄的"香远益清""冷香亭"等景观，则是借桂花、荷花的香气而抒发某种感情。总之，这些反映出季节和时令变化的植物景观，往往能营造出感人的典型环境，并化为某种意境深深地感染人们。

植物的意境美多由文化传统而逐渐形成，但它不是一成不变的，会随着时代的发展而转变。如白杨萧萧是由于旧时代所谓庶民多植于墓地而成的，但今日由于白杨生长迅速，枝干挺直，翠荫匝地，叶近革质有光泽，为良好的普遍绿化树种；绿化的环境变了，所形成的景观变了，游人的心理感受也变了，用在公园的安静休息区中，微风作响时就不会有萧萧的伤感之情，而会感受到由远方鼓瑟之声，产生"万籁有声"的"静的世界"的感受，收到精神上安静休息的效果。又如对梅花的意境美，亦非仅限于"疏影横斜"的"方外"之感，而是"俏也不争春，只把春来报，待到山花烂漫时，她在丛中笑"的具有伟大精神美的体现了。在发展园林绿化建设工作中，能加强对植物意境美的研究与运用，对进一步提高园林艺术水平会起到良好的促进作用，同时使广大游人受到这方面的熏陶与影响，使他们在游园观赏景物时，在欣赏盆景和家庭养花时，能够受到美的教育。

【高手必懂】园林植物的应用效果

园林植物按照一定的生长发育规律，不同时间表现不同的观赏特性，呈现出季节性的变化规律。不同树种的物候各异，因而能形成丰富的季相变化。应用时要注意不同花期的植物相互配置，以达到不同季节都有较好的观赏效果。

春季开花的植物种类最为丰富，有连翘、迎春、金钟花、桃花、樱花、海棠、榆叶梅、杏、李、紫荆、玉兰、含笑、丁香、棣棠、紫藤、素馨、四照花、木香、金银木、月季、玫瑰等；夏季开花的植物有紫薇、木槿、茉莉、六月雪、夹竹桃、石榴、凌霄、栀子花、扶桑、米兰、九里香、金丝桃、合欢等；秋季开花的植物有木芙蓉、桂花等；冬季开花的植物有山茶、茶梅、油茶、梅花、蜡梅、金缕梅、结香等。这些植物在不同地区由于气候差异花期会有所不同，如梅花在长江中下游地区花期在冬季，可傲雪而开，而在北京一般要到春季才能开放。蜡梅在黄河流域以南地区冬季可以开花，但在北京只有早花品种在冬季开放，晚花品种一般在早春才能开放。因此，把握不同树种在不同地区的生长发育规律对提升植物应用景观效果具有重要意义。

下面就介绍几种相关园林植物的应用（图1-81～图1-90）。

1. 连翘

形态：落叶灌木，高可达 3m。干丛生，直立；枝细长并开展，拱形下垂，小枝黄褐色，稍四棱，皮孔明显，髓中空。单叶，或有时为 3 小叶，对生，卵形、宽卵形或椭圆状卵形，长 3 ~ 10cm，先端锐尖，基部圆形至锲形，缘有粗锯齿。花通常单生，稀 3 朵腋生，先叶开放；花冠黄色，裂片 4，倒卵状椭圆形；花萼裂片 4，矩圆形；雄蕊常短于雌蕊。蒴果卵圆形，表面散生疣点。花期 4 ~ 5 月，果期 8 ~ 9 月。

图 1-81　连翘

观赏与应用：枝条拱形开展，早春花先叶开放，满枝金黄，是北方常见优良的早春观花灌木。宜丛植于草坪、角隅、岩石假山下、路缘等处作基础种植，或作花篱等用；以常绿树作为背景，与榆叶梅、绣线菊等配植，更能突显出金黄夺目之色彩；大面积群植于向阳坡地、森林公园则效果也佳；其根系发达，可在护堤岸之处种植。

2. 金钟花

形态：落叶灌木，高 1.5 ~ 3m。枝直立，小枝黄绿色，呈四棱形，枝髓片状，节部纵剖面无隔板。单叶对生，椭圆状矩圆形，长 5 ~ 12cm，先端尖，中部以上有粗锯齿。花 1 ~ 3 朵腋生，先叶开放；花冠深黄色，裂片长椭圆形；萼裂片椭圆形，长为花冠筒之半。蒴果卵圆状。花期 3 ~ 4 月，果期 6 ~ 7 月。

分布：我国常见流域，北方各地园林广泛栽培。

图 1-82　金钟花

观赏与应用：先叶开放，金黄灿烂，可丛植于草坪、墙隅、路边、树缘，院内庭前等处。其与连翘的杂交种金钟连翘 *Forsythia × intermedia*，性状介于两者之间，枝较直立，拱形，节间常具片状髓，节部实心。叶长椭圆形至卵状披针形，有时 3 深裂或呈 3 小叶。花黄色深浅不一。

3. 桃花

形态：落叶小乔木，高 8m。小枝红褐色或褐绿色，无毛，芽密生灰白色绒毛。叶椭圆状披针形，长 7 ~ 16cm，中部最宽，先端渐尖，基部广楔形，叶缘细钝锯齿，托叶线形，有腺齿。花单生，先叶开放，粉红色，萼外有毛。果卵球形，表面密生绒毛，肉质多汁。花期 3 ~ 4 月，果期 6 ~ 8 月。

分布：原产于我国甘肃、陕西高原地带，全国都有栽培，栽培历史悠久。

图 1-83　白碧桃

观赏与应用：可孤植、列植、群植于山坡、池畔、山石旁、墙际、草坪、林缘，构成三月桃花满树红的春景。常与柳树配植于池边、湖畔，"绿丝映碧波，桃枝更妖艳"，形成"桃红柳绿"之动人春色；用各种品种的桃配植成专类景点，形成"桃花源"；还可作盆栽、桩景和切花供人观赏。

4. 樱花

形态：落叶乔木，高达 15m。树皮栗褐色，光滑，小枝赤褐色，无毛，有锈色唇形皮孔，腋芽单生。叶卵形至卵状椭圆形，先端尾尖，叶缘芒状，单或重锯齿，两面无毛，叶柄端有 2～4 腺体。花白色或淡红色，单瓣，花 3～5 朵成短伞房总状花序，萼钟状或短筒状，花梗与萼无毛。果卵形，由红变紫褐色。花期 4～5 月，与叶同时开放，果熟期 6～7 月。

分布：产于我国长江流域，东北南部也有分布，朝鲜、日本均有分布。

观赏与应用：树形高大，枝叶繁茂，绿荫如盖。春季繁花似锦，花朵轻盈娇艳、妩媚多姿，宜成片群植，落英缤纷，充分展现其幽雅又艳丽的观赏效果。也可作行道树、孤赏树，散植于草坪、溪边、林缘、坡地、路旁，开花时艳丽多姿，醉人心扉；花枝可作切花欣赏。

图 1-84　垂柳樱花

5. 棣棠

形态：丛生落叶小灌木，无刺，高 1～2m。小枝绿色有棱，光滑。叶卵形、卵状椭圆形，长 4～8cm，先端长尖，基部楔形或近圆形，缘有尖锐重锯齿，背面略有短柔毛，叶面皱褶。花单生侧枝顶端，金黄色，径 3～4.5cm。瘦果黑褐色，萼片宿存。花期 4～5 月，果熟期 7～8 月。

分布：产于我国河南、湖北、湖南、江西、浙江、江苏、四川、云南、广东等省，日本也有分布。

图 1-85　棣棠

观赏与应用：花色金黄，枝叶鲜绿，适宜栽植花境、花篱或建筑物周围作基础种植材料，可在墙隅、水边、坡地、路边隅、草坪、山石旁丛植或成片配植，也可作切花。其栽培变种'重瓣棣棠'（'Pleniflora'），花重瓣，从春末可陆续开花至秋季，北京、山东、南京等地栽培。

6. 木槿

形态：落叶灌木或小乔木，高 2～6m。小枝灰褐色，幼时密被绒毛，后脱落。单叶互生，三角形至菱状卵形，长 3～6cm，叶缘有粗锯齿或缺刻；叶不裂或中部以上 3 裂，三出脉。花大，单生叶腋，花冠钟形，单瓣或重瓣，有紫色、白色、粉红色、淡红色等，朝开暮谢。蒴果矩圆形，具毛，钝头。花期 6～9 月，果期 9～11 月。

分布：原产于东亚，我国自东北南部至华南各地均有栽培，尤以长江流域为多。

图 1-86　木槿

观赏与应用：花期夏季，满树繁英，甚为壮观，可孤植、丛植、片植或作花篱、绿篱。花可食用；嫩叶可烧汤，晒干可代替茶叶。其根、皮、叶、花、籽都可入药。

7. 凌霄

形态：落叶藤本，长达10m。茎上有攀援的气生根，攀附于其他物上。树皮灰褐色，小枝紫色。叶对生，奇数羽状复叶，小叶7~9枚，卵形，有锯齿，无毛。顶生聚伞花序或圆锥花丛，花冠漏斗状，唇形5裂，鲜红色或橘红色。蒴果长如豆荚，种子多数扁平。花期6~9月，果期8~10月。

分布：原产于我国中部、东部、华南等地，日本也有分布。

观赏与应用：枝虬干曲，花大色艳，花期长，为庭园中棚架、花门、山石、镂空围栏、大树等的良好绿化材料。花、根可入药，花活血通经、祛风，根活血散淤、解毒消肿。

图1-87 凌霄

8. 九里香

形态：常绿灌木，高1~2m。茎枝淡黄灰色，分枝多，无刺、无毛。羽状复叶互生，小叶3~7片，倒卵形至倒卵状椭圆形，长2~5cm，先端圆或钝，稀急尖，全缘；表面深绿有光泽，较厚。聚伞花序顶生或生于上部叶腋，花芳香，花瓣5片，白色；花梗细瘦；萼片5，基部合生；雄蕊10枚，花丝白色；柱头头状，黄色。浆果熟时橙黄至朱红色，阔卵形或纺锤形，顶端急尖，一侧略偏斜，有时近圆球形。花期4~8月，有时秋冬亦开花，果期9~12月。

分布：原产于亚洲热带及亚热带，我国华南至西南部有分布。

观赏与应用：树冠优美，枝叶秀丽，分枝颇多，萌发力强，南方暖地可作绿篱栽植，或配植于庭园及建筑物周边；亦可盆栽观赏及制作盆景。北方盆栽置于温室或客厅、书房供人观赏。

图1-88 九里香

9. 桂花

形态：常绿小乔木，高达12m。树皮灰色，不裂。单叶对生，长椭圆形，长5~12cm，两端尖，基部楔形，缘具疏齿或近全缘，硬革质；叶腋具2~3叠生芽。花簇生叶腋或聚伞花序；花小，淡黄色，浓香。核果卵球形，紫黑色。花期9~10月，果期次年4~5月。

分布：原产于我国西南部，现广泛栽培于长江流域各省区，华北多行盆栽。

观赏与应用：花期正值中秋，香飘数里，为人喜爱，是优良的庭园观赏树。是杭州、苏州、桂林、合肥等城市的市花。华北常盆栽，冬季入室内防寒。花可作香料及药用。

图1-89 桂花

10. 茶梅

形态：常绿小乔木或灌木，高3~6（13）m。分枝稀疏，嫩枝有粗毛；芽鳞表面倒生柔毛。叶椭圆形至长卵形，长3.5~7cm，先端短锐尖，

图1-90 梅花

叶缘有齿；革质，叶表面有光泽，叶脉上略有毛。花 1 ~ 2 朵顶生，平开，花瓣呈散状，白色，略有芳香，无柄；子房密被白色毛。蒴果略有毛，无宿存花萼，内有种子 3 粒。花期 11 月 ~ 次年 1 月。

分布：产于长江以南地区，日本有分布。

观赏与应用：可丛植于草坪或疏林下，也可作基础种植及常绿篱垣材料，开花时为花篱，落花后又为常绿绿篱，很受欢迎。亦可作盆栽观赏。

第三节
园林植物种植设计

【新手必读】植物种植设计的艺术原则

一、统一与变化

在植物景观设计时，树形、色彩、线条、质地及比例都要有一定的差异和变化，显示植物景观的多样性，但又要使它们之间保持一定的相似性，引起统一感，这样既生动活泼，又和谐统一。如果变化太多，整体就会显得杂乱无章，甚至一些局部景观会感到支离破碎，失去美感。过于繁杂的色彩会引起人们的心烦意乱，无所适从，但平铺直叙，没有变化，又会单调呆板。因此，要掌握在统一中求变化，在变化中求统一的植物种植设计艺术原则。

运用重复的方法最能体现植物景观的统一感。例如：街道绿带中的行道树绿带，用等距离种植同种、同龄乔木树种，或者在乔木下配植同种、同龄花灌木，这种精确的重复最具统一感。在进行一座城市树种规划时，分基调树种、骨干树种和一般树种。基调树种种类少，但数量大，可以形成该城市的基调及特色，起到统一作用；而一般树种种类多，每种量少，五彩缤纷，起到变化的作用。

长江以南盛产各种竹类，在竹园的景观设计中，众多的竹种均统一在相似的竹叶及竹竿的形状及线条中。然而丛生竹与散生竹有聚有散，高大的毛竹、钓鱼慈竹或麻竹等与低矮的箬竹配植则高低错落，龟甲竹、人面竹、方竹、佛肚竹则节间形状各异，粉单竹、白杆竹、紫竹、黄金间碧玉竹、碧玉间黄金竹、金竹、黄槽竹、菲白竹等则色彩多变，将这些竹种巧妙配植，则能在统一中追求变化。

二、均衡与稳定

均衡与稳定是植物配置时的一种布局方法。各种园林植物都表现出不同的质量感，在平面上表示轻重关系适当就是均衡；在立面上表示轻重关系适宜则为稳定。

将体量、质地各异的植物种类按均衡的原则配置，景观就显得稳定、顺眼。如色彩浓重、体量庞大、数量繁多、质地粗厚、枝叶茂密的植物种类，给人以重的感觉；相反，色彩素淡、体量小巧、数量简少、质地细柔、枝叶疏朗的植物种类，则给人以轻盈的感觉。根据周围环境，在配置时可采用规则式均衡（对称式）和自然式均衡（不对称式）。

规则式均衡常用于规则式建筑及庄严的陵园或雄伟的皇家园林中。如门前两旁配植对称的两株桂花；楼前配植等距离、左右对称的南洋杉、龙爪槐等；陵墓前、主路两侧配植对称的松或柏等。

自然式均衡常用于花园、公园、植物园、风景区等较自然的环境中。一条蜿蜒曲折的园路两旁，路的右侧若种植一棵高大的雪松，则需在邻近的左侧植以数量较多、单株体量较小、成丛的花灌木，以求均衡。

在一般情况下，园林景物不可能绝对对称均衡，但仍然要获得总体景观上的均衡。这包括各种植物或其他园林构成要素在体形、质地、数目、线条等各方面的权衡比较，以求得景观效果的均衡。

三、比例与尺度

比例是指园林中的景物在体形上具有适当的关系，既有景物本身各部分之间长、宽、高的比例关系，又有景物之间个体和整体之间的比例关系。尺度既有比例关系，又有匀称、协调、平衡的审美要求，其中最重要是联系到人的体形标准之间的关系，以及人所熟悉的大小关系。

当植物与建筑物配植时要注意体量、重量等比例的协调。如广州中山纪念堂主建筑两旁各用一棵冠径达25m庞大的白兰花与之相协调；南京中山陵两侧用高大的雪松与雄伟庄严的陵墓相协调。一些小比例的岩石园及空间中的植物配植则要选用矮小植物或低矮的园艺变种。反之，庞大的立交桥附近的植物景观宜采用大片色彩鲜艳的花灌木或花卉组成大色块，方能与之在气魄上相协调。

四、对比与调和

对比与调和是园林艺术构图的重要手段之一，植物景观设计时用差异和变化可产生对比的效果，具有强烈的刺激感，形成兴奋、热烈和奔放的感受。因此，在植物景观设计中常用对比的手法来突出主题或引人注目。相反，各景物相互联系与配合则体现调和的原则，可使人具有柔和、平静、舒适和愉悦的美感。找出近似性和一致性，配植在一起才能产生协调感。例如：一些粗糙质地的建筑墙面可用粗壮的紫藤等植物来美化，但对于质地细腻的瓷砖、马赛克及较精细的耐火砖墙，则应选择纤细的攀缘植物来美化；南方一些与建筑廊柱相邻的小庭院中，宜栽植竹类，竹秆与廊柱在线条上极为协调。

色彩构图中红、黄、蓝三原色中任何一原色同其他两原色混合成的间色组成互补色，从而产生一明一暗，一冷一热的对比色。它们并列时相互排斥，对比强烈，呈现跳跃新鲜的效果。用得好，可以突出主题，烘托气氛。如造园艺术中常用万绿丛中一点红来进行强调。秋季榉树叶色紫红，枝条细柔斜出，而银杏秋叶金黄，枝条粗壮斜上，二者对比鲜明。

黄色最为明亮，象征太阳的光源。幽深浓密的风景林，使人产生神秘和胆怯感，不敢深入。如配植一株或一丛秋色或春色为黄色的乔木或灌木，诸如桦木、无患子、银杏、黄刺玫、金丝桃等，将其植于林中空地或林缘，即可使林中顿时明亮起来，而且在空间感中能起到小中见大的作用。红色是热烈、喜庆、奔放，为火和血的颜色，刺激性强，为好动的年轻人所偏爱。园林植物中如火的石榴、映红天的火焰花，开花似一片红云的凤凰木都可应用。蓝色是天空和海洋的颜色，有深远、清凉、宁静的感觉。紫色具有庄严和高贵的感受。园林中除常用紫藤、紫丁香、蓝紫丁香、紫花泡桐等外，很多高山具有蓝色的野生花卉急待开发利用。如乌头、高山紫菀、耧斗菜、水苦荬、大瓣铁线莲、大叶铁线莲、牛舌草、勿忘草、蓝靛果忍冬、野葡萄、白檀等。白色悠闲淡雅，为纯洁的象征，有柔和感，使鲜艳的色彩柔和。园林中常以白墙为纸，墙前配植姿色俱佳的植物为画，效果奇佳。

五、节奏与韵律

植物配置中单体有规律地重复，有间隙地变化，在序列重复中产生节奏，在节奏变化中产生韵律。如路旁的行道树常用一种或两种以上植物的重复出现形成韵律。一种树等距离排列称为"简单韵律"；两种树木尤其是一种乔木和一种花灌木相间排列，或带状花坛中不同花色分段交替重复等，产生活泼的"交替韵律"。另外，还有植物色彩搭配，随季节发生变化的"季相韵律"；植物栽植由低到高，由疏到密，色彩由淡到浓的"渐变韵律"等。

杭州白堤上桃树间棵柳树；云栖竹径，两旁为参天的毛竹林，如相隔50m或100m就配植一棵高大的枫香，则沿径游赏时就会感到不单调，而有韵律感的变化。

六、主体与从属

在植物配置中，由于环境、经济、苗木等各种因素的影响，人们常把景区分为主体和从属的关系，如绿地以乔木为主体，以灌木、草本为从属；或以大片草坪为主体，以零星乔木、花灌木为从属等。园林规划设计中，一般把主景安置在主轴线或两轴线的交点上，从属景物放在轴线两侧或副轴线上。自然式园林绿地中，主景应放在该地段的重心位置上。主体与从属也表现在植物配置的层次和背景上，为克服景观的单调，宜以乔木、灌木、花卉、地被植物进行多层的配置。

【新手必读】植物种植设计的一般原则

一、功用性

进行园林种植设计，首先要从该园林绿地的性质和主要功能出发。园林绿地功能很多，具体到某一绿地，总有其具体的主要功能。要符合绿地的性质和功能要求。设计的植物种类来源有保证，并且具备必须的功能特点，能满足绿地的功能要求，符合绿地的性质。

根据原建设部的标准，城市绿地可以分为公园绿地、生产绿地、防护绿地、居住区绿地、特殊绿地等类型。各种绿地由于性质和功能不同，对园林树种的要求也不相同。

1. 公园绿地

公园绿地是向公众开放，以游憩为主要功能，兼具生态、美化、防灾等作用的绿地。公园绿地的植物选择首先要满足游憩功能，即园林植物种类要比较丰富，要具有较高的观赏性，且四季皆有景可观，还要有足够的庭荫树，供人们遮阳与休息。公园绿地面向的受众较广，要有针对性地选择各种年龄层次人群偏好的树种。例如：老年人喜欢在树下晨练，可以选择松柏类植物成片种植，它们分泌的杀菌素有益于人们身体的健康；年轻人喜欢热烈的气氛，可以选择桃花、樱花、海棠等花色艳丽的花灌木，花开时姹紫嫣红，能吸引他们赏花留影；孩童们喜欢有趣味性的树种，可以种植不同造型修剪的花灌木，如紫薇花瓶、花拱门；还要有一些科普性很强的树种，如珙桐、水杉等，可以让孩子们认识到我国植物资源的丰富性和独特性，提高他们的爱国热情。

公园绿地进一步划分为综合公园、专类公园、带状公园等。各种公园绿地根据类型不同在植物选择上应有所区别。下面是4种类型公园的植物选择要求。

综合公园

兼具多种功能，在树种选择上也应多样化，满足四季均有景可观，同时满足不同层次游人的需求，但要注意不能太烦琐细碎，不求面面俱到，要以景观的协调统一为前提。如北方春花树种可选择迎春、连翘、碧桃、丁香、海棠等树种，夏花树种选择栾树、合欢、木槿、紫薇等树种，秋叶树种选择元宝枫、黄栌、茶条槭等，冬季树种则以侧柏、桧柏、白皮松、油松等常绿树种为主，公园内形成常绿树与落叶树结合、庭荫树与花灌木结合以及观花、观叶与观果树种相结合的植物景观。

专类公园（植物园）

植物园要突出植物的多样性，树种要丰富，除了考虑树木的观赏性外，还要考虑其保护价值、科学价值、科普价值、经济价值等方面，尤其是珍稀濒危植物和特有植物收集，每个树种不求多，但求精。如珙桐被称为植物界的"大熊猫"，具有重要的观赏、保护、科研和科普价值，世界各大植物园都争相收集栽培展示，目前已在北京植物园开花。水杉被称为"活化石"，曾经在地球上广泛分布，后受冰川的影响仅在我国中西部山地得到保存，现已在世界各植物园栽培展示。

植物园不仅要有原种的收集，还要有园艺品种的收集，如全世界丁香属近 20 种 2000 余个品种，国际上知名的植物园或树木园，如美国哈佛大学阿诺德树木园，能收集展示约 200 个品种。此外，植物园对树种的收集要有世界眼光，要对相似气候带的世界范围内植物进行有目标、有重点的收集，体现植物园的科研、科普、展示功能。

动物园

动物园对树种的选择要求可以宽泛一些，主要考虑为兽舍、动物和游人提供庇荫、挡风等功能，对兽舍进行分隔，改善动物的生存环境，软化过多的建筑。可以在某些动物馆选择该动物栖息地的野生树种或食源树种。如根据当地气候条件在大熊猫馆周围种植竹类，尤其是箭竹类，能起到很重要的科普价值，同时烘托现场环境。狮子户外活动馆种植一些高大的树木，可作为其庇荫休息场所。

儿童园

儿童园其主旨是为儿童们提供一个游览、活动和学习的安全环境。考虑到儿童活动的特点，一般面积不大，但比较小巧精致。植物选择上以低矮、体型小的灌木为主，便于儿童们观看触摸。尤其是各种经过修剪造型的绿篱植物深受孩子们喜爱，如紫杉、黄杨、大叶黄杨、女贞、海桐、珊瑚树等。花灌木中，花色艳丽、花型奇特、气味芬芳的树木最受青睐。如丁香类植物花序大而密集，花冠管状，花瓣 4 裂，气氛芳香。经老师或家长提示，花瓣为 5 瓣的丁香花为"幸运花"，谁最先找到，谁就是幸运之星，孩子们便会在花丛中仔细观察，常以能找到花瓣 5 裂的花朵为荣。将植物的趣味性与故事性融入，能使儿童们在游玩中得到享受，并受到熏陶。

儿童园的植物选择上应尽量避免带刺、有毒或其他影响身体健康的植物，如小檗类的植物有刺，触摸后很容易划伤皮肤。如有意向增加儿童的知识，提高感知自然的能力，应该加上小型围栏，并竖立科普牌示。例如：在围栏内种植蔷薇、玫瑰和月季，告知三者的特征和区别，让孩子们认识植物，学到知识；在南方种植箭毒木，通过设展板、讲故事等方式，告知孩子们正确认识箭毒木的毒性机理及其保护价值、经济价值。很多儿童园设有种植区，主要种植蔬菜和花卉，孩子们可以体验从播种、移栽、浇水、施肥到收获的整个过程，当然也可以适当考虑果树和小型花灌木的种植。

2. 生产绿地

我国是世界上木本植物资源最为丰富的国家之一，有乔灌木 115 科 302 属 8000 余种，全世界尤其是温带地区近 95% 的木本植物属，在我国几乎都有代表种分布。城市中生产绿地以苗圃和果园、农田为主。苗圃不仅为城市绿化提供苗木，还为城市美化提供应时花卉，尤其是随着温室技术的发展，各种室内花卉和盆栽花卉生产量也日益增加。

果园尤其是观光果园不仅能生产水果，而且可以供人们观光和采摘，如北京平谷桃园不仅生产果桃，而且在花开时候举办桃花节，万亩桃园桃花如云似霞，蔚为壮观。其他果园如樱桃园、梨园、石榴园等在郊区兼具生产、观赏和休闲旅游等功能。农业观光生产园除了生产、供游人采摘外，也能供观赏，如蒲桃各品种间果实大小、形状和颜色各异，不仅能食用，观赏价值也非常高。其他大面积种植的经济植物如竹类，不仅能生产各种竹材，加工成竹制品，采收竹笋和竹荪，竹林也是一大景观，很多游人都喜欢与竹合影留念。因此，在城市尤其是郊区，顺应人们回归自然的潮流，发展生产与观光旅游相结合的产业，是生产型绿地转变经营观念、提高经济效益和社会效益的创新之路。各种生产绿地植物特点如下：

木本花卉

我国木本花卉种类非常丰富，各地可根据地理条件因地制宜发展有特色的苗木产业，如图 1-91 所示。苗圃业的发展对城市的园林绿化可提供有力的支撑，大城市由于地价较高，对苗圃业的发展造成很大压力，生产高附加值的特色苗木成为今后都市苗圃的发展方向。

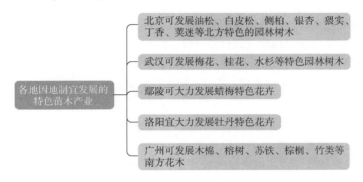

图 1-91　各地因地制宜发展的特色苗木产业

果树

中国栽培的果树有 300 余种，北方常见栽培的有桃、李、梨、杏、樱桃、山楂、柿、枣、板栗、核桃、葡萄、猕猴桃等，南方常见栽培的有柑橘、柚、荔枝、龙眼、杨梅、枇杷、橄榄、芒果等。这些树种果实诱人，可供食用，开花时景色也非常壮观，非常适合发展都市观光旅游和采摘。还有一些栽培较少的果树，如无花果、桑、蓝莓等也可以在城市栽培，以提高人们对稀有果树的热情和采摘兴趣。

药用植物

我国的药用植物虽然有 8000 余种，但大规模栽培生产的种类并不多，不少药用植物对栽培环境有较高的要求，影响了其在都市的生产发展。城市生产绿地中可以栽培的木本药用植物有银杏、杜仲、粗榧、紫杉、小檗、连翘、忍冬、淫羊藿、女贞、山茱萸等树种。

资源植物

资源植物，如图 1-92 所示。

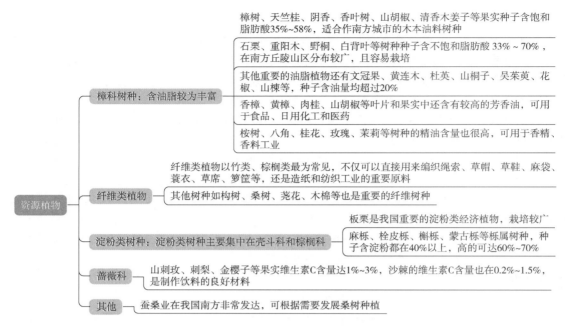

图 1-92 资源植物

3. 防护绿地

随着我国城市化进程的不断推进，自然植被遭到破坏、人居环境不断恶化、沙尘天气增多、水源受到污染、空气中污染物质超标等问题日益凸显，迫切需要改善人类的生存环境。园林树木在吸收二氧化碳、释放氧气、防风固沙、净化空气和水体等方面效果显著，因此可以建立各种防护绿地来改善环境。不同地段有不同的功能需求，据此选择不同树种。各种防护绿地特点及树种要求如下：

防风和引风林带

树木的防风作用最容易发挥，特别是在沙尘肆掠的地方，防风固沙更显重要。凡是枝干强韧而且根深叶茂而不易折断者，都适合作防风树种，如榉、朴、榆、栎、银杏、椴、粗榧、珊瑚树、杉木、马尾松、铁杉等。常绿树中枝叶过密者，易遭风害，故不适合作防风之用；落叶树木中的刺槐、悬铃木、柳、落叶松、金钱松等，防风力较弱。

营造防风林的效果与其结构有关，不透风带由常绿乔木、落叶乔木和灌木组成，防护效果好，能降低70%左右风速，但是气流越过林带会很快恢复原来的风速。透风林带由枝叶稀疏的乔灌木组成，或者只用乔木不用灌木。为了达到良好的防护效果，可在城市外围建立透风林带，靠近居住区采用不透风林带，中间采用半通透结构，使风速降到最小程度。防风林一般由多个林带组成，每个林带不小于10m，防风林带能起作用的距离一般在树高20倍之内。

与防风林带相对应的是营造引风林带，将郊区或山林地的清新空气引入城区，以降低城市的热岛效应，改善城区的空气质量。通常选择在城市上风方向的山林、湖泊等气候凉爽地带，在城市与山林湖泊之间建设一定宽度的楔形绿地，将清新凉爽的空气引入市区，改善城市的生态环境。绿地树种选择应高低错落，高大的树种配置在风道外侧，低矮的树木灌丛或草地配置在中间，形成两侧高大郁闭、中间低矮疏朗的植物景观，配合谷地地形，更加有利于加速风的流动。

工业防护绿地

工矿企业是城市主要的污染源之一，一些散发有害气体及粉尘的工厂影响着人们的生活，并对环境造成破坏。很多园林树木对有害气体表现出一定的抗性，能吸收部分有害气体，并能吸附粉尘。在有毒气体污染的地区，除了进行设备和工艺改造来降低污染物排放外，还可以选择抗污染树种，营造防护林带，或在背风地点栽植其他树木，以免城市受危害。各种类型的工厂应根据性质建造相应面积的防护绿地和林带。

现代工厂中火灾是一个严重隐患，特别是油库、燃气库、化工纺织企业等易发火灾的区域，防火措施至关重要。园林树木中，叶常绿、少蜡、表皮质厚、富含水分等难燃树类防火性能较强，具有一定阻止火势蔓延的功效。

道路防护绿地

行道树是栽植于道路两旁的树木，要求树干通直、姿态优美、枝叶浓郁、生长迅速、耐修剪、适应性广、抵抗力强，因此应根据道路的类别选择不同的树种。

公路行道树要求枝干密集，耐干旱瘠薄，抗病虫害能力强，常绿树种有女贞、雪松、桧柏等，落叶树种有杨、柳、槐、楝、悬铃木、枫杨等。公路行道树应以落叶树与常绿树相结合种植，如果用地允许，在靠近车行道一侧可种植花灌木，形成由小到大、由低到高的多层次植物景观，使视野开阔，并可调节驾驶员的视觉神经，不致于长途驾驶视觉疲劳。如果公路直线距离过长，应该每隔 2~3km 变换树种和景观，使公路绿化景观不过于单调，从而调节驾驶员的视觉和心理状况，同时也可避免病虫害的蔓延。主干道高速公路的植物选择要求耐修剪、绿色为主，要有一定的韵律感，但色彩搭配不可过于艳丽。还要注意在公路交叉路口留出足够的视距，距离桥梁涵洞 5m 之内不应种树，以保证交通安全。在封闭的公路两侧，可种植 1~2 种分枝密的有刺植物，如柞木、枸橘、金樱子、黄刺玫、玫瑰、云实等，密植成篱状或带状，可以避免行人及牲畜进入。

铁路路线长，两侧绿化可相对简单，尽量应用乡土树种，不对当地生态环境造成破坏，同时也可节省养护成本。铁路两侧种植树木应离开铁轨一定距离，乔木不少于 10m，灌木不少于 6m，一般可采用内侧灌木、外侧乔木的种植方式。在道路交叉口要留出足够视距，保证安全，一种较好的方式就是种植刺篱。

街道行道树主要是庇荫，常绿树种有广玉兰、香樟、木兰、杜英、女贞、棕榈类、榕树类等，落叶树种有悬铃木、鹅掌楸、银杏、七叶树、梧桐、杨、柳、榆、枫杨、臭椿、国槐、合欢、白蜡树、刺槐等，树种要求株型整齐、分枝点高、适应性强、易养护、耐污染、抗烟尘。

4. 居住绿地

随着现代住宅楼越盖越高，住宅小区面积越来越大，小区居住人口越来越多，居住区绿化就愈显重要。根据国家规定，居住区绿地面积要占居住区用地的 30% 以上，绿化要以植物为主，改善居住区的环境条件，同时起到美化环境的作用，还可以在地震、火灾等紧急情况下起到防灾避险的作用。

居住区绿化要以人为本，考虑不同人群的需求，树种选择要避免飞絮和飞毛的杨柳雌株和悬铃木等树种，对具有强烈刺激气味的树种，如暴马丁香等不宜大面积栽植，以免引起人群过敏。居住区树木种植时要考虑居民对光照的需求，北方地区靠窗户的阳面不宜种植高大的常绿树，可在稍远处种植落叶树，冬季可以透过阳光，夏季能遮挡酷日。西北侧可种植少量常绿树，夏季能减少西晒，冬季能减弱西北风的侵袭。在种植设计时，树木种类不求多，但求精而有特色，在小区内形成不同风格的种植空间和景观，让居民对居住楼的绿化有认同感。

居住区土壤条件往往较差，养护水平差别较大，要选择适应性强、易于养护管理的树种，尤其是观赏价值较高的树木，如美人梅、红王子锦带、金叶榆等丰富植物的色彩。植物配置除了考虑遮阴和居民活动外，应提倡复层种植，提高单位面积的绿量和生态效益。如在亚热带地区，上层乔木可选择圆柏、罗汉松、广玉兰、香樟、鹅掌楸、棕榈类等，中层灌木可选择桃叶珊瑚、栀子、南天竹、杜鹃花、瑞香、山茶、胡颓子等，下层地被树种可选择箬竹、偃柏、迎春、平枝枸杞子等，形成种类丰富而自然的植物景观。

居住区种植庭荫树主要用于夏日遮蔽骄阳直射，缓和酷暑袭人，在道旁、楼间营造绿荫。庭荫树的选择以枝繁叶茂的落叶阔叶乔木为好，如鹅掌楸、喜树、银杏、悬铃木、梧桐、泡桐、榉、榆、朴、槐、刺槐、楝、椿、枫杨、合欢等。在庭院空间宽阔处，也可栽植香樟、肉桂、桂花、广玉兰、木兰等常绿类树种。而紫藤、凌霄、木通、金银花等藤木类树种，则多配合廊架栽植应用。

此外，可种植一些孤赏树，以单株形式配植，作为中心植物景观，赏花果、观形色，如雪松、罗汉松、白皮松、广玉兰、香樟、鹅掌楸、桂花等。在空间允许时还可采用丛植、群植甚至林植等方式配置，尤其是在小区外围，可形成林冠线比较一致的分界线。

绿篱在居住区绿化中应用广泛，主要用来分隔空间及营造私密空间。一楼住户的外围往往是绿篱或爬满藤本植物的栅栏，绿篱的分类如图1-93所示。

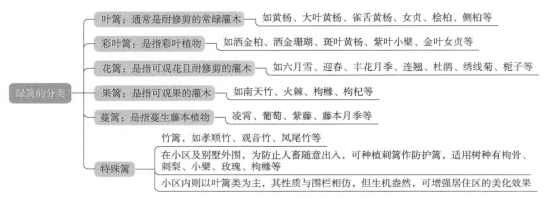

图 1-93　绿篱的分类

5. 特殊绿地

一些特殊绿地对园林植物的栽植也有特殊要求，如图1-94所示。

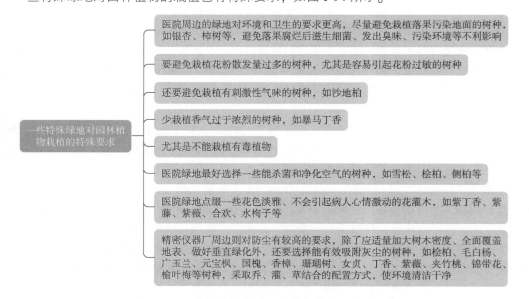

图 1-94　一些特殊绿地对园林植物栽植的特殊要求

二、科学性

园林植物种植设计不仅要因材制宜，因时制宜，还要考虑其群落的稳定性。

因材制宜是指进行园林植物的种植设计时要根据植物的生态习性及其观赏特点，全面考虑在造景上的观形、赏色、闻香、听声的作用。结合立地环境及功能要求，进行合理布置。在植物方面应以乡土树种为主。乡土植物是城市及其周围地区长期生存并保留下来的植物。它们在长期的生长进化过程中，已经形成了对城市环境的高度适应性，成为城市园林植物的主要来源。外来植物对丰富本地植物景观大有益处，但引种应遵循"气候相似性"的原则进行。耐瘠薄、耐干旱的植物，成活率高，生长较快，较适于作城市绿化植物，尤其是行道树和街道绿化植物。

因时制宜是指进行植物配置的时候既要考虑目前的绿化效果，又要考虑长远的效果，也就是要注意保持园林景观的相对稳定性。这是由于园林空间景物的特点是随着时间的变化而变化的，园林植物随时间的变化而改变其形态。因时制宜体现在植物配置中远近结合的问题，这其中主要是考虑好快长树与慢长树的比例，掌握好常绿树、落叶树的比例。想要近期绿化效果好，还应注意乔木、灌木的比例以及草坪地被植物的应用。植物配置中合理的株行距也是影响绿化效果的因素之一。用苗规格和大小苗木的比例也是决定绿化见效早晚的因素之一。在植物配置中还应该注意乔木与灌木的搭配。灌木多为丛生状，枝繁叶茂，而且有鲜艳的花朵和果实，可以使绿地增加层次，可以组织分隔空间。植物配置时，切不可忽视对草坪和地被植物的应用，因它们有浓密的覆盖度，而且有独特的色彩和质地，可以将地面上不同形状的各种植物有机结合成为一体，如同一幅风景画的基调色，并能迅速产生绿化效果。

园林植物群落不仅要有良好的生态功能，还要求能满足人们对自然景观的欣赏要求。所以，对于城市植物群落，不论是公园绿地的特殊景观，还是住宅区内的园林小品，这些景观特征能否持久存在，并保护景观质量的相对稳定极为重要，而植物群落随着时间的推移逐渐发生演替是必然的，那么要保证原有景观的存在和质量，就要求在设计和配置过程中充分考虑到群落的稳定性原则，加以合理利用和人为干预，得到较为稳定的群落和景观。具体可采用的措施：一是在群落内尽可能多配置不同的植物，提高植物对环境空间的利用程度，同时大大增强群落的抗干扰性，保持其稳定性；二是通过人为的干预在一定程度上加快或减缓植物群落的演替，如在干旱贫瘠的地段上，园林绿化初期必须配置耐瘠耐旱的阳性植物以提高成活率加快绿化进程，在其群落景观植物自然衰亡后，可自然演替至中性和以耐阴性植物为主的中性群落。

三、经济性

进行植物种植设计需遵循经济性原则，以最少的投入获得最大的生态效益和社会效益。城市园林绿化以生态效益和社会效益为主要目的，但这并不意味着可以无限制地增加投入。任何一个城市的人力、物力、财力和土地都是有限的。遵循生态经济的原则，尽可能多选用寿命长、生长速度中等、耐粗放管理、耐修剪的植物以节约管理成本。在街道绿化中将穴状种植改为带状种植，尤以宽带为好，这样可以避免践踏，为植物提供更大的生存空间和较好的土壤条件，并可使落叶留在种植带内，避免因焚烧带来的污染和养分流失，还可以有效地改良土壤，同时对减尘减噪有很好的效果。合理组合多种植物，配置成复杂层结构，并合理控制栽植密度，以防止由于栽植密度不当引起某些植物出现树冠偏冠、畸形、树干扭曲等现象，严重影响景观质量和造成浪费。

在城市园林植物配置过程中，一定要遵循相关的原则，才能在节约成本、方便管理的基础上取得良好的生态效益和社会效益，让城市绿地更好地为改善城市环境，提高城市居民生活环境质量服务，真正做到"花钱少，效果好"。

四、艺术性

种植设计要考虑园林艺术构图的需要。植物的形、色、姿态的搭配应符合大众的审美习惯，能够做到植物形象优美，色彩协调，景观效果良好。

自然式配置多运用不同树种，以模仿自然，强调变化为主，有孤植、丛植、群植等配置方式。孤植是将单株乔木栽植在位置显要之处，主要功能是观赏和遮阴，在景观中起画龙点睛的作用。孤植树常选用具有高大开张的树冠，在树姿、树形、色彩、芳香等方面有特色，并且寿命长、成荫效果好的树种。丛植在公园及庭院中应用较多，是由一定数量的观赏乔、灌木自然地组合栽植在一起，株数由数株到十几株不等。以观赏为主的丛植应以乔灌木混交，并配置一定的宿根花卉，在形态和色调上形成对比，构成群体美。以遮阴为主要目的的丛植全部由乔木组成，树种可以比较单一。群植通常是由十几株至几十株树木按一定的构图方式混植而成的人工林群体结构，其单元面积比丛植大，在园林绿地中可作主景或背景之用。

规则式配置强调整齐和对称，多以某一轴线为对称排列，有对植、行列植等方式，也可以构成各种几何图形。对植一般指用两株或两丛树，按定的轴线关系，相互对称或均衡地种植，主要用于公园、道路、广场的出入口，左右对称，相互呼应，在构图上形成配景或夹景，以增强纵深感。对植的树木要求外形整齐美观，严格选择规格一致的树木。将乔、灌木按一定株行距成行成排地种植，在景观上形成整齐、单纯的效果，可以是一种树种，也可以是多树种搭配。行道树、防护林带、林带、树篱等多采用此种栽植形式。

【高手必懂】园林植物的应用

一、常用的孤植树种

常用的孤植树种有雪松、白皮松、银杏、圆柏、南洋杉、榕、七叶树、悬铃木、鹅掌楸、灯台树、泡桐、栾树、合欢、槐、刺槐、樟、凤凰木、广玉兰、榉树、榆、朴、垂柳、白杨、栎类等。

二、常见的庭荫树

常见的庭荫树如图 1-95 所示。

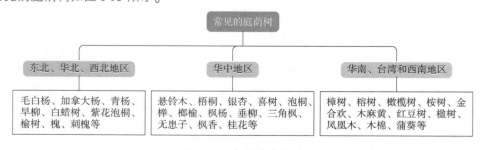

图 1-95　常见的庭荫树

三、常用的行道树

常用的行道树如图 1-96 所示。

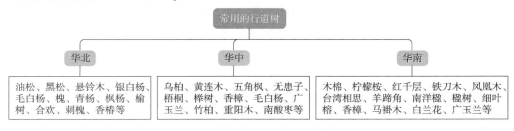

图 1-96　常用的行道树

四、绿篱植物

绿篱植物如图 1-97 所示。

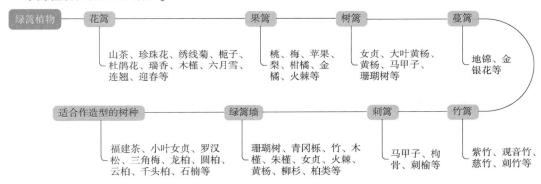

图 1-97　绿篱植物

五、可配植于乔木下的耐阴植物

可配植于乔木下的耐阴植物有杨桐、厚皮香、水冬哥、星毛鸭脚木、米饭花、牛矢果、光叶海桐、长花野锦香、野锦香、野海棠、厚叶冬青、杜鹃、狭叶南烛、百两金、虎舌红、罗伞树、杜茎山、厚叶素馨、金腺荚蒾、蝶花荚蒾、黄花荚蒾、红紫珠、臭茉莉、祯桐、棕竹、竹柏、罗汉松、香榧、三尖杉、红茴香、米兰、九里香、红背桂、鹰爪花、山茶、油茶、含笑、海桐、南天竺、小檗属、阴绣球、毛茉莉、冬红、八角金盘、栀子、水栀子、云南黄馨、桃叶珊瑚、构骨、紫珠、马银花、紫金牛、六月雪、朱蕉、浓红朱蕉、忍冬属、鱼尾葵、散尾葵、三药槟榔、软叶刺葵等。

六、可配植于林下的阴生地被植物

可配植于林下的阴生地被植物有仙茅、大叶仙茅、一叶兰、水鬼蕉、虎尾兰、金边虎尾兰、石蒜、黄花石蒜、海芋、石菖蒲、吉祥草、沿阶草、麦冬、阔叶麦冬、玉簪、紫萼、假万寿竹、竹芋、花叶良姜、艳山姜、闭鞘姜、砂仁、水塔花、蓝猪耳、秋海棠类、红花酢浆草、紫茉莉、虎耳草、垂盆草、翠云草、观音莲座蕨、华南紫萁、金毛狗、肾蕨、巢蕨、苏铁蕨、桫椤类、三叉蕨、砂皮蕨、岩姜、草胡椒、金粟兰、草珊瑚、裂叶秋海棠、广州蛇根草、红背蛇根草、鸭趾草、山姜、万年青、海芋、千年健、露兜等。

七、可配植在棚架、吸附在岩壁或攀缘植物

可配植在棚架、吸附在岩壁或攀缘植物有木鳖、毛杨桃、阔叶猕猴桃、使君子、盖冠藤、龙须藤、鸡血藤、异叶爬山虎、白花油麻藤、香港崖角藤、麒麟尾、金银花、南五味子、蜈蚣藤、山姜、球兰、扁担藤、龟背竹、绿萝、花烛、三裂树藤、中华常春藤、洋常春藤、长柄合果芋、络石及地锦等。

八、可配植在林下、林缘及空旷地的花卉植物

可配植在林下、林缘及空旷地的花卉植物有山白菊、假杜鹃、多花可爱花、一枝黄花、山蟛蜞菊、蟛蜞菊、白雪花、野黄菊、千里香、白花败酱等。

九、茎花植物及具有板根状植物

茎花植物及具有板根状植物有番木瓜、杨桃、水冬哥、木波罗、大果榕等，木棉、高山榕都可生出巨大的板根，落羽松如植在水边也可出现板根状现象及奇特的膝根。

十、附生植物

附生植物有蜈蚣藤、石蒲藤、岩姜、巢蕨、气生兰、凤梨科一些植物、麒麟尾等。

十一、大量应用其花大、色艳、具有香味及彩叶的木本植物

大量应用其花大、色艳、具有香味及彩叶的木本植物有凤凰木、木棉、金凤花、红花羊蹄甲、山茶、红花油茶、广玉兰、紫玉兰、厚朴、莫氏含笑、石榴、杜鹃类、扶桑、悬铃花、吊灯花、红千层、蒲桃、黄花夹竹桃、栀子、黄蝉、软枝黄蝉、夹竹桃、鸡蛋花、凌霄、西番莲、紫藤、禾雀花、常春油麻藤、香花鸡血藤、三角花、炮仗花、含笑、夜合、白兰、鹰爪花、大叶米兰、红桑、金边桑、洒金榕、红背桂、浓红朱蕉等。

十二、棕榈科植物

棕榈科植物有大王椰子、枣椰子、长叶刺葵、假槟榔等。

第二章
乔灌木种植设计与施工

第一节
乔灌木的种植形式

【新手必读】规则式

规则式种植是指选择规格基本一致的同种树木或多种树木按照一定的株行距和角度种植成整齐对称的几何图形的种植方式。规则式种植表现的是严谨规整，一定要中轴对称，株行距固定，同相可以反复连续。主要分为左右对称和辐射对称两大类。

一、左右对称种植

左右对称种植的乔木和灌木以相互呼应的情态在构图轴线的两侧对植。对植在空间构图上只做配景。左右对称种植有以下 5 种形式：

对植

2 株同种或 2 丛同类规格基本一致的树木按中轴线左右对称的方式栽植叫对植，如图 2-1 所示。公园、广场、建筑物进出口处多采用这种配植方式。对植树为配景，树种要求形态整齐、美观，多选用常绿树或花木，如雪松、桧柏、圆柏、云杉、荷花玉兰、龙爪槐、黄刺玫、苏铁、棕竹等。2 种以上树木对植时，左右相同位置的树木一定是同种且规格

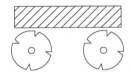

图 2-1　对植

一致的，对植树离进出口的距离视环境而定。但离墙面一般要求有树冠充分伸展的距离，否则会造成偏冠，影响树形规整。

列植

按一定规律成等距离连续栽植成行的一种栽植方式叫列植，如图 2-2 所示。列植选用的树木可以是 1～3 种，通常只栽一行或两行，也可以栽植多行。近年来出现了以树丛为单位等距栽植的方式，也有不同种类植物按不同等距栽植的方式。绿篱、行道树、防护林带、绿廊边线等地的配植等多采用此法。列植需注意株行距的大小，要视林带的种类及所选树种的生物学特性而定。

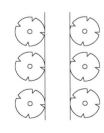

图 2-2　列植

三角形种植

株行距按等边或等腰三角形排列的种植方式叫三角形种植，如图2-3所示。每株树冠前后错开，可经济利用土地面积。但通风透光较差，不便机械化操作。

正方形种植

按方格网在交叉点种植树木，株行距相等的叫正方形种植，如图2-4所示。其优点是透光通风良好，便于抚育管理和机械操作；缺点是幼龄树苗易受干旱、霜冻、日灼和风害，且易造成树冠密接，对密植不利，一般在无林绿地中极少应用。

长方形种植

正方形栽植的变形，行距大于株距，兼有三角形栽植和长方形栽植的优点，并避免了正方形栽植的缺点，是一种较好的栽植方式。长方形种植如图2-5所示。

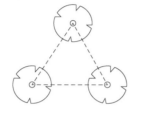 

图2-3　三角形种植　　　　图2-4　正方形种植　　　　图2-5　长方形种植

二、辐射对称配植

中心种植

按在规则式园林绿地中心或轴线交点上单株或单丛栽植叫中心种植，如图2-6所示。如在广场中心、花坛中心等地的单株栽植。中心种植一般无庇荫要求，只是艺术构图需要，作主景用。树种多选择树形整齐、生长缓慢且四季常青的常绿树，如苏铁、异叶南洋杉、雪松、云杉、圆柏、海桐、黄杨等。

环状种植

围绕着某一中心把树木配植成圆形或椭圆形、方形、长方形、五角形及其他多边形等封闭图形的种植方式，一般把半圆形也视作环状种植，如图2-7a、b、c所示。环状种植可一环也可多环，多用于围障雕塑、纪念碑、草坪、广场或建筑物等。环状种植多是为了陪衬主景，本身变化要小，色泽也尽量暗，以免喧宾夺主。常采用生长慢、枝密叶茂及体态较小的树种。

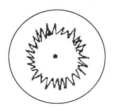 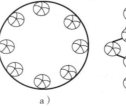 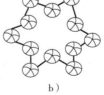 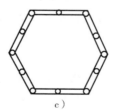

a)　　　　　　b)　　　　　　c)

图2-6　中心种植　　　　图2-7　环状种植

【新手必读】自然式

自然式种植又称不整齐种植法，如同树木生长在森林、原野、丘陵所形成的自然群落，表现的是自然植物的高低错落，有疏有密，多样变化。主要有以下 5 种形式：

一、孤植

在自然式园林绿地上栽植单棵树木叫孤植，孤植的树木称孤植树或孤立树，同一树种 2 ~ 3 株紧密栽植在一起（株距不超过 1.5m），远看和单株栽植的效果相同的也称孤植树。孤植不同于规则式的中心种植，中心种植一定要居中，而孤植树一定要偏离中线。

孤植树是园林种植构图中的主景，因而四周要空旷，使树木能够向四周伸展。在孤植树的四周要安排最适观赏视距，在树高的 3 ~ 10 倍距离内，不能有别的景物阻挡视线。孤植树主要表现植物的个体美，要求是体形大、挺拔繁茂、雄伟壮观或姿态奇异的树种，色彩要与天空、水面和草地有对比。

孤植树常布置的地点，如图 2-8 所示。

孤植树常布置的地点

开阔的大草坪或山谷空地草地的构图重心上，以草地为背景，突出树木的姿态、色彩，并与周围的树群、景物取得均衡、呼应

开阔水边，如湖畔、河畔、江畔，以明朗的水色为背景，同时还可以使游人在树冠的庇荫下欣赏远景，如南方水边常见到的大榕树，北方桥头、岸边多见的大柳树

透视辽阔远景的高地、山岗、山坡、山顶上，一方面可供游人乘凉、眺望，另一方面可以丰富山岗、高地的天际线，如黄山的迎客松

桥头、自然园路、河溪转弯处，使景观更具自然趣味；建筑院落或广场中心，使园林更富生命活力

图 2-8　孤植树常布置的地点

作为丰富天际线以及种植在水边的孤植树，必须选用体形巨大、轮廓丰富、色彩与蓝天、绿水有对比的树种，如银杏、乌桕、白皮松、国槐、榕树、枫香、漆树等；小型林地、草地的中央，孤植树的体形应是小巧玲珑、色彩艳丽、线条优美的树种，如玉兰、红叶李、碧桃、梅花等；在背景为密林或草地的场合，最好应用花木或彩叶树为孤植树。姿态、线条色彩突出的孤植树，常作为自然式园林的诱导树、焦点树，如桥头、道路转弯等。与假山石相配的孤植树，应是原产我国盘曲苍古的传统树种，姿态、线条与透漏生奇的山石调和一致，如黑松、罗汉松、梅花、紫薇等。为尽快达到孤植树的景观效果，设计时应尽可能利用绿地中已有的成年大树或百年大树。

二、丛植

2 株到十几株同种或异种乔木或灌木成丛地种植在一起称为丛植，丛植而成的集合体称为树丛。树丛是园林绿地中重点布置的一种种植类型，在园林种植中占总种植面积的 25% ～30%。树丛在除了可作为组成园林空间构图的骨架，还常作为主景，起到吸引游人视线，引导方向，兼起对景的作用。

丛植不仅要考虑个体美，更要体现群体美。构成树丛的树木彼此间既有统一的联系又有各自的变化，既存在于统一的构图中又表现出个体美。在设计树丛时，要很好地处理株间关系和植物种类间的关系。就一个单元树丛而言，应有一种主调树，其余为配调树种。树丛可由单一树种组成单纯树丛，也可由两种以上乔灌木搭配栽植，还可以与花卉、山石相结合。庇荫为主的树丛一般以单种乔木组成，树丛可以人游，但不能设道路，可设石桌、石凳和天然坐石等；观赏为主的树丛前面植灌木与草本花丛，后面植高大乔木，左右成揖拱或顾盼之状。要显示出错落有致，层次深远的自然美。丛植要注意地方色彩，要防止烦琐杂乱，同时还要考虑树种的生态学习性、观赏特性和生活习性相适应，其基本形式有以下几种：

（一）2 株配植

2 株配植要遵循矛盾统一、对比均衡的法则，使之成为对立的统一。一般采用同一树种或外形十分相似的 2 个树种，如图 2-9 所示。2 株树大小和姿态不一，形成对比，以求动势，正如明朝画家龚贤所说"有株一丛，必一仰一伏，一倚一直，一向左一向右……"。2 株树的间距应小于两树冠径之和，过大就形成分离而不能成为一个和谐的统一整体了。例如两棕榈科相似种或品种，栽植距离以 2 株树树冠相接为准，不然则会变成 2 株孤植树。

体量不同，配合和谐　　树种不同，动势和谐

图 2-9　2 株配植

（二）3 株配植

3 株配植最好为同一树种或相似的两个树种，一般不采用 3 个树种，且它们的大小姿态应有对比。其配点法为不等边三角形，如图 2-10 所示。同一树种，大单株和小单株为一组，树冠相接，中单株为另一组，略远离前 2 株，树冠可不相接，两组在动势上要有呼应，成为不可分割的一个整体。2 种树木相配，最好同为常绿或落叶，同为乔木或灌木，小单株和大单株为一组，或大单株与中单株为一组，这样使两组既有变化又有统一。棕榈科树种很适于 3 株丛植。最忌将 3 株树栽在同一直线上，或栽成等边三角形。若大单株为一组，中小单株为一组，也显得过于呆板。

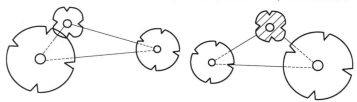

图 2-10　3 株配植

（三）4 株配植

4 株树的配植仍采用姿态、大小不同的同一树种，或最多为 2 个树种，最好同为乔木或灌木。3:1 分组，大单株和小单株都不能单独成为一组。最基本的平面形式为不等边四边形或不等

边三角形，如图2-11所示。

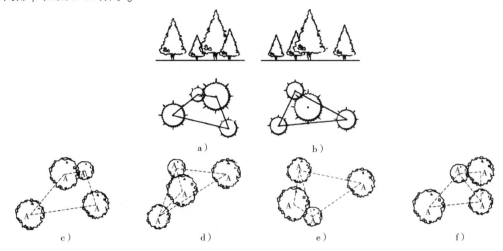

图2-11 4株配植

a）4株丛植一 b）4株丛植二

c）4株树丛配合示例一 d）4株树丛配合示例二 e）4株树丛配合示例三 f）4株树丛配合示例四

（四）5株配植

5株树丛组合可以是1个树种或2个树种，分成3：2或4：1两组，若为2个树种，其中一组为2株或3株，分在两个组内，3株一组的组合原则与3株配植相同，2株一组的组合原则与2株配植相同。但是两组之间的距离不能太远，彼此之间也要有呼应和均衡。平面布置可以是不等边三角形，不等边四边形，或不等边五边形，如图2-12所示。

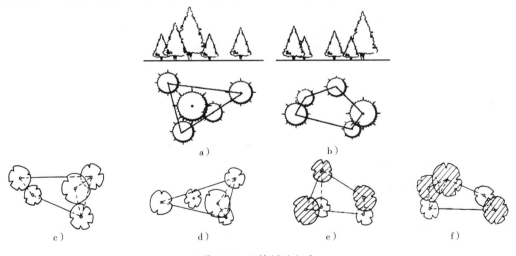

图2-12 5株树丛组合

a）5株丛植一 b）5株丛植二

c）5株树丛配合示例一 d）5株树丛配合示例二 e）5株树丛配合示例三 f）5株树丛配合示例四

（五）6株以上的组合

6株以上的组合实际上就是2株、3株、4株、5株配合的几个基本形式的相互组合。

几个树丛组合在一起称为树丛组。道路可以从丛间通过。用树丛组合成小空场或草地的半闭锁空间便于休息和娱乐。树丛组也常设在林缘、山谷等地的入口处对植或成为夹景，起到装饰作用。

三、群植

由十多株以上至百株左右的乔灌木混合栽植的人工群落结构叫群植。群植是构图上的主景，它与树丛的不同之处在于其植株数量多，种植面积大，对单株要求不严格，更重要的一点是它相对郁闭，表现的主要是群体美。

树群既可由单一树种组合，也可由多种树种组合，树群的树种不宜过多，必须主调突出，通常以 1~2 种为主，最多不超过 5 种。树群的组成，如图 2-13 所示。

树群的规模不可过大，一般长度不大于 60m，长宽比不大于 3:1。树群常与树丛共同组成园林的骨架，布置在林缘、草地、水滨、小岛等地成为主景。几个树群组合的树群组，常成为小花园、小植物园的主要构图，在园林绿地中应用很广，占较大的比重，是园林立体栽植的重要种植类型。在群植时，应注意树群的

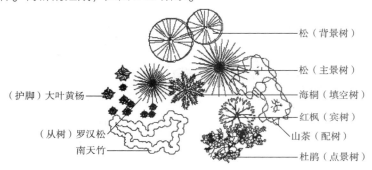

图 2-13 树群组成

林冠线轮廓以及色相、季相效果，更应注意同种一类个体间及不同种类间的生态习性关系，达到较长时期的相对稳定性。树群有单纯树群和混交树群 2 种类型，如图 2-14 所示。

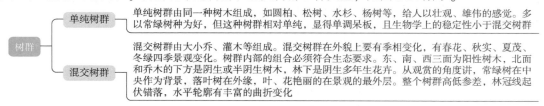

图 2-14 树群

四、林植

林植是较大规模成带、成片的树林状的自然式人工林。林植多采用多种混交。配植方式有两类，一是基本行列式，二是树丛式，有疏有密，树冠线有起有伏，呈自然景观。一般林植可分林带、疏林和密林等 3 种类型。

林带（带状风景林）

林带在园林中有着广泛的功能和用途，既可以防护为主，也可以美化为主，如图 2-15 所示。河流及自然式园路两边经常以树丛反复交替形成自然式带状风景林，或顺自然的弯曲弧度形成不规则行列式。城市外围的防护林带、工矿区的防尘带、农田和果园的防风林带、居民区的防噪声林带、某些景物的背景林带及分隔园林空间的林带等，均可根据地形呈规则的行列式配点。

图 2-15 林带

疏林（疏林草地）

疏林是指郁闭度在0.4～0.6之间的疏林草地，其树丛与草坪通常是不均匀的，如图2-16所示。疏林草地夏日可庇荫，冬日可晒太阳，草坪空地上游人可进行多种形式的游乐活动，如赏景、野餐、游戏、摄影、打牌、听音乐、唱歌跳舞等，林内景色变化多姿，深受广大群众喜爱。

疏林是非常美丽和游人喜欢的场所。树种多以冠大荫浓的大乔木为主，少量点缀白色及冷色系花灌木、球根和草花花丛。

宜采用自然式配置，林木三五成群，疏密相间，断续有致，前后错落，高低参差。树丛、孤植树疏散地分布在草地上，丛（株）距一般在10～20m之间变化，最小株距不小于成年树的树冠大小，有时也可以留出小块林中空地。

图2-16 疏林

密林

密林是指郁闭度在0.7以上的林地，密林以涵养水源或观赏为主。一般多采用两种以上乔灌木混交，配点方式可接近规则式。密林一般不可以让人游览，但可在其间配植林间空地及林间小路，路两侧配植一些花灌木及多年生草花花丛。

（1）单纯密林。由于树种单纯，缺乏垂直郁闭景观和丰富的季相变化，为此常应同异龄树苗与起伏的地形结合，使林冠线断续起伏，以丰富树林的立面变化；亦可于林下配置一些开花华丽的耐阴的多年生草本花卉，如百合科、石蒜科，郁闭度不应太高，以0.7～0.8为宜。树种选择采用生长健壮、适应性强、姿态优美等富有观赏特征的乡土树种为宜，如图2-17所示。

单纯密林

（2）混交密林。一般具有垂直郁闭的呈层结构和较为丰富的季相变化。植物配置时，在供游人观赏的林缘和路边，既要采用复层混交形成垂直郁闭的层层景观，供人欣赏；又应布置单纯大乔木以留出一定的风景透视线，使游人视线纵深透入林内，洞察林下幽邃深远的空间效果；还可以设置小型的草地或铺装场地以及简单的休息设施，供游人集散和休息。

混交密林

图2-17 密林

五、散点植

散点植是以单株或单丛在一定面积上间隔一段距离进行有规律的栽植方式，有时也可以用2～3株的丛植作为一个点来进行疏密有致的扩展。散点植的树木不以独赏为目的，而是着重点与点之间有呼应的动态联系，使整个面积产生韵律与节奏美。

【新手必读】混合式

在同一园林绿地中采用规则式与自然式相结合的配植方式称为混合式。如在建筑物处为规则式配植，远离建筑物为自然式配植；地势平坦处为规则式配植，地形复杂处为不规则式配植；草坪周边运用规则式绿篱或树带，内部配植自然式树丛或散点树木。

【高手必懂】篱植

篱植是指由同一种树木（多为灌木）做近距离密集列植成篱状的树木景观。篱植所形成的种植类型为绿篱，又称植篱，可以代替竹篱、木篱、围墙起防护作用。在园林中，绿篱可以分隔、组织空间，为花境、花坛镶边，作为雕塑、喷泉、花境的背景，还可以遮挡不美的物体或作为其他建筑的屏障物。

一、篱植类型

篱植类型如图 2-18 所示。

篱植类型
- 依形式分为
  - 不加人工修剪的自然式
  - 人工修剪整形的规则式
- 依高度分为
  - 绿篱墙
    - 高度在一般人视高1.6m以上，可阻挡人们的视线
  - 高绿篱
    - 高度在1.2~1.6m之间，人的视线可通过但不能跨越
  - 中绿篱
    - 高度在0.5~1.2m之间，是最常用的绿篱类型，时常所说的绿篱即指这种
  - 矮绿篱
    - 高度在0.5m以下，人可以轻易跨越
- 依据功能要求和观赏特性分为
  - 常绿篱
    - 由常绿树组成，是园林中最常用的绿篱，常用树种有侧柏、大叶黄杨、海桐、女贞、雀舌黄杨等
  - 落叶篱
    - 由落叶树组成，一般不用落叶树作为绿篱，但在常绿树不多或生长过慢的地区，亦可采用落叶篱形式。常见树种有榆树、水蜡树、胡颓子等
  - 彩叶篱
    - 由红叶或斑叶等色叶观赏树种组成。常用树种有紫叶小檗、金边黄杨、金心黄杨、金叶女贞等
  - 花篱
    - 由观花树种组成，常用树种有栀子花、凌霄、迎春、珍珠海、锦带花等
  - 果篱
    - 由观果树种组成，常用树种有枸骨、火棘、金银木等
  - 刺篱
    - 由带刺的树种组成，常用树种有枸橘、枸骨、胡颓子、野刺梨、黄刺玫等
  - 蔓篱
    - 由攀缘植物组成，需要事先设置供攀附的竹篱、木栅等。常用植物有地锦、常春藤、爬山虎、凌霄、紫藤、南蛇藤、藤本蔷薇等
  - 编篱
    - 为了加强绿篱的防范作用，有时把绿篱植物枝条编结起来，构成网状或格栅形式，称为编篱。常用树种有藤本月季、紫穗槐等

图 2-18 篱植类型

二、植物材料

植物材料如图 2-19 所示。

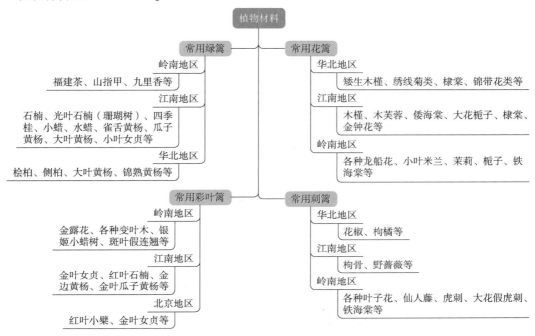

图 2-19 植物材料

三、造景作用

（1）围护防范。作为园林的界墙，不让人们任意通行，起围护防范作用。多采用高绿篱、刺篱。

（2）模纹装饰。作为花镜的"镶边"、花坛和观赏性草坪的图案花纹，起构图装饰作用。多采用矮绿篱。

（3）组织空间。用于功能分区、屏障视线，起组织和分隔空间的作用。还可以组织游人的游览路线，起导游作用。多采用中、高绿篱。

（4）充当背景。作为花镜、喷泉、雕塑的背景，丰富景观层次，突出主景。多采用绿篱、绿墙。

（5）障丑显美。作为绿化屏障，掩蔽不雅观之处；或作为建筑物的基础栽植，修饰下脚等。多采用中、高绿篱。

第二节
乔灌木材料

在进行绿化施工前要做好苗木的选定，同时应注意施工前按设计图全面落实苗木供应来源，如果发现苗木规格、姿态、数量不符，应另行更换取苗地点，直到全面落实为止，对生长健壮、姿态规格符合设计要求，无病虫害的合格苗木应逐株进行号苗，必要时进行编号。

【新手必读】要求

一、基本要求

土球苗、裸根苗综合控制指标应符合的规定，见表 2-1。

表 2-1　土球苗、裸根苗综合控制指标

序号	项目	综合控制指标
1	树冠形态	形态自然周正，冠型丰满，无明显偏冠、缺冠、冠径最大值与最小值的比值宜小于 1.5；乔木植株高度、胸径、冠幅比例匀称；灌木冠层和基部饱满度一致，分枝数为 3 枝以上；藤木主蔓长度和分枝数与苗龄相符
2	枝干	枝干紧实、分枝形态自然、比例适度，生长枝节间比例匀称；乔木植株主干挺直、树皮完整，无明显空洞、裂缝、虫洞、伤口、划痕等；灌木、藤木等植株分枝形态匀称，枝条坚实有韧性
3	叶片	叶型标准匀称，叶片硬挺饱满、颜色正常，无明显蛀眼、卷蔫、萎黄或坏死
4	根系	根系发育良好，无病虫害、无生理性伤害和机械损害等
5	生长势	植株健壮，长势旺盛，不因修剪造型等造成生长势受损，当年生枝条生长量明显

容器苗综合控制指标中除应符合表 2-1 的要求外，还应符合表 2-2 的规定。

表 2-2　容器苗综合控制指标

序号	项目	综合控制指标
1	根系	根系发达，已形成良好根团，根球完好
2	容器	容器尺寸与冠幅、株高相匹配，材质应有足够的韧度与硬度

二、土球和根系幅度

土球苗土球规格应符合表 2-3 的规定。

表 2-3　土球苗土球规格

项次	项目	规格
1	乔木	土球苗土球直径应为其胸径的 8~10 倍，土球高度应为土球直径的 4/5 以上
2	灌木	土球苗土球直径应为其冠幅的 1/3~2/3，土球高度为其土球直径的 3/5 以上
3	棕榈	土球苗土球直径应为其地径的 2~5 倍，土球高度应为土球直径的 2/3 以上
4	竹类	土球足够大，至少应带来鞭 300mm，去鞭 400mm，竹鞭两端各不少于 1 个鞭芽，且保留足量的护心土，保护竹鞭、竹兜不受损

注：常绿苗木、全冠苗木、落叶珍贵苗木、特大苗木和不易成活苗木以及其他特殊质量要求的苗木应带土球掘苗，且应依据实际情况进行调整。

裸根苗根系幅度规格应符合表 2-4 的规定。

表 2-4　裸根苗根系幅度规格

项次	项目	规格
1	乔木	裸根苗根系幅度应为其胸径的 8~10 倍，且保留护心土

（续）

项次	项目	规格
2	灌木	裸根苗根系幅度应为其冠幅的1/2，2/3，且保留护心土
3	棕榈	裸根苗根系幅度应按其地径的 3～6 倍，且保留护心土

注：超大规格裸根苗木的根系幅度应依据实际情况进行调整。

【新手必读】各类苗木产品的规格质量标准

各类苗木产品的规格质量标准见表 2-5～表 2-20。

表 2-5　常绿针叶乔木主要规格

序号	树种（品种）	主控指标	辅助指标			
		株高/m	冠幅/m	地径/mm	分枝点高/m	分枝数/轮
1	南洋杉	2.5～3.0	≥1.4	≥40	≤1.2	≥6
		3.0～3.5	≥1.6	≥60	≤1.5	≥8
		3.5～4.0	≥1.8	≥80	≤1.8	≥9
2	辽东冷杉	3.0～4.0	≥1.0	—	≤0.3	—
		4.0～5.0	≥2.0	—	≤0.7	—
		5.0～6.0	≥3.5	—	≤1.2	—
3	红皮云杉	3.0～4.0	≥1.0	—	≤0.3	—
		4.0～5.0	≥2.0	—	≤0.8	—
		5.0～6.0	≥2.5	—	≤0.8	—
4	蓝粉云杉	2.0～3.0	≥1.0	—	—	—
		3.0～4.0	≥1.5	—	—	—
5	白杆	3.0～4.0	≥1.5	—	≤0.3	—
		4.0～5.0	≥2.5	—	≤0.8	—
		5.0～6.0	≥3.0	—	≤0.8	—
6	青杆	3.0～4.0	≥1.5	—	≤0.3	—
		4.0～5.0	≥2.5	—	≤0.8	—
		5.0～6.0	≥3.0	—	≤0.8	—
7	雪松	3.0～4.0	≥2.0	—	≤0.3	≥4
		4.0～5.0	≥2.5	—	≤0.5	≥5
		5.0～6.0	≥3.5	—	≤0.8	≥6
		6.0～8.0	≥5.0	—	≤1.0	≥7
8	华山松	3.0～4.0	≥2.0	—	≤0.5	—
		4.0～5.0	≥2.5	—	≤0.8	—
		5.0～6.0	≥3.5	—	≤0.8	—
9	乔松	3.0～4.0	≥2.0	—	—	—
		4.0～5.0	≥3.0	—	—	—
		5.0～6.0	≥3.5	—	—	—

（续）

序号	树种（品种）	主控指标	辅助指标			
		株高/m	冠幅/m	地径/mm	分枝点高/m	分枝数/轮
10	白皮松	3.0~4.0	≥2.0	—	≤0.5	—
		4.0~5.0	≥3.0	—	≤0.8	—
		5.0~6.0	≥3.5	—	≤0.8	—
11	樟子松	3.0~4.0	≥1.5	≥50	≤1.0	—
		4.0~5.0	≥1.8	≥60	≤1.5	—
		5.0~6.0	≥2.5	≥80	≤2.0	—
12	油松	3.0~4.0	≥1.5	≥60	≤1.0	—
		4.0~5.0	≥2.2	≥80	≤1.5	—
		5.0~6.0	≥2.5	≥100	≤2.0	—
13	马尾松	2.5~3.0	≥1.5	胸径≥50	—	—
		3.0~3.5	≥1.8	胸径≥60	—	—
		3.5~4.0	≥2.0	胸径≥80	—	—
14	黑松	2.5~3.0	≥1.5	胸径≥80	—	—
		3.0~3.5	≥1.8	胸径≥100	—	—
		3.5~4.0	≥2.2	胸径≥120	—	—
15	湿地松	2.5~3.0	≥1.5	胸径≥80	—	—
		3.0~3.5	≥1.8	胸径≥100	—	—
		3.5~4.0	≥2.0	胸径≥120	—	—
16	柳杉	2.5~3.0	≥1.5	—	—	—
		3.0~3.5	≥1.8	—	—	—
		3.5~4.0	≥2.0	—	—	—
17	侧柏	3.0~4.0	≥1.2	—	—	—
		4.0~5.0	≥1.5	—	—	—
		5.0~6.0	≥1.8	—	—	—
18	圆柏	3.0~4.0	≥0.8	—	≤0.3	—
		4.0~5.0	≥1.0	—	≤0.3	—
		5.0~6.0	≥1.2	—	≤0.3	—
19	龙柏	2.5~3.0	≥0.8	—	≤0.3	—
		3.0~4.0	≥1.0	—	≤0.3	—
		4.0~5.0	≥1.2	—	≤0.3	—
20	竹柏	2.5~3.0	≥1.2	≥40	≤0.5	—
		3.0~4.0	≥1.5	≥60	≤0.8	—
		4.0~5.0	≥1.8	≥80	≤1.0	—

（续）

序号	树种（品种）	主控指标	辅助指标			
		株高/m	冠幅/m	地径/mm	分枝点高/m	分枝数/轮
21	罗汉松	2.0~2.5	≥1.0	—	≤0.4	—
		2.5~3.0	≥1.2	—	≤0.5	—
		3.0~4.0	≥1.5	—	≤0.6	—

注：常绿针叶乔木株高宜 H≥2.0m，行道树分枝点高宜≥2.5m。当株高（H）为3.0~4.0m时，表示3.0m≤H< 4.0m。"—"表示此项生长量指标可不做要求。

表2-6　常绿阔叶乔木主要规格

序号	树种（品种）	主控指标	辅助指标		
		胸径/mm	株高/m	冠幅/m	分枝数/个
1	杨梅	地径60~80	≥3.0	≥2.0	≥4
		地径80~100	≥3.5	≥2.5	≥5
		地径100~120	≥4.0	≥2.8	≥6
2	波罗蜜	60~80	≥3.5	≥1.5	≥5
		80~100	≥4.0	≥2.0	≥6
		100~120	≥4.5	≥2.5	≥7
3	印度胶榕	60~80	≥3.0	≥1.5	≥5
		80~100	≥3.5	≥2.0	≥6
		100~120	≥4.0	≥2.5	≥7
4	高山榕	60~80	≥3.5	≥1.5	≥5
		80~100	≥4.0	≥2.0	≥6
		100~120	≥4.5	≥2.5	≥7
5	细叶榕	60~80	≥3.5	≥2.0	≥4
		80~100	≥4.0	≥2.5	≥5
		100~120	≥4.5	≥3.0	≥6
6	荷花玉兰	60~80	≥3.5	≥1.5	≥4
		80~100	≥4.0	≥2.0	≥4
		100~120	≥4.5	≥2.5	≥5
7	红花木莲	60~80	≥2.5	≥1.2	≥4
		80~100	≥3.0	≥1.5	≥5
		100~120	≥3.5	≥1.8	≥6
8	白兰	60~80	≥3.5	≥1.2	≥4
		80~100	≥4.0	≥1.6	≥4
		100~120	≥4.5	≥2.0	≥5
9	乐昌含笑	60~80	≥3.5	≥1.2	≥4
		80~100	≥4.0	≥1.5	≥4
		100~120	≥4.5	≥1.8	≥5

（续）

序号	树种（品种）	主控指标	辅助指标		
		胸径/mm	株高/m	冠幅/m	分枝数/个
10	深山含笑	60~80	≥2.5	≥1.2	≥5
		80~100	≥3.0	≥1.6	≥5
		100~120	≥3.5	≥2.0	≥6
11	香樟	60~80	≥3.5	≥2.0	≥4
		80~100	≥4.0	≥2.5	≥4
		100~120	≥4.5	≥3.0	≥5
12	天竺桂	60~80	≥2.5	≥1.5	≥4
		80~100	≥3.0	≥1.8	≥4
		100~120	≥4.0	≥2.0	≥5
13	阴香	60~80	≥3.5	≥1.5	≥4
		80~100	≥4.0	≥2.0	≥4
		100~120	≥4.5	≥2.5	≥5
14	香叶树	地径40~50	≥2.5	≥1.2	≥4
		地径50~60	≥3.0	≥1.5	≥5
15	石楠	地径40~60	≥2.5	≥0.8	≥4
		地径60~80	≥3.0	≥1.2	≥5
		地径80~100	≥3.5	≥1.6	≥5
16	枇杷	地径40~60	≥2.0	≥1.5	≥4
		地径60~80	≥2.5	≥2.0	≥5
		地径80~100	≥2.8	≥2.5	≥5
17	南洋楹	60~80	≥3.5	≥1.2	≥4
		80~100	≥4.0	≥1.6	≥5
		100~120	≥4.5	≥2.0	≥6
18	羊蹄甲	60~80	≥3.5	≥2.0	≥4
		80~100	≥4.0	≥2.5	≥5
		100~120	≥4.5	≥3.0	≥6
19	柚	60~80	≥2.5	≥1.5	≥4
		80~100	≥3.0	≥2.0	≥4
		100~120	≥3.5	≥2.5	≥5
20	秋枫	60~80	≥3.5	≥2.0	≥4
		80~100	≥4.0	≥2.3	≥4
		100~120	≥4.5	≥2.8	≥5
21	杧果	60~80	≥3.0	≥1.1	≥4
		80~100	≥3.5	≥1.5	≥4
		100~120	≥4.0	≥2.0	≥5

（续）

序号	树种（品种）	主控指标	辅助指标		
		胸径/mm	株高/m	冠幅/m	分枝数/个
22	人面子	60～80	≥3.5	≥1.5	≥4
		80～100	≥4.0	≥2.0	≥4
		100～120	≥4.5	≥2.5	≥5
23	珊瑚冬青	地径40～60	≥2.0	≥1.0	—
		地径60～80	≥2.5	≥1.5	—
		地径80～100	≥3.0	≥2.0	—
24	铁冬青	60～80	≥2.5	≥1.0	≥4
		80～100	≥3.0	≥1.2	≥5
		100～120	≥3.5	≥1.5	≥6
25	龙眼	地径60～80	≥2.5	≥2.0	≥4
		地径80～100	≥3.0	≥2.5	≥4
		地径100～120	≥3.5	≥3.0	≥5
26	荔枝	地径60～80	≥2.0	≥1.5	≥4
		地径80～100	≥2.2	≥2.0	≥4
		地径100～120	≥2.5	≥2.5	≥5
27	长芒杜英	60～80	≥3.0	≥1.5	轮数≥4
		80～100	≥3.5	≥1.8	轮数≥4
		100～120	≥4.0	≥2.0	轮数≥5
28	杜英	60～80	≥2.5	≥1.2	≥4
		80～100	≥3.5	≥1.5	≥4
		100～120	≥4.0	≥2.0	≥5
29	黄槿	60～80	≥3.5	≥1.8	≥4
		80～100	≥4.0	≥2.2	≥4
		100～120	≥4.5	≥2.5	≥5
30	假苹婆	60～80	≥3.5	≥1.5	≥4
		80～100	≥4.0	≥2.0	≥5
		100～120	≥4.5	≥2.5	≥6
31	白千层	60～80	≥3.0	≥1.3	≥4
		80～100	≥4.0	≥1.5	≥4
		100～120	≥5.0	≥2.0	≥5
32	蒲桃	60～80	≥3.0	≥1.5	≥4
		80～100	≥3.5	≥2.0	≥4
		100～120	≥4.0	≥2.5	≥5

（续）

序号	树种（品种）	主控指标	辅助指标		
		胸径/mm	株高/m	冠幅/m	分枝数/个
33	洋蒲桃	60～80	≥3.0	≥1.2	≥4
		80～100	≥3.5	≥1.5	≥4
		100～120	≥4.0	≥2.0	≥5
34	幌伞枫	60～80	≥3.0	≥1.0	≥4
		80～100	≥3.5	≥1.2	≥4
		100～120	≥4.0	≥1.5	≥5
35	人心果	60～80	≥3.5	≥2.5	≥4
		80～100	≥4.5	≥2.8	≥4
		100～120	≥5.5	≥3.0	≥5
36	桂花	地径40～60	≥2.0	≥1.5	≥4
		地径60～80	≥2.5	≥2.0	≥4
		地径80～100	≥3.5	≥2.5	≥5
37	大叶女贞	60～80	≥4.0	≥2.0	≥4
		80～100	≥4.5	≥2.5	≥4
		100～120	≥5.0	≥3.0	≥5
38	火焰树	60～80	≥3.5	≥1.0	≥4
		80～100	≥4.0	≥1.5	≥4
		100～120	≥4.5	≥2.5	≥5
39	吊瓜树	60～80	≥3.0	≥1.3	≥4
		80～100	≥3.5	≥1.5	≥4
		100～120	≥4.0	≥2.0	≥5
40	糖胶树	60～80	≥3.5	≥1.8	轮数≥4
		80～100	≥4.0	≥2.0	轮数≥5
		100～120	≥4.5	≥2.3	轮数≥6

注：常绿阔叶大乔木胸径宜 ϕ≥60mm、常绿阔叶小乔木和多干型乔木地径宜 d≥40mm。行道树胸径宜 ϕ≥80mm，分枝点高宜≥2.5m。当胸径（ϕ）为 60～80mm 时，表示60mm≤ϕ<80mm。"—"表示此项生长量指标可不做要求。

表2-7　落叶针叶乔木主要规格

序号	树种（品种）	主控指标	辅助指标			
		地径/mm	株高/m	冠幅/m	分枝点高/m	分枝数/个
1	金钱松	60～80	≥4.0	≥1.5	≤1.5	—
		80～100	≥5.0	≥2.0	≤1.5	—
		100～120	≥6.0	≥2.5	≤1.5	—
2	水松	60～80	≥3.5	≥1.2	≤0.8	—
		80～100	≥4.5	≥1.6	≤0.8	—
		100～120	≥5.5	≥2.0	≤1.0	—

（续）

序号	树种（品种）	主控指标	辅助指标			
		地径/mm	株高/m	冠幅/m	分枝点高/m	分枝数/个
3	落羽杉	60～80	≥3.5	≥1.2	≤0.8	—
		80～100	≥4.5	≥1.6	≤0.8	—
		100～120	≥5.5	≥2.0	≤1.0	—
4	中山杉	60～80	≥3.5	≥1.2	≤0.8	—
		80～100	≥4.5	≥1.6	≤0.8	—
		100～120	≥5.5	≥2.0	≤1.0	—
5	池杉	60～80	≥3.5	≥1.2	≤0.8	—
		80～100	≥4.5	≥1.6	≤0.8	—
		100～120	≥5.5	≥2.0	≤1.0	—
6	水杉	60～80	≥3.5	≥1.2	≤0.8	—
		80～100	≥4.5	≥1.6	≤0.8	—
		100～120	≥5.5	≥2.0	≤1.0	—

注：落叶针叶乔木地径宜 $d \geq 60mm$。地径（d）为 60～80mm 时，表示 $60mm \leq d < 80mm$。"—"表示此项生长量指标可不做要求。

表 2-8　落叶阔叶乔木主要规格

序号	树种（品种）	主控指标	辅助指标		
		胸径/mm	株高/m	冠幅/m	分枝数/个
1	银杏	70～90	≥3.0	≥1.5	≥4
		90～110	≥4.0	≥1.8	≥4
		110～130	≥5.0	≥2.0	≥5
2	毛白杨	70～90	≥9.0	≥2.0	≥4
		90～110	≥10.0	≥2.2	≥4
		110～130	≥11.0	≥2.5	≥5
3	旱柳	70～90	≥5.0	≥2.0	≥4
		90～110	≥5.5	≥2.2	≥4
		110～130	≥6.0	≥2.5	≥5
4	绦柳	70～90	≥5.0	≥2.5	≥4
		90～110	≥5.5	≥3.0	≥4
		110～130	≥6.0	≥3.5	≥5
5	馒头柳	70～90	≥4.0	≥2.5	≥5
		90～110	≥4.5	≥3.0	≥5
		110～130	≥5.0	≥4.0	≥6
6	垂柳	70～90	≥4.5	≥2.5	≥4
		90～110	≥5.0	≥3.0	≥4
		110～130	≥6.0	≥3.5	≥5

（续）

序号	树种（品种）	主控指标	辅助指标		
		胸径/mm	株高/m	冠幅/m	分枝数/个
7	枫杨	70～90	≥4.0	≥2.5	≥4
		90～110	≥4.5	≥3.0	≥4
		110～130	≥5.0	≥3.5	≥5
8	核桃	70～90	≥3.0	≥2.5	—
		90～110	≥3.5	≥3.0	—
		110～130	≥4.0	≥3.5	—
9	白桦	70～90	≥5.0	≥2.5	≥4
		90～110	≥5.5	≥3.0	≥4
		110～130	≥6.0	≥3.5	≥5
10	麻栎	70～90	≥4.0	≥2.0	—
		90～110	≥4.5	≥2.5	—
		110～130	≥5.0	≥3.0	—
11	栓皮栎	70～90	≥4.0	≥1.8	—
		90～110	≥4.5	≥2.0	—
		110～130	≥5.0	≥2.5	—
12	槲树	70～90	≥4.0	≥2.0	—
		90～110	≥4.5	≥2.5	—
		110～130	≥5.0	≥3.0	—
13	白榆	70～90	≥3.0	≥2.0	≥4
		90～110	≥3.5	≥2.2	≥4
		110～130	≥4.0	≥2.5	≥5
14	榔榆	70～90	≥3.5	≥2.0	≥4
		90～110	≥4.0	≥2.5	≥4
		110～130	≥4.5	≥3.0	≥5
15	青檀	70～90	≥6.0	≥2.5	≥4
		90～110	≥6.5	≥3.0	≥4
		110～130	≥7.0	≥3.5	≥5
16	光叶榉	70～90	≥3.5	≥2.2	≥4
		90～110	≥4.0	≥2.5	≥4
		110～130	≥4.5	≥3.0	≥5
17	朴树	70～90	≥3.5	≥2.0	≥4
		90～110	≥4.5	≥2.5	≥4
		110～130	≥5.0	≥3.0	≥5
		130～150	≥6.0	≥3.5	≥5
18	小叶朴	70～90	≥4.5	≥2.5	≥4
		90～110	≥5.0	≥3.0	≥4
		110～130	≥5.5	≥3.5	≥5

（续）

序号	树种（品种）	主控指标	辅助指标		
		胸径/mm	株高/m	冠幅/m	分枝数/个
19	桑树	70～90	≥4.5	≥2.3	—
		90～110	≥5.0	≥2.8	—
		110～130	≥5.5	≥3.5	—
20	柘树	地径70～90	≥4.0	≥1.8	—
		地径90～110	≥4.5	≥2.3	—
		地径110～130	≥5.5	≥3.0	—
21	白玉兰	地径70～90	≥3.0	≥1.8	≥4
		地径90～110	≥3.5	≥2.0	≥4
		地径110～130	≥4.0	≥2.3	≥5
22	二乔玉兰	地径40～60	≥2.0	≥1.2	—
		地径60～80	≥2.5	≥1.5	—
		地径80～100	≥3.0	≥1.8	—
23	杂种鹅掌楸	70～90	≥5.0	≥2.0	—
		90～110	≥5.5	≥2.5	—
		110～130	≥6.0	≥3.0	—
24	美国鹅掌楸	70～90	≥5.0	≥2.5	—
		90～110	≥5.5	≥3.0	—
		110～130	≥6.0	≥3.5	—
25	枫香	70～90	≥4.0	≥2.5	—
		90～110	≥4.5	≥3.0	—
		110～130	≥5.0	≥3.5	—
26	杜仲	70～90	≥4.0	≥2.5	—
		90～110	≥4.5	≥3.0	—
		110～130	≥5.0	≥3.5	—
27	法国梧桐	70～90	≥5.0	≥3.0	≥4
		90～110	≥5.5	≥3.5	≥4
		110～130	≥6.0	≥4.0	≥5
28	英国梧桐	70～90	≥5.0	≥3.0	≥4
		90～110	≥5.5	≥3.5	≥4
		110～130	≥6.0	≥4.0	≥5
29	山楂	地径40～60	≥1.6	≥1.5	—
		地径60～80	≥2.0	≥2.0	—
		地径80～100	≥2.5	≥2.3	—
30	木瓜	地径40～60	≥2.0	≥1.0	—
		地径60～80	≥2.5	≥1.5	—
		地径80～100	≥2.8	≥2.0	—

（续）

序号	树种（品种）	主控指标	辅助指标		
		胸径/mm	株高/m	冠幅/m	分枝数/个
31	杜梨	地径 70 ~ 90	≥2.5	≥1.5	—
		地径 90 ~ 110	≥3.0	≥1.8	—
		地径 110 ~ 130	≥3.5	≥2.2	—
32	垂丝海棠	地径 40 ~ 60	≥1.8	≥1.5	—
		地径 60 ~ 80	≥2.0	≥2.0	—
		地径 80 ~ 100	≥2.5	≥2.2	—
33	海棠花	地径 40 ~ 60	≥2.0	≥1.0	—
		地径 60 ~ 80	≥2.5	≥1.5	—
		地径 80 ~ 100	≥2.8	≥2.0	—
34	西府海棠	地径 40 ~ 60	≥1.8	≥0.8	—
		地径 60 ~ 80	≥2.0	≥1.0	—
		地径 80 ~ 100	≥2.5	≥1.2	—
35	桃	地径 40 ~ 60	≥1.5	≥1.5	—
		地径 60 ~ 80	≥2.0	≥2.0	—
		地径 80 ~ 100	≥2.5	≥2.5	—
36	碧桃	地径 40 ~ 60	≥2.0	≥1.5	—
		地径 60 ~ 80	≥2.5	≥2.5	—
		地径 80 ~ 100	≥3.0	≥3.0	—
37	山桃	地径 40 ~ 60	≥1.5	≥1.5	—
		地径 60 ~ 80	≥2.0	≥2.0	—
		地径 80 ~ 100	≥2.5	≥2.5	—
38	杏	地径 40 ~ 60	≥1.5	≥1.5	—
		地径 60 ~ 80	≥2.0	≥2.0	—
		地径 80 ~ 100	≥2.5	≥2.5	—
39	山杏	地径 40 ~ 60	≥1.5	≥1.5	—
		地径 60 ~ 80	≥2.0	≥2.0	—
		地径 80 ~ 100	≥2.5	≥2.5	—
40	梅	地径 40 ~ 60	≥2.0	≥1.5	—
		地径 60 ~ 80	≥2.5	≥2.0	—
		地径 80 ~ 100	≥3.0	≥2.5	—
41	紫叶李	地径 40 ~ 60	≥2.0	≥1.0	—
		地径 60 ~ 80	≥2.5	≥1.5	—
		地径 80 ~ 100	≥3.0	≥2.0	—
42	李	地径 40 ~ 60	≥2.3	≥1.5	—
		地径 60 ~ 80	≥2.8	≥2.0	—
		地径 80 ~ 100	≥3.5	≥2.5	—

（续）

序号	树种（品种）	主控指标	辅助指标		
		胸径/mm	株高/m	冠幅/m	分枝数/个
43	樱花	地径 70~90	≥2.5	≥2.0	—
		地径 90~110	≥3.0	≥2.5	—
		地径 110~130	≥3.5	≥3.0	—
44	稠李	地径 70~90	≥3.0	≥1.8	—
		地径 90~110	≥3.5	≥2.0	—
		地径 110~130	≥4.0	≥2.3	—
45	合欢	70~90	≥3.5	≥2.5	≥4
		90~110	≥4.0	≥3.0	≥4
		110~130	≥4.5	≥3.5	≥5
46	皂荚	70~90	≥3.5	≥2.5	—
		90~110	≥4.0	≥3.5	—
		110~130	≥5.0	≥4.0	—
47	凤凰木	70~90	≥3.5	≥1.5	≥5
		90~110	≥4.0	≥1.8	≥5
		110~130	≥4.5	≥2.3	≥6
48	腊肠树	70~90	≥3.0	≥1.1	≥5
		90~110	≥3.5	≥1.5	≥5
		110~130	≥3.8	≥2.0	≥6
49	黄槐	地径 50~70	≥3.0	≥1.5	≥5
		地径 70~90	≥3.5	≥2.0	≥5
		地径 90~110	≥4.0	≥2.5	≥6
50	国槐	70~90	≥3.0	≥2.0	≥3
		90~110	≥4.0	≥2.5	≥3
		110~130	≥5.0	≥3.0	≥3
51	刺槐	70~90	≥4.0	≥2.5	≥3
		90~110	≥5.0	≥3.0	≥3
		110~130	≥6.0	≥4.0	≥3
52	鸡冠刺桐	地径 50~70	≥2.5	≥1.5	≥4
		地径 70~90	≥3.0	≥2.0	≥5
		地径 90~110	≥3.5	≥2.5	≥6
53	臭椿	70~90	≥6.0	≥2.5	≥3
		90~110	≥7.0	≥3.0	≥4
		110~130	≥7.5	≥3.5	≥4
54	香椿	70~90	≥6.0	≥2.5	≥3
		90~110	≥7.0	≥3.0	≥4
		110~130	≥7.5	≥3.5	≥4

（续）

序号	树种（品种）	主控指标	辅助指标		
		胸径/mm	株高/m	冠幅/m	分枝数/个
55	麻楝	70~90	≥2.5	≥1.2	≥5
		90~110	≥3.0	≥1.5	≥5
		110~130	≥3.5	≥2.0	≥5
56	苦楝	70~90	≥3.0	≥2.0	≥3
		90~110	≥3.5	≥2.5	≥4
		110~130	≥4.0	≥3.5	≥4
57	重阳木	70~90	≥5.0	≥2.5	≥3
		90~110	≥5.5	≥3.0	≥4
		110~130	≥6.0	≥3.5	≥4
58	乌桕	70~90	≥4.5	≥2.5	≥3
		90~110	≥5.0	≥3.0	≥4
		110~130	≥5.5	≥3.5	≥4
59	黄连木	70~90	≥3.5	≥1.5	≥3
		90~110	≥4.0	≥2.0	≥4
		110~130	≥4.5	≥2.5	≥4
60	丝绵木	地径70~90	≥3.0	≥2.0	—
		地径90~110	≥4.0	≥2.3	—
		地径110~130	≥5.0	≥2.8	—
61	元宝枫	70~90	≥3.0	≥2.5	≥3
		90~110	≥4.0	≥3.0	—
		110~130	≥4.5	≥3.5	—
62	五角枫	70~90	≥3.5	≥2.0	≥3
		90~110	≥4.5	≥2.5	≥4
		110~130	≥5.0	≥3.5	≥5
63	鸡爪槭	地径40~60	≥2.0	≥1.0	≥3
		地径60~80	≥2.5	≥1.5	≥3
		地径80~100	≥3.0	≥2.0	≥4
64	红枫	地径40~60	≥1.5	≥1.0	≥3
		地径60~80	≥1.8	≥1.5	≥3
		地径80~100	≥2.0	≥1.8	≥4
65	三角枫	70~90	≥3.0	≥2.5	≥3
		90~110	≥4.0	≥3.0	≥4
		110~130	≥5.0	≥3.5	≥4
66	复叶槭	70~90	≥5.0	≥2.0	≥3
		90~110	≥6.0	≥2.5	≥4
		110~130	≥7.5	≥3.0	≥4

（续）

序号	树种（品种）	主控指标	辅助指标		
		胸径/mm	株高/m	冠幅/m	分枝数/个
67	七叶树	70～90	≥3.0	≥1.5	≥3
		90～110	≥4.0	≥1.8	≥4
		110～130	≥4.5	≥2.3	≥5
68	无患子	70～90	≥4.0	≥2.0	≥3
		90～110	≥4.5	≥2.5	≥4
		110～130	≥5.5	≥3.0	≥5
69	栾树	70～90	≥4.0	≥2.0	≥3
		90～110	≥4.5	≥2.5	≥4
		110～130	≥5.5	≥3.0	≥5
70	复羽叶栾树	70～90	≥4.0	≥2.5	≥3
		90～110	≥5.0	≥3.0	≥4
		110～130	≥6.0	≥3.5	≥5
71	文冠果	地径40～60	≥2.0	≥1.2	—
		地径60～80	≥2.2	≥1.5	—
		地径80～100	≥2.5	≥1.8	—
72	枣	70～90	≥4.0	≥2.5	—
		90～110	≥5.0	≥3.0	—
		110～130	≥6.0	≥4.0	—
73	蒙椴	70～90	≥3.0	≥1.8	—
		90～110	≥3.5	≥2.3	—
		110～130	≥4.0	≥3.0	—
74	木棉	70～90	≥4.5	≥2.0	≥4
		90～110	≥5.0	≥2.5	≥5
		110～130	≥5.5	≥3.0	≥6
75	梧桐	70～90	≥3.5	≥2.5	≥3
		90～110	≥4.5	≥3.0	≥4
		110～130	≥5.5	≥3.5	≥4
76	大花紫薇	70～90	≥3.0	≥2.0	≥3
		90～110	≥3.3	≥2.2	≥3
		110～130	≥3.5	≥2.5	≥4
77	果石榴	地径40～60	≥1.5	≥1.3	—
		地径60～80	≥2.0	≥1.5	—
		地径80～110	≥2.3	≥1.8	—
78	喜树	70～90	≥3.5	≥1.5	≥4
		90～110	≥4.0	≥1.8	≥5
		110～130	≥4.5	≥2.2	≥6

（续）

序号	树种（品种）	主控指标	辅助指标		
		胸径/mm	株高/m	冠幅/m	分枝数/个
79	小叶榄仁	地径40~60	≥3.5	≥1.3	轮数≥4
		地径60~80	≥4.0	≥1.8	轮数≥4
		地径80~100	≥4.5	≥2.2	轮数≥5
80	山茱萸	地径40~60	≥1.6	≥1.3	≥3
		地径60~80	≥2.0	≥1.5	≥4
		地径80~100	≥2.5	≥2.0	≥5
81	柿	70~90	≥3.0	≥2.2	—
		90~110	≥3.5	≥2.5	—
		110~130	≥4.5	≥3.5	—
82	白蜡树	70~90	≥3.5	≥2.0	≥3
		90~110	≥4.0	≥2.5	≥4
		110~130	≥5.0	≥3.5	≥5
83	绒毛白蜡	70~90	≥4.0	≥3.0	≥3
		90~110	≥5.0	≥3.5	≥4
		110~130	≥6.0	≥4.0	≥5
84	暴马丁香	地径40~60	≥2.8	≥1.5	≥3
		地径60~80	≥3.3	≥2.0	≥4
		地径80~100	≥3.6	≥2.5	≥5
85	北京丁香	地径40~60	≥2.5	≥1.5	—
		地径60~80	≥3.0	≥2.0	—
		地径80~100	≥3.5	≥2.5	—
86	流苏树	70~90	≥2.0	≥1.5	—
		90~110	≥2.5	≥2.0	—
		110~130	≥3.0	≥2.5	—
87	鸡蛋花	地径40~60	≥2.0	—	≥7
		地径60~80	≥2.3	—	≥12
		地径80~100	≥2.8	—	≥20
88	毛泡桐	70~90	≥4.0	≥2.5	≥3
		90~110	≥4.5	≥3.5	≥4
		110~130	≥5.5	≥4.0	≥4
89	梓树	70~90	≥4.0	≥2.0	—
		90~110	≥5.0	≥2.5	—
		110~130	≥5.5	≥3.0	—
90	楸树	70~90	≥4.0	≥2.0	—
		90~110	≥5.0	≥2.5	—
		110~130	≥5.5	≥3.0	—

（续）

序号	树种（品种）	主控指标	辅助指标		
		胸径/mm	株高/m	冠幅/m	分枝数/个
91	黄金树	70 ~ 90	≥4.0	≥2.0	—
		90 ~ 110	≥5.0	≥2.5	—
		110 ~ 130	≥5.5	≥3.0	—
92	蓝花楹	70 ~ 90	≥3.5	≥1.1	≥3
		90 ~ 110	≥4.0	≥1.3	≥4
		110 ~ 130	≥4.5	≥1.5	≥5

注：落叶阔叶大乔木胸径宜 ϕ≥70mm，落叶阔叶小乔木地径宜 d≥40mm。行道树胸径宜 ϕ≥80mm，分枝点高宜≥2.5mm。当胸径（ϕ）为 70 ~ 90mm 时，表示 70mm≤ϕ<90mm。"—"表示此项生长量指标可不做要求。

表2-9　常绿针叶灌木主要规格

序号	树种（品种）	主控指标	辅助指标		
		株高/m	冠幅/m	主枝数/个	地径/mm
1	千头柏	0.8 ~ 1.2	≥0.3	—	—
		1.2 ~ 1.5	≥0.4	—	—
2	线柏	0.8 ~ 1.2	≥0.6	—	—
		1.2 ~ 1.5	≥0.8	—	—
3	铺地柏	主条长 0.2 ~ 0.3	≥0.1	3	—
		主条长 0.3 ~ 0.5	≥0.2	3	—
4	沙地柏	主条长 0.3 ~ 0.5	≥0.2	3	—
		主条长 0.5 ~ 0.8	≥0.3	3	—
		主条长 0.8 ~ 1.0	≥0.4	4	—
5	粗榧	1.0 ~ 1.2	≥0.6	4	≥10
		1.2 ~ 1.5	≥0.8	—	≥20
		1.5 ~ 1.8	≥1.0	—	≥30
6	矮紫杉	0.3 ~ 0.5	≥0.2	—	—
		0.5 ~ 0.8	≥0.3	—	—
		0.8 ~ 1.0	≥0.4	—	—

注：当株高（H）为 1.0 ~ 1.2m 时，表示 1.0m≤H<1.2m。"—"表示此项生长量指标可不做要求。

表2-10　常绿阔叶灌木主要规格

序号	树种（品种）	主控指标	辅助指标		
		株高/m	冠幅/m	主枝数/个	地径/mm
1	凤尾兰	0.3 ~ 0.5	≥0.4	—	—
		0.5 ~ 0.8	≥0.6	—	—
		0.8 ~ 1.0	≥0.8	—	—
2	南天竹	0.4 ~ 0.6	≥0.2	≥2	—
		0.6 ~ 0.8	≥0.3	≥2	≥10

（续）

序号	树种（品种）	主控指标	辅助指标		
		株高/m	冠幅/m	主枝数/个	地径/mm
3	十大功劳	0.4~0.6	≥0.3	≥2	—
		0.6~0.8	≥0.3	≥2	—
		0.8~1.0	≥0.4	≥3	—
4	含笑	0.6~0.8	≥0.6	≥3	—
		0.8~1.0	≥0.8	≥4	≥30
		1.0~1.5	≥1.0	≥4	≥40
		1.5~2.0	≥1.2	≥4	≥50
5	海桐	0.4~0.6	≥0.3	≥3	—
		0.6~0.8	≥0.4	≥4	≥10
		0.8~1.0	≥0.5	≥4	≥20
		1.0~1.2	≥0.8	≥4	≥20
6	红花檵木	0.4~0.6	≥0.3	≥3	—
		0.6~0.8	≥0.4	≥3	—
		0.8~1.0	≥0.6	≥3	—
		1.0~1.2	≥0.8	≥3	—
7	蚊母树	0.6~0.8	≥0.6	≥3	≥10
		0.8~1.0	≥0.8	≥3	≥10
		1.0~1.2	≥0.9	≥3	≥20
8	火棘	0.6~0.8	≥0.6	≥3	≥10
		0.8~1.0	≥0.8	≥3	≥10
		1.0~1.2	≥0.9	≥3	≥20
9	红叶石楠	0.4~0.6	≥0.3	≥3	—
		0.6~0.8	≥0.4	≥3	—
		0.8~1.0	≥0.6	≥3	—
		1.0~1.2	≥0.8	≥4	—
10	翅荚决明	0.4~0.6	≥0.4	≥3	—
		0.6~0.8	≥0.5	≥3	—
		0.8~1.0	≥0.6	≥3	—
		1.0~1.2	≥0.8	≥3	—
11	九里香	0.4~0.6	≥0.4	≥3	—
		0.6~0.8	≥0.5	≥3	—
		0.8~1.0	≥0.7	≥3	—
		1.0~1.2	≥0.8	≥3	—
12	米仔兰	0.4~0.6	≥0.4	≥3	—
		0.6~0.8	≥0.6	≥3	≥10
		0.8~1.0	≥0.8	≥4	≥10
		1.0~1.2	≥0.9	≥4	≥20

（续）

序号	树种（品种）	主控指标	辅助指标		
		株高/m	冠幅/m	主枝数/个	地径/mm
13	红桑	0.4~0.6	≥0.4	≥3	—
		0.6~0.8	≥0.6	≥3	≥10
		0.8~1.0	≥0.8	≥3	≥10
		1.0~1.2	≥0.9	≥4	≥20
14	变叶木	0.4~0.6	≥0.3	≥3	—
		0.6~0.8	≥0.4	≥3	≥10
		0.8~1.0	≥0.5	≥4	≥20
		1.0~1.2	≥0.6	≥5	≥20
15	红背桂	0.4~0.6	≥0.3	≥3	—
		0.6~0.8	≥0.6	≥3	≥10
		0.8~1.0	≥0.7	≥3	≥10
		1.0~1.2	≥0.8	≥3	≥10
16	胶州卫矛	0.5~0.8	≥0.3	—	—
		0.8~1.0	≥0.4	—	—
		1.0~1.2	≥0.6	—	—
17	大叶黄杨	0.5~0.8	≥0.3	≥3	—
		0.8~1.0	≥0.4	≥3	—
		1.0~1.2	≥0.6	≥4	—
18	黄杨	0.5~0.8	≥0.3	≥3	—
		0.8~1.0	≥0.4	≥3	—
		1.0~1.2	≥0.5	≥4	—
19	锦熟黄杨	0.5~0.8	≥0.3	≥3	—
		0.8~1.0	≥0.4	≥3	—
		1.0~1.2	≥0.5	≥4	—
20	枸骨	0.5~0.8	≥0.3	≥3	—
		0.8~1.0	≥0.4	≥3	—
		1.0~1.2	≥0.5	≥4	—
21	龟甲冬青	0.2~0.3	≥0.15	≥3	—
		0.3~0.4	≥0.20	≥3	—
		0.4~0.6	≥0.25	≥4	—
		0.6~0.8	≥0.5	≥4	≥10
		0.8~1.0	≥0.6	≥4	≥10
		1.0~1.2	≥0.8	≥4	≥20
22	扶桑	0.4~0.6	≥0.3	≥3	—
		0.6~0.8	≥0.5	≥3	—
		0.8~1.0	≥0.6	≥4	—

（续）

序号	树种（品种）	主控指标	辅助指标		
		株高/m	冠幅/m	主枝数/个	地径/mm
23	山茶花	0.4~0.6	≥0.3	≥3	—
		0.6~0.8	≥0.5	≥3	≥20
		0.8~1.0	≥0.6	≥4	≥20
24	茶梅	0.6~0.8	≥0.4	≥3	≥10
		0.8~1.0	≥0.5	≥3	≥20
		1.0~1.2	≥0.7	≥4	≥20
25	胡颓子	0.4~0.6	—	≥3	—
		0.6~0.8	≥0.4	≥3	≥10
		0.8~1.0	≥0.6	≥3	≥10
		1.0~1.2	≥0.8	≥4	≥20
26	八角金盘	0.4~0.6	≥0.4	≥3	—
		0.6~0.8	≥0.6	≥3	≥10
		0.8~1.0	≥0.7	≥4	≥10
		1.0~1.2	≥0.9	≥4	≥20
27	黄蝉	0.4~0.6	≥0.4	≥5	—
		0.6~0.8	≥0.6	≥7	≥10
		0.8~1.0	≥0.8	≥8	≥20
		1.0~1.2	≥1.0	≥9	≥20
28	夹竹桃	0.4~0.6	≥0.3	≥3	—
		0.6~0.8	≥0.4	≥3	≥10
		0.8~1.0	≥0.5	≥3	≥20
		1.0~1.2	≥0.6	≥4	≥20
29	栀子花	0.4~0.6	≥0.4	≥3	—
		0.6~0.8	≥0.5	≥3	≥10
		0.8~1.0	≥0.7	≥3	≥20
		1.0~1.2	≥0.8	≥4	≥20
30	希茉莉	0.4~0.6	≥0.4	≥3	—
		0.6~0.8	≥0.6	≥3	—
		0.8~1.0	≥0.8	≥3	—
31	龙船花	0.4~0.6	≥0.3	≥3	—
		0.6~0.8	≥0.4	≥3	—
		0.8~1.0	≥0.6	≥3	—
		1.0~1.2	≥0.7	≥4	—
32	六月雪	0.3~0.4	≥0.25	—	—
		0.4~0.5	≥0.35	—	—
		0.5~0.6	≥0.45	—	—

注：丛生型灌木主枝数不宜少于3个。当株高（H）为1.0~1.2m时，表示1.0m≤H<1.2m。"—"表示此项生长量指标可不做要求。

表 2-11 落叶阔叶灌木主要规格

序号	树种（品种）	主控指标	辅助指标		
		株高/m	冠幅/m	主枝数/个	地径/mm
1	牡丹	0.3~0.5	≥0.3	≥3	—
		0.5~0.8	≥0.5	≥5	—
		0.8~1.2	≥0.7	≥8	—
2	紫叶小檗	0.3~0.5	≥0.2	≥5	—
		0.5~0.8	≥0.3	≥5	—
		0.8~1.0	≥0.5	≥5	—
3	蜡梅	1.5~1.8	≥1.0	≥6	—
		1.8~2.0	≥1.5	≥8	—
		2.0~2.5	≥1.6	≥10	—
4	溲疏	1.2~1.5	≥0.5	≥5	—
		1.5~1.8	≥0.8	≥6	—
		1.8~2.0	≥1.0	≥8	—
		1.5~2.0	≥1.2	≥4	≥50
5	太平花	1.2~1.5	≥0.5	≥5	—
		1.5~1.8	≥0.8	≥6	—
		1.8~2.0	≥1.0	≥8	—
6	绣球花	0.2~0.4	≥0.2	≥2	—
		0.4~0.6	≥0.3	≥3	—
7	麻叶绣线菊	0.3~0.5	≥0.2	≥3	—
		0.5~0.8	≥0.3	≥3	—
8	珍珠梅	1.0~1.2	≥0.5	≥5	—
		1.2~1.5	≥0.6	≥5	—
9	平枝栒子[①]	0.3~0.5	≥0.3	—	—
		0.5~0.8	≥0.5	—	—
10	贴梗海棠	0.5~0.8	≥0.4	≥5	—
		0.8~1.2	≥0.6	≥6	—
		1.2~1.5	≥0.8	≥7	—
11	棣棠	0.5~0.8	≥0.3	≥6	—
		0.8~1.0	≥0.5	≥8	—
		1.0~1.2	≥0.7	≥12	—
12	丰花月季	0.3~0.5	≥0.20	≥3	—
		0.5~0.8	≥0.25	≥4	—
13	玫瑰	0.3~0.5	≥0.20	≥3	—
		0.5~0.8	≥0.25	≥4	—
14	黄刺玫	1.0~1.2	≥0.5	≥5	—
		1.2~1.5	≥0.6	≥5	—
		1.5~1.8	≥1.0	≥6	—

（续）

序号	树种（品种）	主控指标	辅助指标		
		株高/m	冠幅/m	主枝数/个	地径/mm
15	麦李	0.5~0.8	≥0.3	≥6	—
		0.8~1.0	≥0.5	≥8	—
		1.0~1.2	≥0.7	≥12	—
16	郁李	0.5~0.8	≥0.3	≥6	—
		0.8~1.0	≥0.5	≥8	—
		1.0~1.2	≥0.7	≥12	—
17	榆叶梅（单干）	1.2~1.5	≥0.8	—	≥30
		1.5~1.8	≥1.0	—	≥40
		1.8~2.0	≥1.2	—	≥50
18	紫荆	1.2~1.5	≥0.5	≥5	—
		1.5~1.8	≥0.8	≥5	—
		1.8~2.0	≥1.0	≥5	—
19	黄栌（单干）	1.8~2.0	≥1.5	—	≥30
		2.0~2.5	≥2.0	—	≥40
		2.5~3.0	≥2.5	—	≥60
20	栓翅卫矛	0.8~1.0	≥0.6	≥4	—
		1.0~1.5	≥0.8	≥5	—
		1.5~1.8	≥1.0	≥6	—
21	木芙蓉	0.4~0.6	≥0.5	≥3	—
		0.6~0.8	≥0.7	≥3	≥10
		0.8~1.0	≥0.8	≥4	≥20
		1.0~1.2	≥0.9	≥6	≥30
22	木槿	1.2~1.5	≥0.5	—	≥20
		1.5~1.8	≥0.6	—	≥30
		1.8~2.0	≥0.8	—	≥40
23	结香	0.5~0.7	≥0.5	—	—
		0.7~1.0	≥0.8	—	—
		1.0~1.2	≥1.2	—	—
24	柽柳	1.5~1.8	≥0.6	≥4	≥25
		1.8~2.0	≥0.8	≥5	≥30
		2.0~2.5	≥1.0	≥6	≥35
25	金丝桃[①]	0.3~0.4	≥0.4	≥3	—
		0.4~0.5	≥0.6	≥3	—
		0.5~0.6	≥0.7	≥4	—
26	紫薇	1.2~1.5	≥0.4	≥3	≥20
		1.5~1.8	≥0.6	≥3	≥30
		1.8~2.0	≥0.8	≥4	≥40

（续）

序号	树种（品种）	主控指标	辅助指标		
		株高/m	冠幅/m	主枝数/个	地径/mm
27	紫薇（单干）	—	≥0.4	—	≥40
		—	≥0.6	—	≥50
		—	≥0.8	—	≥60
28	花石榴	1.2~1.5	≥0.5	—	—
		1.5~1.8	≥0.8	—	—
		1.8~2.0	≥1.0	—	—
29	红瑞木	0.8~1.0	≥0.3	≥5	≥10
		1.0~1.2	≥0.5	≥5	≥20
		1.2~1.5	≥0.5	≥5	≥30
30	杜鹃花	0.4~0.6	≥0.4	≥3	—
		0.6~0.8	≥0.5	≥4	≥10
		0.8~1.0	≥0.7	≥5	≥20
31	连翘	0.5~0.8	≥0.3	≥4	—
		0.8~1.0	≥0.4	≥5	—
		1.0~1.2	≥0.5	≥6	—
32	紫丁香	1.0~1.2	≥0.6	≥3	≥10
		1.2~1.5	≥0.8	≥4	≥20
		1.5~1.8	≥1.0	≥5	≥30
		1.8~2.0	≥1.2	≥5	—
33	金叶女贞	0.5~0.8	≥0.2	≥5	—
		0.8~1.0	≥0.3	≥5	—
34	迎春	0.5~0.8	≥0.2	≥3	—
		0.8~1.0	≥0.3	≥3	—
		1.0~1.2	≥0.4	≥4	—
35	醉鱼草	1.0~1.2	≥0.6	≥3	—
		1.2~1.5	≥0.8	≥3	—
		1.5~2.0	≥1.0	≥3	—
36	小紫珠	0.5~0.8	≥0.3	—	—
		0.8~1.0	≥0.4	—	—
		1.0~1.2	≥0.6	—	—
37	海州常山	1.2~1.5	≥1.0	≥4	—
		1.5~1.8	≥1.2	≥5	—
		1.8~2.0	≥1.5	≥6	—
38	接骨木	1.2~1.5	≥0.8	—	—
		1.5~1.8	≥1.2	—	—
		1.8~2.0	≥1.8	—	—
39	香荚蒾	1.0~1.2	≥0.5	≥3	—
		1.2~1.5	≥0.6	≥4	—
		1.5~1.8	≥0.8	≥5	—

（续）

序号	树种（品种）	主控指标	辅助指标		
		株高/m	冠幅/m	主枝数/个	地径/mm
40	木本绣球	1.0～1.2	≥0.6	≥3	≥10
		1.2～1.5	≥0.8	≥4	≥20
		1.5～1.8	≥1.0	≥5	≥30
41	天目琼花	1.2～1.5	≥0.6	≥5	—
		1.5～1.8	≥0.8	≥5	—
		1.8～2.0	≥1.2	≥5	—
42	猬实	1.2～1.5	≥0.6	≥4	—
		1.5～1.8	≥1.0	≥6	—
		1.8～2.0	≥1.2	≥7	—
43	糯米条	1.0～1.2	≥0.5	—	—
		1.2～1.5	≥0.6	—	—
		1.5～1.8	≥0.8	—	—
44	大花六道木①	0.4～0.6	≥0.4	≥3	—
		0.6～0.8	≥0.6	≥3	—
		0.8～1.0	≥0.8	≥4	—
		1.0～1.2	≥0.9	≥4	—
45	锦带花	0.8～1.0	≥0.5	≥4	—
		1.0～1.2	≥0.6	≥6	—
		1.2～1.5	≥0.8	≥7	—
46	金银木	1.2～1.5	≥0.6	≥3	—
		1.5～2.0	≥0.8	≥3	—
		2.0～2.5	≥1.2	≥3	—

注：丛生型灌木主枝数不宜少于 3 个，单干型灌木地径宜 $d \geq 20$ mm，株高宜 $H \geq 1.2$ m。当株高（H）为 $1.0 \sim 1.2$ m 时，表示 $1.0 \text{m} \leq H < 1.2 \text{m}$。"—"表示此项生长量指标可不做要求。

①为半常绿灌木。

表 2-12　常绿藤木主要规格质量标准

类型	树种（品种）	主控指标	辅助指标		
		苗龄/年	主蔓长/m	分枝数/个	地径/mm
1	薜荔	1	≥1.0	≥5	≥4
		2	≥1.5	≥6	≥6
2	常春油麻藤	2	≥1.0	≥3	≥3
		3	≥3.5	≥4	≥6
3	扶芳藤	2	≥0.4	≥3	≥2
		3	≥0.6	≥4	≥4
		4	≥1.0	≥5	≥6
4	常春藤	2	≥0.5	≥3	≥3
		3	≥0.6	≥4	≥6
		4	≥0.8	≥5	≥9

（续）

类型	树种（品种）	主控指标	辅助指标		
		苗龄/年	主蔓长/m	分枝数/个	地径/mm
5	蔓长春花	2	≥0.5	≥3	≥3
		3	≥0.8	≥4	≥4
		4	≥1.0	≥5	≥5
6	络石	2	≥1.0	≥3	≥3
		3	≥1.5	≥4	≥5
		4	≥2.0	≥5	≥8
7	金银花[①]	2	≥0.6	≥4	≥2
		3	≥1.0	≥5	≥4
		4	≥1.5	≥6	≥6
8	叶子花	2	≥1.0	≥4	≥5
		3	≥1.5	≥5	≥15
		4	≥2.0	≥6	≥25
9	木香[①]	2	≥1.0	≥3	—
		3	≥1.5	≥4	—
		4	≥2.5	≥6	—

注：藤木类苗龄不宜少于2年，主蔓长不宜小于0.4m，分枝数不宜少于3枝。"—"表示此项生长量指标可不做要求。

①为半常绿，在北方属于落叶类。

表2-13 落叶藤木主要规格

序号	树种（品种）	主控指标	辅助指标		
		苗龄/年	主蔓长/m	分枝数/个	地径/mm
1	野蔷薇	2	≥0.8	≥3	≥20
		3	≥1.0	≥4	≥40
		4	≥1.2	≥4	≥60
2	藤本月季	2	≥0.6	≥3	—
		3	≥1.0	≥3	—
		4	≥1.2	≥4	—
3	紫藤	5	≥1.8	≥3	≥10
		6	≥2.5	≥5	≥20
4	南蛇藤	3	≥1.8	—	—
		4	≥2.5	—	—
		5	≥3.5	—	—
5	美国地锦	2	≥1.5	—	—
		3	≥2.5	—	—
6	地锦	2	≥1.0	≥3	—
		3	≥1.5	≥4	—

（续）

序号	树种（品种）	主控指标	辅助指标		
		苗龄/年	主蔓长/m	分枝数/个	地径/mm
7	凌霄	2	≥1.2	—	—
		3	≥1.5	—	—
		4	≥2.5	—	—

注：藤木类苗龄不宜少于 2 年，主蔓长不宜小于 0.4m。"—"表示此项生长量指标可不做要求。

表 2-14　散生、混生竹主要规格

序号	竹种（品种）	主控指标	辅助指标	
		地径/mm	每盘秆数/枝	秆高/m
1	刚竹	10 ~ 20	≥2	≥3.0
		20 ~ 30	≥2	≥3.5
2	淡竹	10 ~ 20	≥2	≥3.0
		20 ~ 30	≥2	≥3.5
3	早园竹	10 ~ 20	≥2	≥3.0
		20 ~ 30	≥2	≥3.5
4	毛竹	40 ~ 50	≥1	≥3.5
		50 ~ 70	≥1	≥4.0
5	金镶玉竹	10 ~ 20	—	≥2.5
		20 ~ 30	—	≥3.0
6	紫竹	10 ~ 20	—	≥2.5
		20 ~ 30	—	≥3.0
7	方竹	10 ~ 20	—	≥2.5
		20 ~ 30	—	≥3.0
8	苦竹	20 ~ 40	≥1	≥3.0
		40 ~ 60	≥2	≥5.0

注：散生、混生竹类土球规格应符合相关的规定。散生、混生竹应具有 2 个以上健壮芽数。当地径（d）为 10 ~ 20mm 时，表示 $10mm \leqslant d < 20mm$。"—"表示此项生长量指标可不做要求。

表 2-15　丛生竹主要规格

序号	竹种（品种）	主控指标	辅助指标	
		地径/mm	每丛秆数/支	秆高/m
1	大佛肚竹	30 ~ 40	≥4	≥2.0
		40 ~ 50	≥4	≥2.5
2	佛肚竹	20 ~ 30	≥3	≥1.5
		30 ~ 40	≥4	≥2.0
		40 ~ 50	≥4	≥2.5
3	撑篙竹	20 ~ 30	≥3	≥1.5

序号	竹种（品种）	主控指标	辅助指标	
		地径/mm	每丛秆数/支	秆高/m
4	黄金间碧竹	20～40	≥3	≥2.5
		40～50	≥3	≥3.0
5	孝顺竹	10～20	≥6	≥2.0
		20～30	≥8	≥2.5
6	观音竹	—	≥8	≥2.5
7	凤尾竹	10～20	≥6	≥2.5
		20～30	≥8	≥3.0
8	粉单竹	20～30	≥3	≥2.0
		30～40	≥4	≥2.5
9	青皮竹	10～20	≥3	≥2.0
		20～30	≥4	≥2.5
		30～40	≥5	≥2.5
10	慈竹	10～20	≥4	≥2.5

注：丛生竹每丛应具有 3 枝以上竹秆，以及 3 个以上健壮芽数。当地径（d）的范围为 10～20mm 时，表示 10mm≤ d＜20mm。"—"表示此项生长量指标可不做要求。

表 2-16　地被竹主要规格

序号	竹种（品种）	主控指标	辅助指标	
		苗龄/a	每丛秆数/支	秆高/m
1	菲黄竹	1～2	≥10	植株完整
2	菲白竹	1～2	≥10	植株完整
3	阔叶箬竹	1～2	≥10	植株完整

表 2-17　单干型棕榈类主要规格

序号	树种（品种）	主控指标	辅助指标			
		地径/mm	净干高/m	自然高/m	冠幅/m	叶片数/片
1	假槟榔	210～250	≥1.1	≥3.0	≥1.8	≥8
		250～280	≥1.6	≥3.5	≥2.0	≥8
		280～310	≥2.1	≥3.8	≥2.5	≥10
		310～340	≥2.6	≥4.0	≥3.0	≥10
		340～370	≥3.6	≥4.0	≥3.0	≥10
2	霸王棕	210～240	≥0.3	≥1.5	≥1.5	≥8
		240～270	≥0.3	≥1.8	≥1.8	≥8
		270～300	≥0.3	≥2.0	≥2.0	≥10
		300～330	≥0.4	≥2.5	≥2.5	≥10
		330～360	≥0.5	≥3.0	≥2.8	≥12

（续）

序号	树种（品种）	主控指标	辅助指标			
		地径/mm	净干高/m	自然高/m	冠幅/m	叶片数/片
3	鱼尾葵	110～160	≥0.5	≥2.0	≥1.6	≥6
		160～210	≥1.0	≥3.0	≥2.0	≥6
		210～260	≥1.5	≥3.5	≥2.6	≥8
4	椰子	190～210	≥2.0	≥2.5	≥1.8	≥6
		210～230	≥2.3	≥3.0	≥2.0	≥8
		230～250	≥2.5	≥3.5	≥2.2	≥8
		250～270	≥2.8	≥3.8	≥2.5	≥10
5	蒲葵	190～210	≥1.1	≥2.1	≥1.5	≥6
		210～230	≥1.6	≥2.6	≥1.8	≥8
		230～250	≥2.1	≥3.1	≥2.0	≥8
		250～270	≥2.6	≥3.6	≥2.5	≥10
6	银海枣	260～310	≥0.6	≥2.0	≥1.5	≥6
		310～360	≥1.1	≥2.6	≥1.5	≥7
		360～410	≥1.6	≥3.1	≥2.0	≥8
		410～460	≥2.1	≥3.6	≥2.5	≥10
7	国王椰子	210～240	≥0.6	≥3.2	≥2.2	≥7
		240～270	≥0.8	≥3.5	≥2.5	≥8
		270～300	≥1.0	≥4.0	≥2.8	≥10
		300～330	≥1.2	≥4.5	≥3.0	≥12
8	大王椰子	310～360	≥1.1	≥2.5	≥1.0	≥8
		360～410	≥1.6	≥3.0	≥1.5	≥8
		410～460	≥2.1	≥3.8	≥2.0	≥10
		460～510	≥2.6	≥5.0	≥2.0	≥10
		510～560	≥3.1	≥6.3	≥3.0	≥12
		560～610	≥3.6	≥7.5	≥4.5	≥12
9	金山葵	200～230	—	≥3.5	≥1.8	≥7
		230～260	—	≥4.5	≥2.0	≥7
		260～290	—	≥5.5	≥2.5	≥8
10	棕榈	190～210	≥1.5	≥2.2	≥2.0	≥5
		210～230	≥1.8	≥2.5	≥2.2	≥6
		230～250	≥2.0	≥2.8	≥2.5	≥6
		250～270	≥2.2	≥3.0	≥3.0	≥8
11	丝葵	360～390	≥0.6	≥2.1	≥2.8	≥10
		390～430	≥1.1	≥2.6	≥3.0	≥10
		430～460	≥1.6	≥3.1	≥3.2	≥12
		460～490	≥2.1	≥3.6	≥3.5	≥12

注：当地径（d）为210～230mm时，表示210mm≤d<230mm。"—"表示此项生长量指标可不做要求。

表 2-18　丛生型棕榈类主要规格

序号	树种（品种）	主控指标	辅助指标	
		分枝数（主枝）/个	自然高/m	冠幅/m
1	三药槟榔	≥3	≥2.6	≥1.5
		≥4	≥3.1	≥2.0
2	短穗鱼尾葵	≥4	≥2.0	≥1.5
		≥5	≥3.0	≥2.0
		≥6	≥4.0	≥2.5
3	袖珍椰子	≥4	≥0.3	≥0.3
		≥5	≥0.5	≥0.5
		≥6	≥0.8	≥1.0
4	散尾葵	≥4	≥1.0	≥1.5
		≥5	≥1.5	≥1.8
		≥6	≥2.0	≥2.0
		≥8	≥2.5	≥2.5
5	棕竹	≥8	≥0.8	≥0.8
		≥10	≥1.0	≥1.0
		≥12	≥1.2	≥1.0
6	矮棕竹	≥4	≥0.5	≥0.5
		≥7	≥0.8	≥0.6
		≥8	≥1.0	≥0.8

表 2-19　容器常用规格

容器种类	容器分级	容器高度/mm	容器上口内径/mm	容器底径/mm	容积/L
硬质塑料容器	#1	150~180	150~190	120~130	3.785
	#2	190~230	190~320	160~200	7.571
	#3	220~260	220~260	210~230	11.356
	#5	280~320	240~310	220~260	18.927
	#7	280~320	310~360	280~310	26.498
	#10	370~390	380~400	380~400	37.854
	#15	380~460	380~440	340~370	56.781
	#20	500~520	430~450	430~450	75.708
	#25	340~460	580~600	570~590	94.625
无纺布容器	圆筒状	—	—	—	
控根容器	圆筒状	由底盘、侧壁和插杆（或螺栓）3个部件组成，底部设有通气排水孔，围边凹凸相间			
其他材料	异形非标	因地制宜地使用竹篓、竹筒、泥炭、陶土、木筐、牛皮纸、树皮、钢丝网、钢板网、帆布袋等材料			

表 2-20　容器苗主要规格

类型		苗圃要求	胸径/mm	株高/m	冠幅/m	容器尺寸	容器材料
乔木	规格较小的乔木	人工掘苗，足够大的土球，尽量不修剪枝干。贮备在备用苗圃或直接用于现场	50~80	1.0~2.0	1.0~2.0	φ0.5~1.0m H0.4~0.6m	无纺布容器、控根容器、硬质塑料容器
	规格中等的乔木	人工掘苗，足够大的土球，尽量不修剪枝干。贮备在备用苗圃或直接用于现场	80~100	2.0~4.0	2.0~3.0	φ0.8~1.5m H0.6~0.8m	无纺布容器、控根容器
	规格较大的乔木	人工掘苗，已移植3年。贮备在备用苗圃或直接用于现场	100~200	5.0~6.0	3.0~5.0	φ1.0~1.5m H0.8~0.9m	控根容器、无纺布容器、钢板网、铁丝网
	特殊需求的大规格乔木	机器或人工掘苗。足够大的土球，尽量不修剪枝干	200~300	6.0~8.0	4.0~5.0	φ1.5~2.5m H0.9~1.5m	控根容器、钢板网、铁丝网
灌木	规格较小的灌木	立面墙或地被	—	0.1~0.3	0.1~0.3	2~3L	#1
		一般园林应用		0.3~0.5	0.3~0.5	8~10L	#2
	规格中等的灌木	一般园林应用		0.5~0.8	0.5~0.8	10~15L	#3、#5
	规格较大的灌木	一般园林应用		1.2~1.8	1.0~1.5	20~30L	#5、#7
	特殊需求的灌木	绿篱种植	—	≥1.8	—	30~45L	#7、#10、#15
藤本	规格较小的藤木	苗龄不少于2年，主蔓无支撑物	地径5~10	主蔓长1.0~1.5		10~15L	#3、#5
	规格中等的藤木	苗龄不少于3年，主蔓有支撑物	地径10~30	主蔓长1.5~2.5	—	15~20L	#5、#7
棕榈	规格较小的棕榈	全冠，分枝无修剪	—	2.0~3.0	2.0~3.0	30~40L	无纺布容器、控根容器、硬质塑料容器
	规格中等的棕榈	全冠，分枝无修剪		3.0~5.0	2.0~3.0	40~50L	无纺布容器、控根容器、硬质塑料容器
竹类		—	—	—	—	异形	钢板网、铁丝网
临时周转苗木		—	—	—	—	圆形	铁丝网包裹无纺布容器

【高手必懂】木本苗木的检测方法和检测规格

一、木本苗木的检测方法

1. 综合控制指标

综合控制指标应采用目测方式进行检测。

2. 长（粗）度测量

（1）测量苗木胸径、地径等直径时采用卡尺、游标卡尺或胸径尺，读数应精确到 1mm。

（2）测量冠幅、土球直径时采用钢卷尺、皮尺，读数应精确到 10mm。

（3）当苗木主干断面畸形时，胸径应测取最大值和最小值的平均值。

（4）当苗木基部膨胀或变形时，地径应在其基部近上方正常处进行测量。

（5）多干型乔木测量各分枝的地径，取 3 个最大地径的平均值。

3. 高度测量

（1）测量株高、分枝点高、棕榈类净干高、竹类秆高等高度时用钢卷尺、皮尺、测高器测量，读数应精确到 10mm。

（2）当测量有主分枝灌木株高时，应取 3 个不同方向的主分枝高度的平均值。

（3）分枝点高应在树冠修剪后测量地表面到第一轮侧枝处的垂直高度。

（4）棕榈类苗木的净干高应测量地表面到叶鞘基部的垂直高度。

二、木本苗木的检测规则

（1）苗木检验地点应设在苗木出圃地，供需双方同时履行检验手续，供方应对需方提供苗木的种（品种）名称、苗龄、移植次数等历史档案记录。

（2）珍贵苗木、大规格苗木、特殊规格苗木、孤植树、行道树、容器苗以及总数量少于 20 株的苗木应全数检验。

（3）同一批出圃苗木应进行一次性检验，并应按批（捆）量的 10% 以上随机抽样进行质量检验。

（4）同一批苗木质量检验的合格率应大于 98%，成批出圃的苗木数量检验允许误差为 ±0.5%。

（5）送检方对检验结果有异议或争议时，可申请复检，以复检结果为准。

（6）苗木质量检验应分为合格检验和等级检验，苗木合格检验项为苗木综合控制指标、土球或根系幅度以及《园林绿化木本苗》（CJT 24—2018）附录中的主控指标，苗木等级检验项为 CJT 24—2018 附录中的主控指标和辅助指标。

第三节
乔灌木种植施工技术要点

树木栽植工程是绿化工程中十分重要的部分，其施工质量直接影响到景观及绿化效果。只有在充分了解植物个体的生态习性和栽培习性的前提下，根据规划设计意图，按照施工的程序和具体实施要求进行操作，才能保证植物较高的成活率。树木种植施工程序一般分为现场准备、定点放线、挖穴、起苗、包装与运输、苗木假植、栽植和养护管理等。

【新手必读】树木种植的要求

一、树木种植对环境的要求

1. 温度

植物的自然分布和气温有着密切的关系，不同的地区应选用能适应该区域条件的树种，且栽植当日平均温度等于或略低于树木生物学最低温度时，其种植成活率高。

2. 光照

植物的同化作用是光反应，一般光合作用的速度随着光强度的增加而加强。在光线强的情况下，光合作用强，植物生命特征表现强。弱光时，光合作用吸收的二氧化碳与呼吸作用放出的二氧化碳是同一数值时，这个数值称为光饱和点。植物的种类不同，光饱和点也不同。光饱和点低的植物耐阴，在光线较弱的地方也可以生长。反之，光饱和点高的植物喜阳，在光线强的情况下，光合作用强。若如光合作用减弱，甚至致使其不能生育。由此可见，阴天或遮光条件对植物种植的成活率有利。

3. 土壤

土壤是树木生长的基础，它是通过其中水分、肥分、空气、温度等来影响植物生长的。土壤水分和土壤的物理组成有密切的关系，对植物生长有很大影响。适宜植物生长的最佳土壤是：矿物质45%，有机质5%，空气20%，水30%（体积比）。矿物质是由大小不同的土壤颗粒组成的。种植树木和草类的土质类型最佳重量百分率（%）见表2-21。土壤水分是叶内发生光合作用时水分的来源，当土壤不能提供根系所需的水分时，植物就会产生枯萎，当达到永久枯萎点时，植物便会死亡。因此，在初期枯萎以前，必须开始浇水。掌握土壤含水率，即可及时补水。树木有深根性和浅根性两种。种植深根性的树木应有深厚的土壤，在移植大乔木时，比小乔木、灌木需要更多的根土，所以栽植地要有较大的有效深度。各类植物生长所必需的最低限度土层厚度见表2-22。

表 2-21　树木和草的土质类型

种类	黏土	黏沙土	沙
树木	15%	15%	70%
草类	10%	10%	80%

表 2-22　各类植物生长所必需的最低限度土层厚度

种类	植物生存的最小厚度/cm	植物培育的最小厚度/cm
草类、地被	15	30
小灌木	30	45
大灌木	45	60
浅根性乔木	60	90
深根性乔木	90	150

二、移植期

移植期是指栽植树木的时间。树木是有生命的机体，在一般情况下，夏季树木生命活动最旺盛，冬季生命活动最微弱或近乎休眠状态，因此树木的种植是有很明显的季节性的。选择树木生命活动最微弱的时候进行移植，才能保证树木的成活率。

在寒冷地区以春季种植比较适宜。特别是在早春解冻以后到树木发芽前，这个时期土壤内水分充足，新栽的树木容易发根。到了气候干燥和刮风的季节，或是气温突然上升的时候，由于新栽的树木已经长根成活，已具有抗旱、抗风的能力，可以正常成长。在气候比较温暖的地区以秋、初冬季种植比较适宜。这个时期的树木落叶后，对水分的需求量减少，而外界的气温还未显著下降，地温也比较高，树木的地下部分并没有完全休眠，被切断的根系能够尽早愈合，继续生长新根。到了春季，这批新根既能继续生长，又能吸收水分，可以使树木更好地生长。地区移植时间，如图2-20所示。

由于现代科技快速发展，大容器育苗和移植机械的推出，终年栽植已成为了事实。

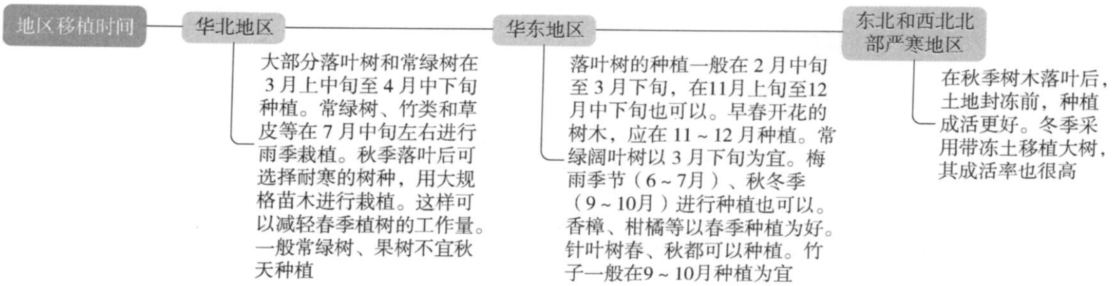

地区移植时间	华北地区	华东地区	东北和西北北部严寒地区
	大部分落叶树和常绿树在3月上中旬至4月中下旬种植。常绿树、竹类和草皮等在7月中旬左右进行雨季栽植。秋季落叶后可选择耐寒的树种，用大规格苗木进行栽植。这样可以减轻春季植树的工作量。一般常绿树、果树不宜秋天种植	落叶树的种植一般在2月中旬至3月下旬，在11月上旬至12月中下旬也可以。早春开花的树木，应在11～12月种植。常绿阔叶树以3月下旬为宜。梅雨季节（6～7月）、秋冬季（9～10月）进行种植也可以。香樟、柑橘等以春季种植为好。针叶树春、秋都可以种植。竹子一般在9～10月种植为宜	在秋季树木落叶后，土地封冻前，种植成活更好。冬季采用带冻土移植大树，其成活率也很高

图2-20 地区移植时间

【新手必读】准备工作

一、明确设计意图及施工任务量

在接受施工任务后应通过工程主管部门及设计单位明确以下问题：绿化的目的、施工完成后所要达到的景观效果，根据工程投资及设计概（预）算，选择合适的苗木和施工人员，根据工程的施工期限，安排每种苗木的栽植完成日期，同时工程技术人员还应了解施工地段的地上、地下情况，和有关部门配合，以免施工时造成事故。

二、编制施工组织计划

在明确设计意图及施工任务量的基础上，还应对施工现场进行调查，主要项目有：施工现场的情况，以确定所需的客土量；施工现场的交通状况，各种施工车辆和吊装机械能否顺利出入；施工现场的供水、供电；是否需要办理各种拆迁，施工现场附近的生活设施等。根据所了解的情况和资料编制施工组织计划，其主要内容有：施工组织领导；施工程序及进度；制定劳动定额；制定工程所需的材料、工具及提供材料工具的进度表；制定机械及运输车辆使用计划及进度表；制定种植工程的技术措施和安全、质量要求；绘出平面图，在图上应标有苗木假植位置、运输路线和灌溉设备等的位置；制定施工预算。

三、施工现场准备

（1）现场调查。施工前，应调查施工现场的地上和地下情况，向有关部门了解地上物的处

理要求及地下管线的分布情况，以免施工时发生事故。

（2）清理障碍物。在施工场地上凡是对施工有碍的设施和废弃建筑物应进行拆除和迁移，并予以妥善处理。对不需要保留的树木应连根除掉。对建筑工程遗留下的灰槽、灰渣、砂石、砖瓦及建筑垃圾等应全部清除。缺土的地方，应换入肥沃土壤，以利于植物生长。

（3）整理地形。对有地形要求的地段，应按设计图规定范围和高程进行整理；其余地段应在清除杂草后进行整平，但要注意排水畅通。

【新手必读】定点放线

定点放线是在现场测出苗木种植位置和株行距。由于树木种植方式各不相同，定点放线的方法也有很多种，常有的有以下 2 种：

一、自然式定点放线法

自然式定点放线法，如图 2-21 所示。

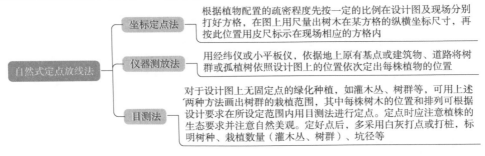

图 2-21　自然式定点放线法

二、规则式定点放线

在规则形状的地块上进行规则式乔灌木种植时，采用规则式定点放线的办法。

首先选用具有明显特征的点和线，如道路交叉点、中心线、建筑外墙的墙角和墙脚线、规则形广场和水池的边线等，这些点和线一般都是不会轻易改变的。依据这些特征点、线，利用简单的直线丈量方法和三角形角度交会法，就可将设计的每一行树木栽植点的中心连线，以及每一棵树的栽植位点都测设到绿化地面上。在已经确定的种植位点上，可用白灰做点，标示出种植穴的中心点。在大面积、多树种的绿化场地上，还可用小木桩钉在种植位点上，作为种植桩。种植桩要写上树种代号，以免施工中造成树种的混乱。在已定种植点的周围，还要以种植点为圆心，按照不同树种对种植穴半径大小的要求，用白灰画圆圈，标明种植穴挖掘范围。

【新手必读】掘苗

掘苗又称起苗，起苗是植树工程的关键工序之一。起苗的质量好坏直接影响树木的成活率和最终绿化效果。

一、选苗

苗木的质量好坏是影响其成活和生长的重要因素之一，苗木的种类、苗龄与规格参考本章

第二节内容。

由于苗木的质量好坏直接影响栽植成活和以后的绿化效果，所以植树施工前必须对可提供的苗木质量状况进行调查了解。高质量的园林苗木应具备以下条件：

（1）根系发达而完整，主根短直，接近根颈一定范围内要有较多的侧根和须根。

（2）苗干粗壮通直（藤木除外），有一定的适合高度，不徒长。

（3）主侧枝分布均匀，能构成完美树冠，要求丰满。

（4）无病虫害和机械损伤。

根据城市绿化的需要和环境条件特点，一般绿化工程大多需要用较大规格的幼龄苗木，移栽较易成活，绿化效果好。

二、起掘苗木

掘苗的方法有多种，主要采用裸根法和土球法。

1. 裸根法

裸根法适用于处于休眠状态的落叶乔木、灌木和藤本类植物。这种方法操作简便，节省人力、物力。但由于根系受损，水分散失，影响了成活率。因此，掘苗时应尽量保留根系，留些宿土。对不能及时运走的苗木，应埋土假植，土壤要湿润。裸根苗木若运输距离比较远，为避免根系失水过多，影响栽植成活率，需要在根蔸里填塞湿草，或在其外包裹塑料薄膜保湿，掘苗后，装车前应进行粗略修剪，以减少树苗水分蒸腾，提高移栽成活率。下面就具体介绍一下。

裸根起挖时，落叶乔木以树干为圆心，以胸径的 4～6 倍为半径，灌木按株高的 1/3 为半径画圆，于圆外绕树掘苗，垂直下挖至一定深度，切断侧根。然后于一侧向内深挖，适当摇动树干，探找深层粗根的方位，并将其切断。用手铲将苗带土掘起，将根上的土轻轻抖落。

水平分布为主干胸径 6～8 倍。垂直分布为主干直径的 4～6 倍，深 60～80cm，浅根系 30～40cm。绿篱的水平幅度为 20～30cm，垂直深度为 15～20cm。

2. 带土球法

带土球法是指将苗木的根部带土削成球状，经包装后掘出。为利于苗木成活和生长，土球内须根完好，水分不易散失。但这种方法费工费料，适用于常绿树、名贵树木和较大的乔木灌木。下面就具体介绍一下。

树木移植要求采用带土球法，土球大小按招标文件和设计要求及定额规范。起苗时用禾草或麻包绳包裹，要保证土球紧凑不松散，不失水干燥。

带土球掘苗多用于常绿树。以树干为圆心，以树干的周长为半径画圆，确定土球大小。先用手铲将苗四周铲开，然后从侧下方将苗掘出，保持完整的土球。将树提出，把土球放入蒲包或草袋中，于苗干处收紧，用草绳呈纵向捆绕扎紧。

带土球起挖时，乔木的土球直径为树干胸径的 6～8 倍，纵径为横径的 2/3。灌木的土球直径是冠幅的 1/3～1/2。根系要先处理，大根应该避免劈裂，土球要修圆，包扎紧实。掘苗土球大小（直径）为苗木胸径的 4～6 倍，8～12 倍效果更好。土球要完整、圆滑，不松散，包装紧密。容器最好。

起苗后定植前，必须对苗木进行妥善保管，严防失水，特别是防止苗根失水。尽可能做到随起、随运、随栽。掘苗后不能及时栽植的树木必须注意根系的保护，以防失水。掘苗后如气温高，应经常喷水保湿。

三、掘苗的注意要点

（1）常绿苗木、珍贵落叶苗木、特大苗木和不易成活的苗木以及有其他特殊质量要求的苗木等，应带土球起掘。

（2）苗木的适宜掘苗时期，按不同树种的适宜移植物候期进行。

（3）掘苗时，若土壤过于干旱，应在掘苗前 3~5 天浇足水。

（4）苗木起掘后应立即修剪根系，根径 2.0cm 以上的应进行药物处理，同时适度修剪地上部分枝叶。

（5）裸根苗木掘取后，应防止日晒，进行保湿处理。

【高手必懂】包装

落叶乔木、灌木在掘苗后、装车前应进行粗略修剪，以便于装车运输和减少树木水分的蒸发。对运输距离较远或有特殊要求的树木，运输时宜采用包装。包装的程度视运输距离和存放时间而定。运距短，存放时间短，包装可简便一些；运距长，存放时间长，包装要细致一些。为增强包装材料的韧性和拉力，打包之前，可将草绳等用水浸湿。

包装前应先对根系进行处理，土球大、运输距离远的，捆包时应扎牢固，捆密一些。土球直径在 30cm 以下的，还应用韧性及拉力强的棕绳打上外腰箍，以保证土球完好和树木成活。

裸根苗木、花卉，如长距离运输时，苗根、花根可蘸泥浆，使根部处在潮湿的包裹之中，尽量减少风吹日晒的时间，以保证苗木的成活。

在生产上，各地试用高分子吸水剂浸蘸苗根（1 份吸水剂加 40 份水），其水分大部分能被苗根吸收，又不会蒸发散失，可使长途运输苗木免受干燥的危害。

包装要在背风庇荫处进行，有条件时可在室内、棚内进行。包装材料可用麻袋、蒲包、稻草包、塑料薄膜、牛皮纸袋、塑膜纸袋等。无论是包裹根系，还是全苗包装，包裹后要将封口扎紧，减少水分蒸发，防止包装材料脱落。将同一品种相同等级的苗木存放在一起，挂上标签，便于管理和销售。

对规格较小的裸根树木，远途运输时可使用卷包。将枝梢向外、根部向内，并互相错行重叠摆放，以蒲包片或草席等为包装材料，再用湿润的苔藓或锯末填充树木根部空隙。将树木卷起捆好后，再用冷水浸渍卷包，然后起运。使用此法需注意卷包内的树苗数量不可过多，叠压不能过实，以免途中卷包内生热。打包时必须捆扎得力，以免在运输中途散包造成树木损失。卷包打好后，用标签注明树种、数量以及发运地点和收货单位地址等。

对规格较小、树体需特殊保护的珍贵树木，或运输距离较远、运输条件较差，可采用装箱法。在定制好的木箱内，先铺好一层湿润苔藓或湿锯末，再把待运送的树苗分层放好，在每一层树苗根部中间，需放湿润苔藓（或湿锯末等）以作保护。为了提高包装箱内保存湿度的能力，可在箱底铺以塑料薄膜。使用此法时需注意不可为了多装树苗而过分压紧挤实；苔藓不可过湿，以免腐烂发热。在远距离、大规格裸根苗的运送中，可采用集装箱运输，简便而安全。冷藏车运输效果更好，将车内温度调至 5℃ 以下以保持较高的空气湿度，能保证裸根苗木不受高温、日晒和风吹的影响，提高苗木种植的成活率。

土球包装又称打包，根据土球的形状、包装材料、包装方法一般有以下几种：

扎草法

一般带土球的小苗可用扎草法进行包装。扎草法很简单，即先将稻草束的一端扎紧，然后把稻草秆辐射状散开，将苗木的小土球正置其中心，再将分散的稻草秆从土球的四周外侧向上扶起，包围在土球外，将稻草秆紧紧扎在苗木的根基处。此法包扎方便而迅速，在我国江南一带的苗圃采用较多。

蒲包法

在运输较远而苗圃的土质又比较松散的情况下，常采用蒲草编制的草包进行包扎。小土球常用一只蒲包来包扎；稍大一些的土球则需要用两个蒲包，上下对扎，然后用草绳扎紧。

草绳法

对土质较好的土球常采用草绳法包装。此法大小苗木均可使用。草绳法一般要先打腰箍，即先在土球中部进行水平方向的围扎，以防土球外散。腰箍的宽度要看土球的大小和土质状况而定，一般要围4~5圈以上。扎结腰箍应把草绳打入土球表面土层中（用砖石、木块，一边拉紧草绳，一边敲打草绳），使草绳紧缩牢固不松。草绳腰箍打完后，就可以扎竖向草绳。由于扎结形状的不同，可分为五角形、井字形和橘子包形三种（图2-22）。一般在土质较好、运输路程较近、土球较小时，可采用前两种形式。在扎竖向草绳时，每围扎一圈，均应用敲打方法使草绳围圈紧紧的打入土球表面的土层之中。竖向草绳的围圈多少，也要依土球的大小和土质好坏而定，一般土球小一些的，围扎4~6圈即可；大土球则需增加竖向单绳围圈的圈数。最后，如果怕草绳松掉，可再增加一层外腰箍。

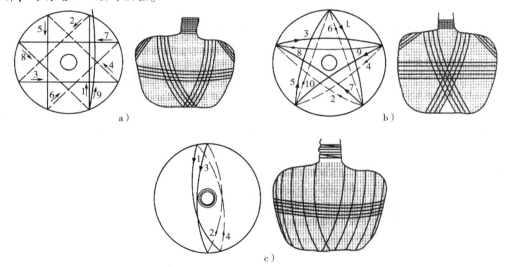

图 2-22 土球的包装方法示意图
a) 井字包 b) 五角包 c) 橘子包

装筐法

根据苗根的大小，预制大孔度土筐。苗木掘起后，将土球放入其中，并用松土把四周空隙填实。装筐法不仅可以移栽苗木，还可以就地假植，并有利于进行苗木的养护。这种包装法还可以用来进行苗木生长季移栽。

填模法

对于一般小的裸根苗，或移植时土球散落，要想在现场重新包装，可以采用填模法。此法即按照要包装的土球形状大小，在地上挖一坑作为模子，然后用蒲包填底，还可以在蒲包的底下，先放入十字形草绳,草绳的两端留在坑外,苗木放入坑模内,立即填土夯实,然后扎紧口把苗木提起。这种做法,同样有假植的作用。

裸根苗木的包装

凡是能以露根移栽的苗木,均不需要人工进行包装,但为了运输或防止损伤根群,也可以进行包装。裸根苗带根较多,可以把能弯曲的细根向同一方向靠拢,然后用草包或麻袋包扎,在其中还可以填入湿的苔藓等以防苗木根群干燥。

【高手必懂】装运

一、裸根苗木装车

装运裸根苗木时应注意,树根朝前,树梢向后,顺序安(码)放。车厢内应铺垫草袋、蒲包等物,以防止碰伤树根、干皮。树梢不能拖地,必要时要用绳子围拢,捆绳子的地方需要用蒲包垫上,以免勒伤树皮。装车不要超高,压的不要太紧。装完后用毡布将树根盖严捆好,以防树根失水。运输距离较远时,要对裸根苗根部加以特殊保护,保持根部湿润;必要时,可定时对根部喷水。

二、带土球苗木装车

装运带土球苗木时,2m以下的苗木可以立装,2m以上的高大苗木斜放或平放。土球向前,树梢向后,挤严捆牢,不得晃动。土球直径大于60cm的苗木只装1层,小土球可以码放2~3层,但土球之间必须码放紧密以防摇摆,或可用松软的草包等物衬垫,以免在运输途中因颠簸而滚动。对土质较松散、土球易破损的树木,则不要叠层堆放。同时注意土球上不准站人和放置重物。

大规格苗木在装车前要先用草绳、麻布或草袋将树干、树枝包裹好,必要时要对树冠进行整理,疏除部分过于展开妨碍运输的枝干,松散的树冠要收拢捆扎。同时对树冠喷水,保持树干和树枝的湿润,减少苗木运输过程中水分的散失。树木装运过程中,要注意在装车和卸车时保护好树体,避免因方法不当或贪图方便而带来的损伤,如造成土球破碎、根系失水、枝叶萎蔫、枝干断裂和树皮磨损等现象。树体枝干靠着挡车板的,其间要用草包等软材料作衬垫,防止车辆运行中因摇晃而磨损树皮。树木全部装车后,要用绳索最后绑扎固定,防止运输途中树木的相互摩擦、碰撞和意外散落。

三、运输

运输途中,开车时要注意平稳,减少剧烈振动。押运人员要和驾驶员配合好,经常检查篷布是否漏风。长途行车要尽量选择早晚运输,避免在炎热暴晒的中午运输。必要时应洒水浸湿树根,休息时选择阴凉之处停车,避免风吹日晒雨淋和振动,防止植株脱水和土球松散。如果有条件,可以选择封闭冷藏车运输苗木,在夏季可避免高温和烈日的炙烤,能明显提高长途运输效率,降低天气对树木的不利影响。

四、卸车

卸车时要爱护苗木,轻拿轻放。裸根苗要顺序拿取,不得乱抽,更不能整车推下。带土球苗卸车时不得提拉树干，应抱住土球轻轻放下。大土球卸车时，可用一块结实的长木板从车厢上斜放至地上，将土球推到木板上顺势慢慢滑下，绝不可以滚动土球。卸车时一定要做到依次进行，小心轻放，杜绝乱堆乱扔的野蛮作业。

【高手必懂】苗木假植

假植是将苗木根系用潮湿的土壤进行暂时埋植的处理，其目的是对卸车后不能马上定植的苗木进行保护，防止苗木根系脱水，以保证苗木栽植成活。假植包括临时假植和越冬假植，绿化用苗均为临时假植。临时假植，是掘苗后或造林前进行的短期假植。秋季掘苗后，当年不能造林，而要进行假植越冬的称为越冬假植。

（1）假植时间。北方地区，10月底至11月上旬，立冬前后为宜。

（2）假植地点。假植场地要挑选交通便利、地势较高、排水良好、背风、春季不育苗的地段。

（3）假植方法。挖假植沟，沟深40～80cm；沟的一侧倾斜；沟宽，视苗的大小而定，沟宽100～200cm；沟土要湿润。裸根苗的苗根向北，枝梢朝南，呈45°角倾斜排列。阔叶树苗木，单株排列在沟内，每排数量相同，以便统计。苗干下部和根系要用湿润土壤埋好、踩实，使根系与土壤密切接触。土壤应覆盖全部苗根，不能太厚，也不能太薄。越冬假植的苗木，上方覆土厚度一般20cm左右。土壤湿度，最大持水量60%为宜，以防止土壤风干和霉烂。

假植期间，要经常检查，发现覆土下沉时要及时培土。特别是早春不能及时出圃时，应采取降温措施，抑制苗木萌发。

临时假植与越冬假植基本要求略同，只是在假植的方向、长度、苗木集中情况等方面，要求不那么严格。由于假植时间短，对较小的苗木允许成捆排列，不强调单摆、根系舒展，但也要做到深埋、踩实。

另外，在苗木假植过程中，可以边起苗，边假植，减少根系在空气中裸露的时间。这样，可以最大限度地保持根系中的水分，提高苗木栽植的成活率。

不同的苗木假植时，最好按苗木种类和规格分区假植，以方便绿化施工。假植区的土质不宜太泥泞，地面不能积水，在周围边沿地带要挖沟排水。假植区内要留出起运苗木的通道。在太阳特别强烈的日子里，假植苗木上面应该设置遮光网，减弱光照强度。对珍贵树种和非种植季节所需苗木，应在合适的季节起苗，并用容器假植。

【高手必懂】苗木种植前的修剪

苗木栽植前的修剪应根据各地自然条件，推广以抗蒸腾剂为主体的免修剪栽植技术或采取以疏枝为主，适度轻剪，保持树体地上、地下部位生长平衡。各类树种的修剪其规定如下：

一、乔木类修剪应符合的规定

乔木类修剪应符合的规定如图2-23所示。

二、灌木及藤本类苗木修剪应符合的规定

灌木及藤本类苗木修剪应符合的规定如图2-24所示。

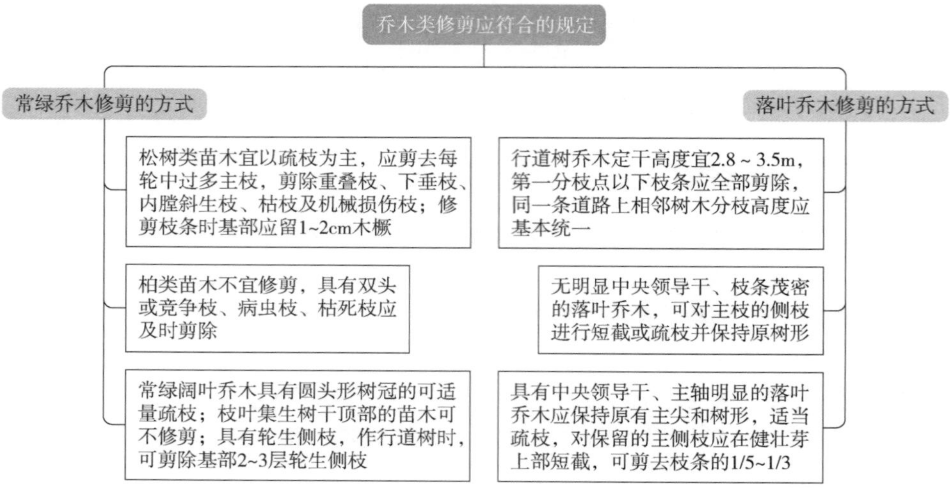

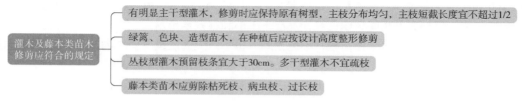

图 2-23　乔木类修剪应符合的规定

乔木类修剪应符合的规定

常绿乔木修剪的方式

松树类苗木宜以疏枝为主，应剪去每轮中过多主枝，剪除重叠枝、下垂枝、内膛斜生枝、枯枝及机械损伤枝；修剪枝条时基部应留1~2cm木橛

柏类苗木不宜修剪，具有双头或竞争枝、病虫枝、枯死枝应及时剪除

常绿阔叶乔木具有圆头形树冠的可适量疏枝；枝叶集生树干顶部的苗木可不修剪；具有轮生侧枝，作行道树时，可剪除基部2~3层轮生侧枝

落叶乔木修剪的方式

行道树乔木定干高度宜2.8~3.5m，第一分枝点以下枝条应全部剪除，同一条道路上相邻树木分枝高度应基本统一

无明显中央领导干、枝条茂密的落叶乔木，可对主枝的侧枝进行短截或疏枝并保持原树形

具有中央领导干、主轴明显的落叶乔木应保持原有主尖和树形，适当疏枝，对保留的主侧枝应在健壮芽上部短截，可剪去枝条的1/5~1/3

灌木及藤本类苗木修剪应符合的规定

有明显主干型灌木，修剪时应保持原有树型，主枝分布均匀，主枝短截长度宜不超过1/2

绿篱、色块、造型苗木，在种植后应按设计高度整形修剪

丛枝型灌木预留枝条宜大于30cm。多干型灌木不宜疏枝

藤本类苗木应剪除枯死枝、病虫枝、过长枝

图 2-24　灌木及藤本类苗木修剪应符合的规定

三、苗木修剪应符合的规定

苗木修剪应符合的规定如图 2-25 所示。

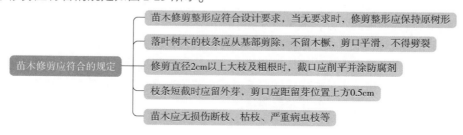

苗木修剪应符合的规定

苗木修剪整形应符合设计要求，当无要求时，修剪整形应保持原树形

落叶树木的枝条应从基部剪除，不留木橛，剪口平滑，不得劈裂

修剪直径2cm以上大枝及粗根时，截口应削平并涂防腐剂

枝条短截时应留外芽，剪口应距留芽位置上方0.5cm

苗木应无损伤断枝、枯枝、严重病虫枝等

图 2-25　苗木修剪应符合的规定

四、非栽植季节栽植落叶树木

应根据不同树种的特性，保持树形，宜适当增加修剪量，可剪去枝条的1/2~1/3。

【高手必懂】种植穴挖掘

一、种植穴挖掘的要求

种植穴、槽挖掘前，应向有关单位了解地下管线和隐蔽物埋设情况。树木与地下管线外缘及树木与其他设施的最小水平距离，应符合相应的绿化规划与设计规范的规定。

种植穴、槽的定点放线应符合下列规定：

（1）种植穴、槽定点放线应符合设计图要求，位置应准确，标记明显。

（2）种植穴定点时应标明中心点位置。种植槽应标明边线。

（3）定点标志应标明树种名称（或代号）、规格。

（4）树木定点遇有障碍物时，应与设计单位取得联系，进行适当调整。

种植穴、槽的直径应大于土球或裸根苗根系展幅 40～60cm，穴深宜为穴径的 3/4～4/5。种植穴、槽应垂直下挖，上口下底应相等。种植穴、槽挖出的表层土和底土应分别堆放，底部应施基肥并回填表土或改良土。种植穴、槽底部遇有不透水层及重黏土层时，应进行疏松或采取排水措施。土壤干燥时应于种植前灌水浸种植穴、槽。当土壤密实度大于 1.35g/cm³ 或渗透系数小于 10^{-4}cm/s 时，应采取扩大树穴，疏松土壤等措施。

二、种植穴挖掘的技术要点

（1）种植穴的形状应为直筒状，穴底挖平后把底土稍耙细，保持平底状，穴底不能挖成尖底状或锅底状，如图 2-26 所示。

（2）在新土回填的地面挖种植穴，穴底要用脚踏实或夯实，以免后来灌水时渗漏太快。

（3）在斜坡上挖种植穴时，应先将坡面铲成平台，然后再挖栽植穴，而穴深则按穴口的下沿计算。

（4）挖种植穴时挖出的坑土若含碎砖、瓦块、灰团太多，就应另换好土种树；若土中含有少量碎块，可除去碎块后再用。如果挖出的土质太差，也要换成客土。

图 2-26 挖穴

（5）种植穴挖好之后，一般即可开始种树。但若种植土太贫瘠，要在穴底垫一层基肥；基肥一定要用经过充分腐熟的有机肥，如堆肥、厩肥等，基肥层以上还应当铺一层壤土，厚 5cm 以上。

【高手必懂】定植

一、裸根移植

用 1kg 过磷酸钙、7.5kg 细黄土和 40kg 水，搅成浆状，用于粘根，种植成活率可提高 20%。

树木入种植穴后，应注意阴阳面、观赏面的方位，定位妥当后回土填埋，并踏实；裸根苗木定植时要提苗木，使根系舒展，根土密接；浇水后再填虚土，形成上虚下实，以减少水分蒸发。

注意，苗干直立，严防歪斜；裸根苗木防止窝根；土球苗木在定位后撤除包扎材料；苗根入土深度适宜，不可过深。

栽植位置一般在种植穴中央，使苗根有向四周伸展的余地，不致造成窝根。有时把苗木置于种植穴壁的一侧（山地多为里侧），称为靠壁栽植。靠壁栽植的苗木，其根系贴近未破坏结构的土壤，可得到通过毛细管作用供给的水分。此法多用于栽植针叶树小苗。有时还把苗木栽植在整地（如黄土地区的水平沟整地）破土面的外侧，以充分利用比较肥沃的表土，防止苗木被降雨淹没或泥土埋覆。

栽植时可先把苗木放入种植穴，埋好根系，使其均匀舒展，不窝根，更不能上翘、外露，同时注意保持深度。然后分层覆土，把肥沃湿润土壤填于根际，并分层踏实，使土壤与根系密接，防止干燥空气侵入，保持根系湿润。种植穴面可视地区不同，整修成小球状或下凹状，以利排水或蓄水。干旱条件下，种植穴面可再覆一层虚土，或盖上塑料薄膜、植物茎秆、石块等，以减少土壤水分蒸发。

裸根苗木的定植遵循"三填一提"，如图 2-27 所示。

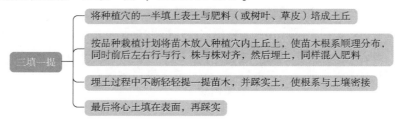

三填一提	将种植穴的一半填上表土与肥料（或树叶、草皮）培成土丘
	按品种栽植计划将苗木放入种植穴内土丘上，使苗木根系顺理分布，同时前后左右行与行、株与株对齐，然后埋土，同样混入肥料
	埋土过程中不断轻轻提一提苗木，并踩实土，使根系与土壤密接
	最后将心土填在表面，再踩实

图 2-27　三填一提

二、带土球树木的栽植

带土球树木的栽植方式适用于大树移植和生长季树木的移植，如图 2-28 所示。

（1）应先将植株放在种植穴内，定好方向。在土壤下沉后，栽植树木的基茎与地表应保持等高。

（2）应把常绿树树形最好的一面朝向主要观赏面。树皮薄、干外露的孤植树，最好保持原来的阴阳面，以免引起日灼。

（3）解除包装材料，在土球四周下部垫入少量的土，使树直立稳定，然后剪开包装材料，对不易腐烂的材料一律取出。

（4）扶正，回填种植土，踩实。根据土球的高度在种植穴底部回填栽植土并踏实，使穴深与土球高度相符。一般要求球面与地面相平，并在周围做成土堰以利浇水。

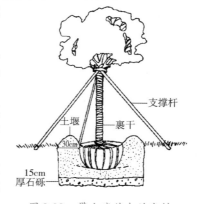

支撑杆
土堰　　裹干
30cm
15cm
厚石砾

图 2-28　带土球苗木的定植

园林树木栽植技术主要包括栽植深度、栽植位置和具体施工要求等。适当的栽植深度应根据树种、气候、土壤条件、造林季节的不同灵活掌握。一般考虑到栽植后种植穴面土壤会有所下沉，故栽植深度应高于苗木根颈处原土痕 2~3cm。栽植过浅，根系外露或处于干土层中，苗木易受旱；栽植过深，影响根系呼吸，根部发生二重根，妨碍地上部分苗木的正常生理活动，不利于苗木生长。栽植深度应因地制宜，不可千篇一律。在干旱的条件下应适当深栽，土壤湿润黏重可略浅些；秋季栽植可稍深，雨季略浅；生根能力强的阔叶树可适当深栽，针叶树大多不宜栽植过深，截干苗宜深埋少露。

三、非种植季节进行树木栽植

非种植季节进行树木栽植时，应根据不同情况采取下列措施：

（1）苗木可提前环状断根进行处理或在适宜季节掘，用容器假植，带土球栽植。

（2）落叶乔木、灌木类应进行适当修剪并应保持原树冠形态，剪除部分侧枝，保留的侧枝应进行短截，并适当加大土球体积。

（3）可摘叶的应摘去部分叶片，但不得伤害幼芽。

（4）夏季可采取遮阴、树木裹干保湿、树冠喷雾或喷施抗蒸腾剂，减少水分蒸发；冬季应采取防风防寒措施。

（5）掘苗时根部可喷促进生根激素，栽植时可加施保水剂，栽植后树体可注射营养剂。

（6）苗木栽植宜在阴雨天或傍晚进行。

【高手必懂】养护管理

植树工程按设计定植完成后，一般应有专人负责，以巩固绿化成果，提高植树成活率，加强后期养护管理工作。从栽植后到成活期这段时期，通常要1个半月，但最关键的是前半个月这段时间的养护管理。有些养护期为3个月、5个月、6个月。

一、一般养护

（1）定根水。栽植后应立即灌水，要求栽植后24h内浇上头遍水，称为定根水。水一定要浇透，使土壤吸足水分，并有助根系与土壤密接，方保成活。

正常栽植季节，栽植后48h之内必须及时浇上第二遍水。第三遍水在第二遍水后的3~5日内进行。高温、干燥季节植树，每天要求淋水2~3次，宜在上午10时前和下午15时后进行，并经常向树身喷水，增加湿度，降低温度。浇水持续时间为整个成活期。

（2）固定支撑。树干胸径大于5cm的，都应该设立支架，绑缚树干进行固定，以防止风吹摇晃甚至歪倒，影响根系的生长。立支柱的方式有单支式、双支式和三支式3种，如图2-29所示。单支式的方法为用固定的木棍或竹竿，斜立于下风方向，深埋入土30cm。双支式的方法为用2根木棍在树干两侧，垂直钉入土中，支柱顶部捆一横档，先用草绳将树干与横档隔开以防擦伤树皮，然后用绳将树干与横档捆紧。

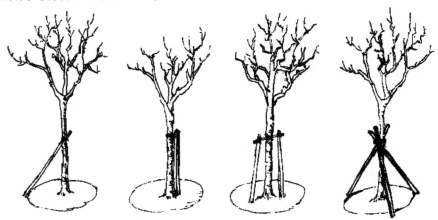

图2-29　立支柱

（3）树体裹干。用草绳、蒲包、苔藓等包裹枝干，可以避免强光直射和干风吹袭，减少枝干的水分蒸发；可保存一定量的水分，使枝干经常保持湿润；可调节枝干温度，减少夏季高温和冬季低温对枝干的伤害。

（4）施肥。一般过1个半月，所有苗木根系恢复生长、种植成活后才开始施肥。薄施一次复合肥或有机肥，以后每个月最少施一次肥，保证苗木生长正常、旺盛。

（5）巡查保养。新植树木在浇水或雨后应检查是否出现土堰泥土下沉、树木歪斜现象，如有应及时扶正树干，覆土压实。栽植后因某些原因导致树木枯死，形成缺棵，应及时补植。

（6）搭建遮阳。高温干燥季节，要搭建阳棚遮阳，以降低树冠温度，减少树体的水分蒸发。遮阳度为70%左右。

（7）检查成活率。成活特征：①已发二趟芽；②叶色光亮；③叶片挺劲不萎蔫；④经历过酷暑寒冬。

二、其他养护管理

（1）对受伤枝条和栽植前修剪不理想的枝条，应进行复剪。

（2）对绿篱进行造型修剪。

（3）防治病虫害。

（4）进行巡查、围护、看管，防止人为破坏。

（5）清理场地，做到工完场净，文明施工。

第四节
大树移植

【新手必读】大树移植的特点

一、移栽周期长

一般要求在移植前的一段时间对大树作必要的移植处理，以确保大树移植的成活率，从断根缩坨到起苗、运输、栽植以及后期的养护管理，移栽周期少则几个月，多则几年，每一个步骤都极为重要。

二、工程量大，费用高

由于大树树体规格大，移植技术要求高，单纯依靠人力无法解决，故需动用挖掘机、起重机和大型运输车辆等多种机械。此外，为了确保移植成活率，移植后必须采用一些特殊的养护管理技术与措施。因此，要消耗大量的人力、物力和财力。

三、移植成活困难

大树移植成活困难主要表现在以下几个方面：

（1）树龄大，细胞的再生能力下降，在移植过程中被损伤的根系和树冠恢复慢。

（2）树体在生长发育过程中，根系扩展范围不仅远超出树冠水平投影范围，而且扎入土层较深，挖掘后的树体根系在一般带土范围内可包含的吸收根较少，近干的粗大骨干根木栓化程度高，萌生新根能力差，移植后新根形成缓慢。

（3）大树形体高大，根系距树冠距离长，水分的输送有一定困难，而地上部的枝叶蒸腾面积大，移植后根系水分吸收与树冠水分消耗之间的平衡失调，如果不能采取有效措施，极易造成树体失水枯亡。

（4）大树移植需带的土球重，土球在起挖、搬运、栽植过程中易造成破裂，会影响大树移植成活率。

四、绿化效果快速显著

尽管大树移植有诸多困难，但若是能够科学规划、合理运用的话，就可以在较短的时间内显现绿化效果，较快发挥城市绿地的景观功能，故在现阶段的城市绿化建设中仍有应用潜力。

【新手必读】大树移植的原则

一、树种选择

大树移植的成功与否首先取决于树种选择是否得当。我国的大树移植经验也表明不同树种间在移植成活难易上有明显的差异，最易成活者有银杏、臭椿、楝树、槐树、杨树、柳树、梧桐、悬铃木、榆树、朴树等，较易成活者有广玉兰、木兰、七叶树、女贞、香樟、桂花、厚朴、厚皮香、槭树、榉树等，较难成活者有雪松、白皮松、马尾松、圆柏、侧柏、龙柏、柏树、柳杉、椴树、山茶、楠木、青冈栎等，最难成活者有金钱松、云杉、冷杉、胡桃、桦木等。

大树移植的成本较高，最好选择生命周期长的树种，这样移植后就能够在较长时间内保持大树的形姿。若是选择寿命较短的树种，由于树体很快进入"老龄化"，无论从生态效应还是景观效果上，移植所耗费的人力、物力、财力都会得不偿失。而对那些生命周期长的树种，即使选用大规格的树木，仍可以保持较长时间的生长，这样就可以充分发挥其绿化功能和景观效果。

二、树体选择

大树移植树体应选择年龄青壮者，这是因为处于青壮年期的树木，从形态、生态效益以及移植成活率上都是较佳时期。大多数树木胸径在 10 ~ 15cm 时，正处于树体生长发育的旺盛时期，此时树体再生能力和对环境适应性都较强，移植过程中树体恢复生长需时短，移植成活率高，易成景观。一般来说，树木到了壮年期，其树冠发育成熟且较稳定，能体现景观设计的要求。从生态学角度而言，为达到城市绿地生态环境的快速形成和长效稳定，也应选择能发挥较好生态效果的壮龄树木。

三、就近选择

城市绿地中需要栽植大树的环境条件一般与自然条件相差甚远，选择树种时应格外注意。在进行大树移植时，应根据栽植地的气候条件、土壤类型，以选择乡土树种为主、外来树种为辅，坚持就近选择为先的原则，尽量避免远距离运输大树，使其在适宜的生长环境中发挥优势。

四、科学配置

大树移植是园林绿地建设的一种辅助手段，主要起锦上添花的作用，绿地建设的主体应采用适当规格的乔木与灌木及花、草、地被的合理组合，模拟自然生态群落，增强绿地生态效应，故在一块绿地中不可过多应用过大的树木。大树能起到突出景观的效果，因此要尽可能地把大树栽植在主要位置，充分突出大树的主体地位，作为景观的重点和亮点。如在公园绿地、公共绿地、居住区绿地等处，大树适宜配置在入口、重要景点、醒目地带作为点景用树，或成为构筑疏林草地的主体，或作为休憩区的庭荫树配置。

五、科技应用

为了有效利用大树资源，确保移植成功，应充分掌握树种的生物学特性和生态习性，根据不同树种和树体规格，制订相应的移植与养护方案，选择在当地有成熟移植技术和经验的树种，并充分应用现有的先进技术，降低树体水分蒸腾、促进根系萌生、恢复树冠生长，提高移植成活率，发挥大树移植的生态和景观效果。

六、严格控制

大树移植对技术、人力、物力的要求高、费用大。移植一株大树的费用比种植同种类中小规格树的费用要高十几倍，甚至几十倍，移植后的养护难度更大。大树移植时，要对移植地点和移植方案进行科学论证，精心规划设计。一般而言，大树的移植数量要控制在绿地树木种植总量的5%～10%。大树来源需严格控制，以不破坏自然生态为前提，最好从苗圃中采购，或从近郊林地中抽稀调整。因城市建设而需要搬迁的大树，应妥善安置，以作备用。

【高手必懂】大树的选择和移植时间

一、大树的选择

根据设计图和说明所要求的树种规格、树高、冠幅、胸径、树形（需要注明观赏面和原有朝向）和长势等，到郊区或苗圃进行调查，选树并编号。选择时应注意以下几点：

（1）选择接近新栽地生境的树木，这是由于野生树木主根发达，长势过旺的，适应能力也差，不易成活。

（2）不同类别的树木，移植难易不同。一般灌木比乔木移植容易；落叶树比常绿树移植容易；扦插繁殖或经多次移植须根发达的树，比播种未经移植直根性和肉质根类树木移植容易；叶形细小比叶少而大者移植容易；树龄小比树龄大的移植容易。

（3）一般慢生树种选20～30年生，速生树种则选用10～20年生，中生树种可选15年生，果树、花灌木为5～7年生；一般乔木树高在4m以上，胸径12～25cm的树木最合适。

（4）应选择生长正常的树木以及没有感染病虫害和未受机械损伤的树木。

（5）必须考虑移植地点的自然条件和施工条件，移植地的地形应平坦或坡度不大，过陡的山坡，根系分布不正，不仅操作困难且容易伤根，不易起出完整的土球，因而应选择便于挖掘处的树木，最好使起运工具能到达树旁的地方。

二、大树移植时间

大树移植如果方法得当，严格执行技术操作规程，能保证施工质量，则一年四季均可进行。但因树种和地域不同，最佳移植时间也有所差异。应根据工程进度，提前做好移植计划，合理确定移植时间。

春季移植

早春是一年四季中最佳移植时间。因为这时树液开始流动并开始发芽、生长，受到损伤的根系容易愈合和再生，成活率最高。

夏季移植

最好在南方的梅雨期和北方的雨季进行移植，由于空气的湿度较大，树木的水分散失较少，有利于成活率，适用于带土球针叶树的移植。

秋冬季移植

深秋及初冬，从树干落叶到气温不低于 –15℃时间里，树木虽处于休眠状态，但地下根系尚未完全停止活动，有利于损伤根系的愈合，成活率较高。尤其适合北方寒冷地区，易于形成坚固的土坨，便于装卸和运输，节省包装材料，但要注意防寒保护。

除此之外，如不按时令进行大树移植，必须采取复杂的技术措施，费用较高，应尽量避免。

【高手必懂】大树移植前的准备工作

一、大树预掘的常用方法

1. 多次移植

在专门培养大树的苗圃中经常采用多次移植法，速生树种的苗木可以在头几年每隔 1 ~ 2 年移植一次，待胸径达 6cm 以上时，可每隔 3 ~ 4 年再移植一次。而慢生树种待其胸径达 3cm 以上时，每隔 3 ~ 4 年移植一次，长到 6cm 以上时，则隔 5 ~ 8 年移植一次，这样树苗经过多次移植，大部分的须根都聚生在一定的范围，因而再移植时可缩小土球的尺寸和减少对根部的损伤。

2. 预先断根法（回根法）

适用于一些野生大树或一些具有较高观赏价值的树木的移植，一般是在移植前 1 ~ 3 年的春季或秋季，以树干为中心，2.5 ~ 3 倍胸径为半径或以较小于移植时土球尺寸为半径画一个圆或方形，再在相对的两面向外挖 30 ~ 40cm 宽的沟（其深度则视根系分布而定，一般为 50 ~ 80cm），对较粗的根应用锋利的锯或剪，齐平内壁切断，然后用沃土（最好是砂壤土或壤土）填平，分层踩实，定期浇水，这样便会在沟中长出许多须根。到第二年的春季或秋季再以同样的方法挖掘另外相对的两面，到第三年时，在四周沟中均长满了须根，这时便可移走，如图 2-30 所示。挖掘时应从沟的外缘开挖，断根的时间可按各地气候条件有所不同。

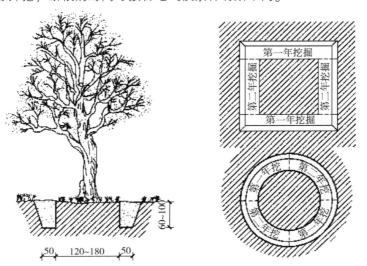

图 2-30 大树分期断根挖掘法示意图（单位：cm）

3. 根部环状剥皮法

同预先断根法挖沟，但不切断大根，而是采取环状剥皮的方法，剥皮的宽度为 10 ~ 15cm，这样也能促进须根的生长，这种方法由于大根未断，树身稳固，可不加支柱。

二、大树的修剪

修剪是大树移植过程中，对地上部分进行处理的主要措施，修剪的内容大致有 6 方面，如图 2-31 所示。

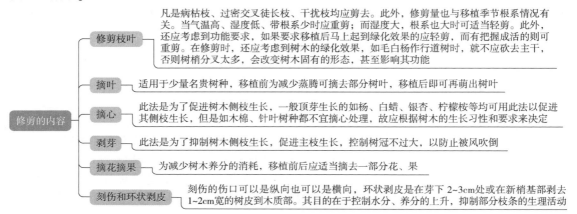

修剪的内容	修剪枝叶	凡是病枯枝、过密交叉徒长枝、干扰枝均应剪去。此外，修剪量也与移植季节根系情况有关。当气温高、湿度低、带根系少时应重剪；而湿度大，根系也大时可适当轻剪。此外，还应考虑到功能要求，如果要求移植后马上起到绿化效果的应轻剪，而有把握成活的则可重剪。在修剪时，还应考虑到树木的绿化效果，如毛白杨作行道树时，就不应砍去主干，否则树梢分叉太多，会改变树木固有的形态，甚至影响其功能
	摘叶	适用于少量名贵树种，移植前为减少蒸腾可摘去部分树叶，移植后即可再萌出树叶
	摘心	此法是为了促进树木侧枝生长，一般顶芽生长的如杨、白蜡、银杏、柠檬桉等均可用此法以促进其侧枝生长，但是如木棉、针叶树种都不宜摘心处理，故应根据树木的生长习性和要求来决定
	剥芽	此法是为了抑制树木侧枝生长，促进主枝生长，控制树冠不过大，以防止被风吹倒
	摘花摘果	为减少树木养分的消耗，移植前后应当摘去一部分花、果
	刻伤和环状剥皮	刻伤的伤口可以是纵向也可以是横向，环状剥皮是在芽下 2~3cm 处或在新梢基部剥去 1~2cm 宽的树皮到木质部。其目的在于控制水分、养分的上升，抑制部分枝条的生理活动

图 2-31　修剪的内容

三、编号定向

编号是当移栽成批的大树时，为使施工有计划地顺利进行，可把栽植穴及要移植的大树均编上一一对应的号码，使其移植时可对号入座，以减少现场的混乱以及事故的发生。定向是在树干上标出南北方向，使其在移植时仍保持它按原方位栽下，以满足它对庇荫以及阳光的要求。

四、清理现场及安排运输路线

在起树前，应把树干周围的碎石、瓦砾堆、灌木丛及其他障碍物清除干净，并将地面大致整平，为顺利移植大树创造条件。然后按照树木移植的先后次序，合理安排运输路线，以使每棵树都能顺利运出。

五、支柱、捆扎

为了防止在挖掘时由于树身不稳、倒伏引起工伤事故及损坏树木，在挖掘前应对需要移植的大树支柱。一般是用三根直径 15cm 以上的大戗木，分立在树冠分支点的下方，然后再用粗绳将三根戗木和树干一起捆紧，戗木底脚应牢固支持在地面，与地面呈 60°左右，支柱时应使三根戗木受力均匀，特别是避风向的一面；戗木的长度不定，底脚应立在挖掘范围以外，以免妨碍挖掘工作。

【高手必懂】大树移植的方法

大树移植根据园林树木大小选用不同的方法，常用的主要有软材料包装移植法、木箱移植法、移树机移植法和冻土移植法。下面主要介绍软材料包装移植法和木箱移植法。

一、软材料包装移植法

软材料包装移植适应于挖掘圆球形土球，移植的树木胸径在 10～15cm 或稍大一点的常绿乔木。其步骤如下：

1. 掘苗

土球直径的大小一般应是胸径（距地面 1.3m 处）的 7～10 倍，北京地区具体规格可参见表 2-23。

表 2-23 土球规格

干径/cm	土球直径	土球高度/cm	留底直径	捆草绳密度
10～20	比树干粗 8～10 倍	60～70	土球直径的 1/3	四分草绳双股双轴间距 8～10cm
13～15	7～10 倍	70～80	土球直径的 1/3	四分草绳双股双轴间距 8～10cm

掘苗的具体操作方法如下：

（1）掘苗前用竹竿在树木分枝点上将苗木支撑牢固，以确保苗木和操作人员的安全。

（2）以树干为中心，按规定的直径尺寸在地上划出圆圈，沿线的外缘挖掘土球。挖沟宽度应能容纳一个人，方便操作，一般沟宽 50～80cm，需要垂直挖掘。

（3）挖掘到规定深度时，用铁锹将土球表面修平，上大下小，肩部圆滑，呈红星苹果形，修坨时如果遇粗根，要用手锯或剪刀截断，切不可用锹硬切造成散坨，土球肩部向下修坨到一半的时候，就要逐步向内缩小到规定的土球高度，土球底的直径一般应是土球中部直径的 1/3 左右。

（4）土球修好后，应及时用草绳将土球中腰围紧，即一个人拉紧草绳围土球中腰缠紧，另一个人随时用木块或砖石敲打草绳以使草绳收紧，一般围草绳高度为 20cm 左右即可，如图 2-32 所示，注意围腰绳所用的草绳最好事先浸湿，这样操作时草绳则不易折断，且干后增强拉紧强度。

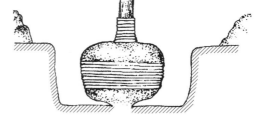

图 2-32 打好腰箍的土球

（5）围好腰绳以后，应在土球底部向内刨一圈底沟，宽度在 5～6cm，以使打包时草绳不易松脱，另外，还需要将土球顶部表面修整好，即用铁锹将上表面修整平滑，注意土球表面靠近树干中间部分应稍高于四周，逐渐向下倾斜，土球肩部要圆滑，不可有棱角，这样在捆草绳时才能捆得结实，不致松散。

（6）将蒲包、草绳等包装材料用水浸湿，将土球表面用蒲包盖严不留缝隙，并用草绳稍加围拢以使蒲包固定住。将湿草绳拴在树干上，稍倾斜绕过土球底部，按顺时针方向捆紧，边绕草绳边用木块、砖石顺序敲打草绳，并随时收紧，注意草绳间隔保持 8cm 左右，土质不好时可再密一些。捆绑时，草绳应摆顺，不可使两根草绳拧成麻花，在土球底部更要排均排顺，以防止草绳脱落。纵向草绳捆好后，再用草绳沿土球中腰部横围十几道绳，注意捆紧，捆完后还要用草绳将围腰的草绳与纵向草绳穿连起来捆紧，如图 2-33 所示。

图 2-33 包装好的土球

（7）土球打包完了以后，轻轻将树推倒，注意推倒前在树倒下方向

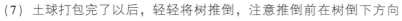

的坑沿下挖一道纵沟，使树木倒下后不会损伤树干，用蒲包将土球底部堵严，并用草绳与土球上纵向草绳连结紧牢。对于规格较大或土质较为疏松的土球，为避免散坨，可加用几块钢板，增加土球的承受力。

2. 吊装与运输

一般大土球苗木要用起重机装车，并用载重量在3t以上的卡车运输。其具体操作方法如下。

（1）准备好起重机、卡车、蒲包、绳子等材料，检查捆绑土球及树干的大绳是否牢固，不牢固的绳索决不能用，以免发生危险。

（2）将起吊土球的大绳对折起来，对折处留1m左右打结固定，将打好结的大绳双股分开，捆在土球3/5处，与土球接触的地方垫一块木板，然后将大绳两端扣在吊钩上，轻轻起吊一下，此时树身倾斜，马上用大绳在树干基部拴一绳套也扣在吊钩上，即可起吊装车，如图2-34所示。

（3）保持土球向前，树梢向后，轻轻放在车厢内，用砖头或木块将土球支稳，并用大绳牢牢捆紧，防止土球摇晃，对于树冠较大的苗木，应用小绳将树冠轻轻围拢，中间垫上蒲包等物，防止擦伤树皮。

（4）专人负责押运运输，并与驾驶员协作配合，防止触碰电线、行人等，保证行车安全，运到终点后要向工地负责栽植的施工人员交待清楚，有编号的苗木要保证苗木对号入座，避免重复搬运损伤苗木。

图 2-34　土球吊运

（5）苗木运到施工现场后要立即卸车，方法大体与装车相同，卸车后如不能立即栽植则应将苗木立直、支稳，不可将苗木斜放或倒放。

3. 栽植

（1）根据设计要求定好位置，编好树号，以便栽植时对号入座，准确无误。

（2）挖种植穴，种植穴的规格应比土球规格大些，一般直径放大40cm左右，深度放大20cm左右，土质不好则更应加大坑号，更换适于树根生长的好土。

（3）挖好种植穴后，需要施用底肥的，事先应准备好优质有机肥料，和种植穴的土壤搅拌均匀，随填土时施入种植穴内。

（4）大树入种植穴，按原生长时的南北向就位，树木应保持直立，土球顶面应与地面平齐，可事先用卷尺分别量取土球和种植穴尺寸，如果不相适应，应进行调整。

（5）树木直立平稳后，立即进行支撑，为了保护树干不受磨伤，应预先在支撑部位用草绳将树干缠绕一层，避免支柱与树干直接接触，并用草绳将支柱与树干捆绑牢固，严防松动。

（6）将包装草绳剪断，尽量取出包装物，实在不好取时可将包装材料压入坑底，如发现土球松散，严禁松解腰绳和下部包装材料，为避免影响水分渗入，腰绳以上的所有包装材料应全部取出。

（7）填土，应分层填土、分层夯实，操作时不得损伤土球。

（8）在坑外缘取细土筑一圈高30cm的灌水土堰，用锹拍实，以备灌水。

（9）大树栽后应及时灌水，第1次灌水量不宜过大，主要起沉实土壤的作用，第2次水量要足，第3次灌水后即可封堰，以后视需要再灌。每次灌水时都要仔细检查，发现有漏水现象，则应填土塞严漏洞，并将所漏掉水量补足。

二、木箱包装移植法

木箱包装法适用于胸径 15 ~ 30cm 的大树，如雪松、白皮松、华山松、桧柏、龙柏、铅笔柏等常绿树。木箱包装法所需的材料和工具分别见表 2-24 和表 2-25。

表 2-24　木箱包装法所需的材料

材料		规格要求	用途
木板	大号	上板长 2m、宽 0.2m、厚 0.03m 底板长 1.75m、宽 0.3m、厚 0.05m 边板上缘长 1.85m、下缘长 1.7m、宽 0.7m、厚 0.05m	移植土球规格可视土球大小而定
	小号	上板长 1.65m、宽 0.3m、厚 0.05m 底板长 1.45m、宽 0.3m、厚 0.05m 边板上缘长 1.5m、下缘长 1.4m、宽 0.65m、厚 0.05m	
方木		10cm 见方	支撑
木墩		直径 0.2m、长 0.25m，要求料直而坚硬	挖底时四角支柱上球
铁钉		长 5cm 左右，每棵树约 400 根	固定箱板

表 2-25　木箱包装法所需的工具

工具名称		规格要求	用途
铁锨		圆口锋利	开沟刨土
小平铲		短把、口宽、15cm 左右	修土球掏底
平铲		平口锋利	修土球掏底
镐	大尖镐	一头尖、一头平	刨硬土
	小尖镐	一头尖、一头平	掏底
钢丝绳机		钢丝绳要有足够长度，2 根	收紧箱板
紧线器			
铁棍		钢性要好	转动紧线器用
铁锤			钉铁皮
扳手			维修器械
小锄头		短把、锋利	掏底
手锯		大、小各一把	断根
修枝剪			剪根

木箱包装法的步骤如下：

1. 掘苗

（1）挖土台。起树时，挖掘的土台越大，保留的根系越完整，对成活越有利，但土台加大，重量也随之成倍增加，给挖掘、装卸、运输及栽植等操作都会带来极大困难，因此要在保证移植成活的前提下尽量减小土台规格。确定土台大小应根据树木种类、株行距等因素综合考虑，一般可按树木胸径（离 1.3m 处）7 ~ 10 倍的标准。北京地区油松移植可参考表 2-26。

表 2-26　北京地区油松移植木箱规格

树木胸径/cm	木箱规格/m	树木胸径/cm	木箱规格/m
15~18	1.5×1.5×0.6	25~27	2.0×2.0×0.7
19~24	1.8×1.8×0.7	28~30	2.2×2.2×0.8

挖掘土台的具体操作过程如下：

1）放线。开挖前以树干为正中心，按规定边长每边多5cm划成正方形，作为开挖土台的标记。

2）挖沟。沿划线的外缘开沟挖掘，沟的宽度要方便工人在沟内操作，一般要60~80cm，土台四边比预定规格最多不得超过5cm，中央应稍大于四角，直挖到规定的土台高度。

3）去表层土（铲宝盖土）。一般情况下，地表面树根很少，为减轻重量，可以在挖沟时注意观察。根据实地情况，将表层土铲去一层，到树根较多之处，再开始计算土台高度，以保留更加完整的根系。

4）修平。土台挖掘到规定高度后，用平口锹将土台四壁修整平滑，遇到粗根要用手锯锯断，不可用铁锹硬切，以免造成土台损伤；粗根的断口应稍低于土台表面，修平的土台尺寸应稍大于边板规格，以保证箱板与土台的紧密靠紧，土台形状与边板一致，呈上口稍宽、底口稍窄的倒梯形，这样可以分散箱底所受的压力；修平时要经常用箱板核对，以免返工和出现废品，挖出的土放在距树坑较远的地方，以免妨碍操作。

（2）立边板。土台修好后，应立即上箱板，箱板的材质、规格必须符合规定标准，否则易发生意外事故；靠立好四面边板，并保证靠紧，如果有不紧之处应随时修平，土台四周用蒲包片包严，边板上口要比土台上顶低1~2cm，以留出吊装时土台下沉之余地；如果边板高低规格不一致，则必须保证下端整齐一致，对齐后用棍将箱板顶住，确认无误后用上下两道钢丝绳绕好，并保证钢丝绳卡子卡紧钢丝绳。

（3）上紧线器。先在距边板上、下边15~20cm处横拉两条钢丝绳，于绳头接头处相对方向（东对西或南对北）的带板上装紧线器。先把紧线器的螺栓松到最大的限度，然后越转越紧。收紧紧线器时上下两个要同时用力，还要掌握收紧下线的速度稍快于收紧上线的速度，收紧过程中随时用木锤锤打钢丝绳，直至发出嘣嘣的弦音，则表示已经收紧了，可立即钉铁皮。

（4）钉箱板。钢丝绳收紧以后，在两块箱板交接处钉铁皮，最上、最下的两道铁皮各距箱板上、下口5cm。1.5m×1.5m的木箱每个箱角钉铁皮7~8道，（1.8~2.0）m×（1.8~2.0）m的木箱钉8~9道，2.2m×2.2m的木箱钉9~10道，每条铁皮须有两对以上的钉子钉在带板上，注意钉子不能弯曲，否则应拔下重钉。箱板与带板之间的铁皮必须拉紧，不得弯曲，四周铁皮全部钉完后，再检查一次，用小铁锤轻敲铁皮，发出当当的绷紧弦音则证明已经钉牢，即可松开紧线器，取下钢丝绳。

（5）掏底与上底板。其操作如下：

1）掏底。沿木箱四周继续将边沟挖深30~40cm，以备掏底操作。掏底可两侧同时进行，每次掏底宽度要和底板宽度相等，掏够一块板的宽度后就应立即钉上一块底板，底板间距基本一致，在10~15cm内。

2）上底板。事先量好截好底板所需的长度（与相对边板的外沿相齐），并将底板两头钉好铁皮。上底板时，先将一端紧贴边板钉牢在木箱带板上，钉好后用圆木墩顶牢，另一头用油压千斤顶起，与边板贴紧，用铁皮钉牢，撤去千斤顶，支牢木墩，两边底板上完后再继续向内掏挖。

3）上中央底板。在掏挖中央底以前，为保障操作人员的安全，应将四面箱板上部，用四根横木支撑，横木一头顶住坑边，坑边先挖一小槽，槽内立一块小木板作支垫，将横木顶住支垫。横木另一头顶住木箱带板，并用钉子钉牢，检查满意后再掏中心底。在掏中央底时，如遇粗根要用手锯锯断，断口凹陷于土内，以免影响底板收紧。操作时头部和身体千万不要伸到木箱下面，以保障安全。风力达到四级以上时，应停止掏底操作。上中央底板的方法与两侧底板相同，底板之间间距要一致，一般保持 10 ~ 15cm。掏底过程中，如果发现土质松散，应用窄板将底封严，如脱落少量底土可以用草垫、蒲包填严后再上底板，如底土大量脱落不能保证成活时，则应请示现场操作技术负责人设法处理。

（6）上盖板。上盖板前，先修整土台上表面，使中间部分稍高于四周，表层有缺土处用潮湿细土填严拍实，土台应高出边板 1 ~ 2cm，土台表面铺一层蒲包后，在上面钉盖板。上板长度应与箱板板口相等，树干两边各钉两块，钉的方向与底板垂直，如需要多次吊运或长期假植，可在上板上面相反方向的每侧再钉一块成井字形以保护土台完整，木箱包装整体示意图，如图 2-35 所示。

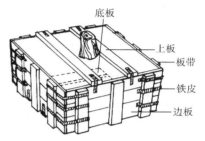

图 2-35 木箱包装整体示意图

2. 吊装与运输

木箱移植大树，其单株重量最少也要在几吨以上，装卸必须用起重机，而且要考虑出一定的安全系数。大树吊装时要由专人指挥起重机，在吊杆下面不准站人。其操作方法如下：

（1）装车前用草绳将树冠围拢起来，以保护树冠少受损伤。

（2）用一根长度适当的钢丝绳在木箱下部将木箱拦腰围住，钢丝绳的两头扣放在木箱的一侧，绳的长度以能够相接即可。

（3）围好后用起重机的吊钩钩住钢丝绳两头的绳套，向上缓缓起吊，树木逐渐倾斜，在木箱尚未离开地面以前，将树干用蒲包片或草袋包裹起来，捆一根大绳，大绳的另一端扣在吊钩上，注意使树稍向上斜缓缓吊起，准备装车，如图 2-36 所示。

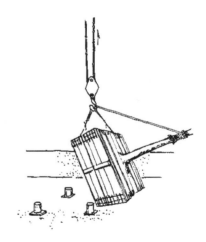

图 2-36 木箱的吊装

（4）树身躺倒后，应在分枝处挂一根小绳，以便在装车时牵引方向。

（5）装车时树梢向后，木箱上口与卡车后轮轴垂直成一线，车厢板与木箱之间垫两块 10cm × 10cm 的方木，长度较木箱稍长但不超过车厢，分放于钢丝绳前后。

（6）木箱落实后用紧线器和钢丝绳将木箱与车厢绑紧，树干捆在车厢后的尾钩上，为使树冠不拖地，在车厢尾部用两根木棍交成支架，将树干支稳，支架与树干间垫上蒲包，防止树皮擦伤，如图 2-37 所示。

图 2-37 运输装车法

（7）开车前，押运人员必须仔细检查苗木的装车情况，要保证刹车绳索牢固、树梢不得拖地，树皮与刹车绳索、支架木棍与汽车厢板接触的地方必须垫上蒲包等防止摩擦，对于超长、超宽、超高的情况，事前要有处理措施，必要时需办理好行车手续；要随车带有挑电线用的绝缘竹竿，以备途中使用，有的时候还要电业等相关部门派技术人员随车协作。

（8）运输大树行车速度要慢，押运人员必须了解运输的树木品种和规格，熟悉行车路线、沿途情况、卸车地区情况，并与驾驶员密切配合，保证苗木质量和行车安全；押运人员必须随时注意运行中的情况，如发现刹车绳索不牢、木箱摇晃、树梢拖地等问题或遇障碍物时，必须随时通知驾驶员停车处理。

3. 卸车

（1）苗木运至现场后，应在适当位置卸车，卸车前，先将围拢树冠的小绳解开，对于损伤的枝条进行修剪，取掉刹车用的紧线器，解开卡车尾钩上的刹车绳。卸车与装车时的操作方法大体相同，只是比吊装时的钢丝绳捆的部位向上口移动一些，捆树干的大绳比吊装时收紧一些，钢丝绳的两端和大绳的一端都扣在吊钩上，经检查没有问题后，即可缓缓起吊。当木箱离开车厢后，卡车立即开走。

（2）木箱落地前，在地面上横放一根长度大于边板上口的40cm×40cm的方木，使木箱落地后边板上口正好枕在方木上，注意落地时操作要轻，不可猛然触地，振伤土台；用方木顶住木箱落地的一边，以防止立直时木箱滑动，在箱底落地处按80～100cm的间距平行地垫好两根10cm×10cm×200cm的方木，以使木箱立于方木上，将来栽苗木时便于穿绳操作。缓慢松动吊绳，按立起的方向轻轻摆动吊臂，使树身徐徐立直在平行垫好的两根方木上。当摆动吊臂木箱不再滑动时，即可去掉防滑方木。

4. 栽植

（1）栽植位置必须与设计图核实无误，否则大树入坑以后再想改动就困难了。

（2）定植坑挖成正方形，每边比木箱宽出50～60cm，土质不好的地方还要加大，需要换土的应事先准备好客土（沙质壤土为宜）。

（3）大树入定植坑前，需要施肥的则应事先准备好腐熟的优质有机肥料，并与回填土充分拌和均匀，栽植时填入坑内，坑的深度应比木箱深15～20cm，坑中央用细土堆一个高15～20cm、宽70～80cm的长方形土台，纵向与底板方向一致。

（4）吊树入坑时树干上面要包好麻包、草袋，以防擦伤树皮，入坑时用两根钢丝绳兜住箱底，将钢丝绳的两头扣在吊钩上。起吊进程中注意吊钩不要碰伤树木枝干，木箱内土台如果坚硬，土台完好无损，可以在入坑前先拆除中间底板，如果土质松散就不要拆底板了。把生长姿态最好的一面放在主要观赏方面，以发挥更好的绿化效果，为了校正位置，可由四个人坐在坑沿的四边用脚蹬木箱的上口，保证树木定位于树坑中心，坑边还要有专人负责瞄准照直，掌握好植树的位置和高程。

（5）落实并检查没有问题后拆除两侧底板，摘掉钢丝绳，并用三根长竹竿捆在树干分枝点以上，将树木撑牢固，然后拆除木箱的上板及所覆盖的蒲包，填土至坑的1/3处时拆除四周边板，否则会引起塌坨，每填20～30cm厚的一层土夯实一次，保证栽植牢固，填满为止。

（6）填土以后及时灌水，一般应开双层灌水土堰，外层开在树坑外缘，内层开在苗的土台四周，高15～20cm，用铁锹拍实；内外堰同时灌水，发现漏水随时用细土填补缝隙，直到灌满树堰为止；水渗透后将堰内地面整平，有缝隙的地方用土填严，紧接着灌第2遍水；2～3天后灌第3遍水，一周后灌第4遍水，以后根据需要保证水分充足。每次灌水后都应将堰内地面中耕松土，以便保墒。

【高手必懂】大树的养护管理

大树栽后的 1~2 年内必须加强管理，根据需要及时灌水、施肥、修剪、防治病虫害、防涝、防风等，并采取一些保证成活的技术措施加以养护。主要的养护管理措施有以下几点：

（1）刚栽上的大树为确保其不会歪斜，要用结实的木杆搭在树干上构成三脚架，把树木牢固地支撑起来，如图 2-38 所示。

（2）在养护期中，要注意平时的浇水，发现土壤水分不足，就要及时浇灌。在夏天，为增加环境湿度，降低蒸腾作用，要多对地面和树冠喷洒清水。

（3）可在浇灌的水中加入 0.02% 的生长素，使根系提早生长健全，以促进新根生长。

（4）移植后第一年秋天，就应当施一次追肥，第二年早春和秋季，也至少要施肥 2~3 次，肥料的成分以氮肥为主。

（5）为保持树干的湿度，减少从树皮蒸腾的水分，应对树干进行包裹。裹干时，可用浸湿的草绳从树基往上密密地缠绕树干，一直缠裹到主干顶部。接着，再将调制的黏土泥浆厚厚地糊满草绳裹着的树干。此后，可经常用喷雾器为树干喷水保湿，如图 2-38 所示。

图 2-38　树木养护

第五节
林带施工技术

【新手必读】整地

通过整地，可以把荒地、废弃地等非宜林地改变成为宜林地。

一、整地时间

一般应在营造林带之前 3~6 个月，以"夏翻土，秋耙地，春造林"的效果较好。现翻、现耙、现造林对林木栽植成活效果不是很好。

二、整地方式

整地方式如图 2-39 所示。

整地方式	人工整地	人工整地是用锄头挨着挖土翻地，翻土深度为 20~35cm 之间；翻土后经过较长时间的暴晒，再用锄头将土块打碎，把土整细
	机械翻土	机械翻土是由拖拉机牵引三铧犁或五铧犁翻地，翻土深度为 25~30cm。耙地是用拖拉机牵引铁耙进行。对砂质土壤用双列圆盘耙；对黏重土质的林地则用缺口重耙。在比较窄的林带地面，用直线运行法耙地；在比较宽的地方，则可用对角线运行法耙地。耙地后，要清除杂物及土面的草根，以备造林

图 2-39　整地方式

【新手必读】放线定点

一、栽植行、种植点的确定

林带施工时，首先根据规划设计图所示林带位置，将林带最内边一行树木的中心线在地面放出，并在这条线上按设计株距确定各种植点，用白灰做种植点标记。然后依据这条线，按设计的行距向外侧分别放出各行树木的中心线，最后再分别确定各行树木的种植点。

二、排列方式

林带内种植点的排列方式有矩形和三角形两种，排列方式的选用应和主导风向相适应，如图 2-40 所示。

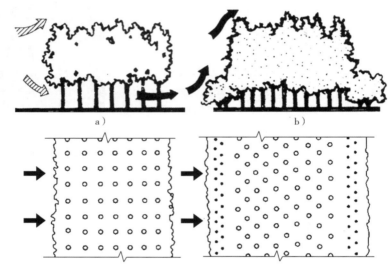

图 2-40 林带种植点的排列方式

a）透风林带 b）挡风林带

三、确定株行距

林带树木的株行距一般小于园林风景林的株行距，根据树冠的宽窄与对林带透风率的要求，可采用如图 2-41 所示的株行距。

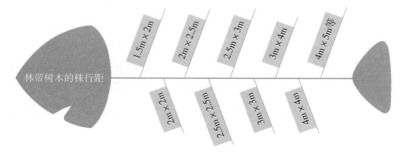

图 2-41 林带树木的株行距

四、林带的透风率

林带的透风率就是风通过林带时能够透过多少风量的比率，可用百分率来表示，如图2-42所示。

调整透风率大小的方法，如图2-43所示。

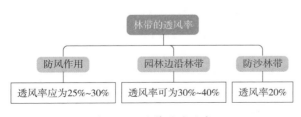

图2-42 林带的透风率

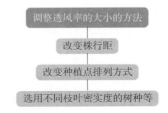

图2-43 调整透风率大小的方法

【高手必懂】栽植技术

一、苗木规格

园林绿地上的林带一般要用3~5年生以上的大苗造林，只有在人迹较少且又允许造林周期拖长的地方，造林才可用1~2年生小苗或营养杯幼苗。

二、栽植

苗木栽植时的步骤，如图2-44所示。

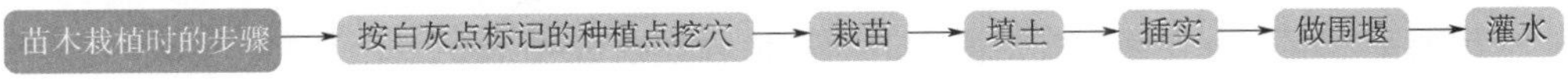

图2-44 苗木栽植时的步骤

施工完成后，最好在林带的一侧设立临时性的护栏，阻止行人横穿林带，保护新栽的树苗。

第六节
绿篱施工技术

绿篱既可用在街道上，也可用在园林绿地的其他许多环境中。

【新手必读】苗木材料

绿篱苗木要选株高一致、分枝一致的植株，苗木根系要重点检查，根系过少过短的苗木要挑出，枯枝败叶较多植株也要另做他用。

掘苗后要根据要求进行包装，如果是裸根掘苗，根部需要蘸调好的泥浆，常绿绿篱苗木须带有一定量的心土并用小蒲包袋或无纺布进行包装，包装口位于苗木的基部要扎严并喷水保湿待装车外运，可以按10株或10株的整倍数捆绑成匝，有利于装卸车点数，也有利于卸车时散苗。装车时往往和乔木同时装车，填充在乔木的缝隙处或单独装车，苗木倾斜放置，根部在前，树冠朝后，呈45°，挤严，防止晃动。卸车要有专人指挥，并同时散苗，轻拿轻放，防止心土散坨。

【新手必读】前期准备工作

一、种植沟的放线、挖掘

绿篱施工时，先要按照设计图规定的位置在地面放出种植沟的挖掘线。若绿篱是位于路边或广场边的，则先放出靠近路面边线的一条挖掘线，这条挖掘线应和路边线相距20~35cm，然后再依据绿篱的设计宽度放出另一条挖掘线。两条挖掘线均要用白灰在地面画出来。放线后，挖出绿篱的种植沟，沟深一般为20~40cm，具体视苗木的大小而定。沟宽按设计要求及单双行来定，常见绿篱种植沟规格，见表2-27。

表2-27 常见绿篱种植沟规格 （单位：cm）

绿篱苗木高度	栽植开挖沟槽的尺寸（深×宽）	
	单行栽植形式	双行栽植形式
50~80	40×40	40×60
100~120	50×50	50×70
120~150	60×60	60×80

绿篱种植沟挖掘也要做到沟壁垂直向下，沟底疏松平整，不能出现尖底或圆底，表土放一侧，底土放另一侧，拣出大块石头、瓦砾、垃圾等杂物。

二、绿篱排列方式、株行距

绿篱栽植位点有矩形和三角形两种排列方式，一般的绿篱多采取双行三角形栽种方式，但最窄的绿篱则要采取单行栽种方式，最宽的绿篱也有栽成5~6行的。

绿篱株行距视苗木树冠宽窄而定，一般株距为20~40cm，最小可为15cm，最大可达60cm。行距可与株距相等，也可略小于株距。

【高手必懂】栽植与修剪

一、绿篱栽植、扶直、浇水

绿篱的行数一般在2~6行，两行的绿篱要采取三角形交错栽植，多行可以两行一组，也可以分行栽植或均匀散点栽植，为了保证均匀和后期养护管理方便也可以采用分块栽植。行内株距或分块栽植间距离要保持一致，行间距要根据树木的冠幅大小来调节，通常采用株行距一致措施，利于操作。分块栽植是要在块与块之间留出间距作为养护工作面。

栽植时要求有专人站在种植沟内，将苗木摆放平稳均匀，成行成列，回填土人员向两侧同时回填土，先表土后底土。保证绿篱苗木受力均匀不致倾斜，并要求随回填土随踩实。绿篱苗木的埋土深度比原来根颈位置低2~5cm，行间要踩实，防止侧倒或根系窝卷、外翻等错误操作。如果缝隙较小则可用铁锹把插实。在种植沟边作出浇水土堰，两侧要拍实，防止漏水。栽后应及时灌水，第一次水要浇透，等水沉下后，重新检查扶正，再覆一遍细土，修理土堰。

二、定型修剪

定型修剪是规整式绿篱栽好缓苗后马上要进行的一道工序。修剪前要在绿篱一侧按一定间距立起标志修剪高度的一排竹竿，竹竿与竹竿之间还可以连上长线，作为绿篱修剪的高度线。绿篱顶面具有一定造型变化的，要根据形状特点设置两种或两种以上的高度线。

定型修剪方式如图 2-45 所示。

图 2-45　定型修剪方式

在横截面修剪中，不得修剪成上宽下窄的形状，如倒梯形、倒三角形、伞形等，都是不正确的横截面形状。如果横截面修剪成上宽下窄形状，将会影响绿篱下部枝叶的采光和萌发新枝叶，使以后绿篱的下部呈现枯秃无叶状。

三、绿篱的纵横截面形状

绿篱修剪的纵截面形状有直线形、波浪形、浅齿形、城垛形、组合型等；绿篱修剪的横截面形状有长方形、梯形、半球形、斜面形、截角形、双层形、多层形等，如图 2-46 所示。

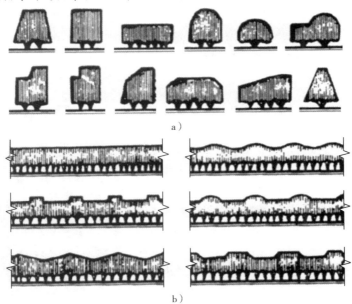

a)

b)

图 2-46　绿篱修剪的截面形式
a）横截面形状　b）纵截面形状

四、自然式绿篱要求

自然式绿篱只需将枯枝、病虫枝、杂乱枝剪掉即可。

第三章
草坪种植设计与施工

第一节
草坪种植的基础知识

【新手必读】草坪分类

草坪主要由绿色的禾本科多年生草本植物组成，这种草本植被的覆盖度很大，形成郁闭像绿毯一样致密的地面覆盖层。草坪必须有茂密的覆盖度，才能在卫生保健、体育游戏、水土保持、美观以及促进土壤有机质的分解和生化等方面起到最良好的效果。按照不同的分类方法可将草坪分为如下不同的类型。

一、根据草坪在园林中的应用分类

游憩草坪

供散步、休息、游戏及户外活动用的草坪，这类草坪在绿地中没有固定的形状，面积大小不等，管理粗放，一般允许人们入内游憩活动，如图 3-1 所示。也可在草坪内配置孤立树，点缀石景或栽植树群，或者可以在周围边缘配置花带、林丛。大面积的游憩草坪中间所形成的空间能够分散人流，此类草坪一般多铺装在大型绿地之中，在公园内应用最多，其次在动物园、植物园、名胜古迹园、游乐园、风景疗养度假区内建成生机勃勃的绿茵芳草地，供游人游览、休息、文化娱乐。也可在学校、机关、医院内等建立，应选用生长低矮、纤细、叶质高、草姿美的草种。

运动草坪

供体育活动用的草坪，如图 3-2 所示，如足球场草坪、网球场草坪、高尔夫球场草坪、滚木球场草坪、武术场草坪、儿童游戏场草坪等。各类运动场，均需选用适于体育活动的耐践踏、耐修剪、有弹性的草坪植物。

图 3-1　游憩草坪

观赏草坪

观赏草坪不允许游人入内游憩或践踏，专供观赏用，如图 3-3 所示。封闭式草坪，如铺设在广场雕像、喷泉周围和纪念物前等处，作为景前装饰或陪衬景观。一般选用低矮、纤细、绿期长的草坪植物。栽培管理要求精细，严格控制杂草生长。

图 3-2　运动草坪

图 3-3　观赏草坪（一）

花坛性质草坪

混栽在花坛中的草坪，作为花坛的填充材料或镶边，起装饰和陪衬的作用，烘托花坛的图案和色彩，一般应用细叶低矮草坪植物，如图 3-4 所示。在管理上要求精细，严格控制杂草生长，并要经常修剪和切边处理以保持花坛的图案与花纹线条平整清晰。

牧草草坪

以供放牧为主，结合园林游憩的草地，普遍多为混合草地，以营养丰富的牧草为主，一般多在森林公园或风景区等郊区园林中应用。应选用生长健壮的优良牧草，利用地形排水，且自然风趣，如图 3-5 所示。

图 3-4　花坛性质草坪

图 3-5　牧草草坪

飞机场草坪

在飞机场用草坪覆盖机场，减轻尘沙飞扬，提高能见度，保持环境清新优美，如图 3-6 所示。飞机场草坪由于飞机高速冲击力强，质量大，因此要求草坪平坦坚实，密生高弹性，粗放管理应选用繁殖快、抗逆性强，耐瘠薄、干旱、耐践踏的草种。

森林草坪

郊区森林公园及风景区在森林环境中自然生长的草地称为森林草坪，一般不加修剪，允许游人活动，如图 3-7 所示。

图 3-6 飞机场草坪

图 3-7 森林草坪

林下草坪

在疏林下或郁闭度不太大的密林下及树群乔木下的草坪，如图 3-8 所示。一般不加修剪，应选耐阴、低矮的草坪植物。

护坡护岸草坪

在坡地、水岸为保护水土流失而铺的草坪，一般应用适应性强，根系发达，草层紧密，抗病性强的草种，如图 3-9 所示。

图 3-8 林下草坪

图 3-9 护坡护岸草坪

二、根据草坪植物在园林中的不同组合分类

单纯草坪

由一种草本植物组成的草坪，又称单一草坪或单纯草坪，例如草地早熟禾草坪、结缕草草坪、狗牙根草草坪等，如图 3-10 所示。在我国北方选用野牛草、草地早熟禾、结缕草等植物来铺设单一草坪。在我国南方等地则选用马尼拉草、中华结缕草、地毯草、假俭草、草地早熟禾、高羊茅等。由于单一草坪生长整齐、美观，低矮、稠密、叶色等一致，养护管理要求精细。

图 3-10 单纯草坪

混合草坪

由几种禾本科多年生草本植物混合播种而形成，或禾本科多年生草本植物中混有其他草本植物的草坪或草地，称为混合草坪或混合草地，如图 3-11 所示。可按草坪功能性质、抗性不同和人们的要求合理地按比例配比混合以提高草坪效果。例如，在我国北方草地早熟禾＋紫羊茅＋多年生黑麦草进行组合，在我国南方狗牙草＋地

毯草或结缕草＋多年生黑麦草进行组合，这种配置为混合草坪。

缀花草坪

在以禾本科植物为主体的草坪或草地上（混合的或单纯的），配置一些开花华丽的多年生草本花卉，称为缀花草坪，如图3-12所示。例如：在草地上，自然疏落地点缀番红花、水仙、鸢尾、石蒜、丛生福禄考、马蔺、玉簪类、韭兰、葱兰、二月兰、红花酢浆草等花卉。这些植物的种植数量一般不超过草地总面积的1/4～1/3，分布有疏有密，自然错落，但主要用于游憩草坪、森林草坪、林下草坪、观赏草坪及护岸护坡草坪上。在游憩草坪上，球根花卉分布于人流较少的地方。这些花卉，有时发叶，有时开花，有时花和叶均隐没于草地之中，地面上只见一片草地，远望绿茵似毯，别具风趣，供人欣赏休息。

图 3-11　混合草坪

图 3-12　缀花草坪

三、根据草地与树木在园林中的组合情况分类

空旷草坪

草坪上不栽植任何乔灌木或少量在周边种一些。这种草坪由于比较开旷，主要是供体育游戏、群众活动用，平时供游人散步、休息，节日可作演出场地。在视觉上比较单一，一片空旷，在艺术效果上具有单纯而壮阔的气势，但遮阴条件较差，如图3-13所示。

闭锁草坪

空旷草坪的四周，如果为其他乔木、建筑、土山等高于视平线的景物包围起来，这种四周包围的景物不管是连接成带的或是断续的，只要占草坪四周的周界达3/5以上，同时屏障景物的高度在视平线以上，其高度大于草坪长轴的平均长度的1/10时，称为闭锁草坪，如图3-14所示。

图 3-13　空旷草坪

图 3-14　闭锁草坪

开朗草坪

草坪四周边界的 3/5 范围以内，没有被高于视平线的景物屏障时，这种草坪称为开朗草坪，如图 3-15 所示。

稀树草坪

草坪上稀疏地分布一些单株乔灌木，株行距很大，当这些树木的覆盖面积（郁闭度）为草坪总面积的 20%～30% 时，称为稀树草坪。稀树草坪主要是供大量人流活动游憩，又有一定的蔽荫条件，有时则为观赏草坪，如图 3-16 所示。

图 3-15　开朗草坪　　　　　　　　图 3-16　稀树草坪

疏林草坪

在草坪上布置有高大乔木，株距在 10m 左右，其郁闭度在 30%～60%。疏林草坪，由于林木的庇荫性不大，可种植禾本科草本植物，因草坪绝对面积较小，既可进行小型活动，也可供游人在林荫下游憩、野餐、阅读、进行空气浴等，如图 3-17 所示。

林下草坪

在郁闭度大于 70% 的密林地或树群内部林下，由于林下透光系数很小，阳性禾本科植物很难生长，只能种植一些含水量较多的阴性草本植物。这种林地和树群，由于树木的株行距很密，不适于游人在林下活动，过多的游人入内会影响树木的生长，同时林下的阴性草本植物组织内含水量很高，不耐踩踏，因而这种林下草地以观赏和保持水土流失为主，不允许游人进入，如图 3-18 所示。

图 3-17　疏林草坪　　　　　　　　图 3-18　林下草坪

四、根据园林规划的形式不同分类

自然式草坪

充分利用自然地形或模拟自然地形起伏，创造原野草地风光，这种大面积的草坪有利于修剪和排水。无论是经过修剪的草坪或是自然生长的草地，只要在地形面貌上是自然起伏的，在草地上和草地周围布置的植物是自然式的，草地周围的景物布局、草地上的道路布局、草地上的周界及水体均为自然式时，这种草地或草坪就是自然式草地或草坪。游憩草坪、森林草坪、牧草草坪、自然地形的水土保持草坪、缀花草坪，多采用自然式的形式，如图 3-19 所示。

规则式草坪

草坪的外形具有整齐的几何轮廓，多用于规则式园林中，如路边、花坛、衬托主景等。凡是地形平整或为具有几何形状的坡地，阶地上的草地或草坪与其配合的道路、水体、树木等布置均为规则式时，则称为规则式草地或草坪，如图 3-20 所示。网球场、足球场、飞机场、规则式广场上的草坪及街道上的草坪，多为规则式草地。

图 3-19　自然式草坪

图 3-20　规则式草坪

【高手必懂】草坪造景应用

一、草坪作基调

绿色的草坪是城市景观最理想的基调，是园林绿地的重要组成部分。在草坪中心配置喷泉、雕塑等建筑小品，以草坪衬托出主景物的雄伟，如图 3-21 所示。如同绘画一样，草坪是画面的底色和基调，而色彩艳丽、轮廓丰富、变化多样的树木、花卉、建筑、小品等，则是主角和主调。如果园林中没有绿色的草坪做基调，这些树木、建筑、花卉、小品无论色彩多么绚丽、造型多么精致，由于缺乏底色的对比与衬托，得不到统一的美感，就会显得杂乱无章，景观效果明显下降。但要注意不要过分应用草坪，特别是缺水城市更应适当应用。

图 3-21　雕塑

二、草坪与乔木树种的配置造景

草坪与孤植树、树丛、树群相配既可以表现树体的个体美，又可以加强树群、树丛的整体美。单株树在草坪上的散植形成疏林草地景观，这是应用最多的设计手法，既能满足人们在草地上游憩娱乐的需要，又可以起到遮阴功能，同时这种景观又最接近自然，满足都市居民回归自然的心理，如图 3-22 所示。由几株到多株树木组成的树丛和树群与草坪配置时，宜选择高耸干直的高大乔木，中层配置灌木作过渡，就可以和地面的草坪配合形成丛林的意境，如果能借助周围的自然地形如山坡、溪流等，则更能显示山林绿地的意境。

图 3-22　草坪

三、草坪与花灌木的配置造景

园林中栽植的花灌木经常用草坪做基调和背景，如桃园以草坪为衬托，加上地形的起伏，当桃花盛开时，鲜艳的花朵和碧绿的草地形成一幅美丽的图画，景观效果非常理想。这种缀花草坪仍以草坪为主体，花卉只起到点缀作用，花卉占有面积小，不超过整个草坪面积的1/3。草坪还可以和花卉混合块状种植，即在草坪上留出成块的土地用于栽植花卉，草坪与花卉呈镶嵌状态，开花时两者相互衬托，相得益彰，具有很好的观赏效果。大片的草坪中间或边缘用碧桃、海棠、樱花、连翘、迎春或棣棠等花灌木点缀，能够使草坪的色彩变得丰富起来，并引起层次和空间上的变化，提高草坪的观赏价值。

四、草坪与花卉的配置造景

常见的缀花草坪，在空旷的草坪上布置低矮的开花地被植物如马兰、葱兰、水仙、韭兰、石蒜类等，形成开花草地，增强观赏效果。

用花卉布置花坛、花带或花境时，一般要用草坪做镶边或陪衬来提高花坛、花带、花境的观赏效果，使鲜艳的花卉和生硬的路面之间有一个过渡，显得生动而自然，避免产生突兀的感觉，如图 3-23 所示。

五、草坪作主景

草坪平坦、致密的绿色平面能够创造开

图 3-23　花带

朗柔和的视觉空间，具有较高的景观作用，可以作为园林的主景进行配置。如在大型的广场、街心绿地和街道两旁，四周是灰色硬质的建筑和铺装路面，缺乏生机和活力，铺植优质草坪，形成平坦的绿色景观，如图 3-24 所示，对广场、街道的美化装饰具有极大的作用。公园中大面积的草坪能够形成开阔的局部空间，丰富了景点内容，并为游客提供安静的休息场所。机关、医院、学校及工矿企业也常在开阔的空间建草坪，形成一道亮丽的风景。草坪也可以控制其色差变化而形成观赏图案，或抽象或现代或写实，更具有艺术魅力，如图 3-25 所示。

图 3-24　路边草坪　　　　　　　　　　　　　　　　图 3-25　草坪

六、草坪边缘的处理、 装饰和保护管理

草坪的边缘处理作为草坪的界限标志，也是组成草坪空间感的重要因素。草坪的边缘是草坪与路面、草坪与其他景观的分界线，可以实现向草坪的自然过渡，并对草坪起到装饰美化作用。草坪边缘有的用直线形成规则式，有的采用曲线形成自然式，有时用其他材料镶边使草坪与路面之间有一过渡的桥梁，有的则用花卉、灌木镶边增强草坪的景观效果，如图 3-26 所示。

对禁止游人入内的观赏性草坪，在边界用各种样式的围栏围合也是常用的方法，如图 3-27 所示。

图 3-26　草坪边缘　　　　　　　　　　　　　　　　图 3-27　观赏草坪（二）

草坪的边缘可用乔木或灌木包围起来，形成封闭草坪或半开敞草坪。

草坪的边缘还可以采用灌木修剪成绿篱，这些植物可以是观叶的，也可以是观花的，如栀子花、大叶黄杨、桃叶珊瑚，瓜子黄杨、月季等。

第二节
草坪的建植

【新手必读】草坪材料

草坪植物是组成草坪的物质基础，主要指一些适应性较强的矮性禾草。草坪植物中90%是禾本科多年生或一、二年生的植物，也有其他科属的矮生草类，如旋花科的马蹄金、莎草科的苔草等。禾本科草的特点是叶丛低矮、密集，一般都有爬地生长的葡匐茎或葡匐枝，或具有分生能力较强的根状茎。

草坪植物根据生长气候可分为暖季型草坪植物和冷季型草坪植物。前者是冬季呈休眠状态，茎叶褪绿、枯萎，早春开始返青复苏后生长旺盛，最适宜的生长温度为 26～32℃，如狗芽根、金边钝叶草、结缕草、百喜草、地毯草、假俭草等。后者耐寒性较强，冬季常绿，但不耐炎热，最适宜的生长温度为 16～24℃，喜微酸性土壤，如翦股颖、黑麦草、苔草等。园林常见的草坪植物如下：

一、冷季型草坪草

冷季型草坪草，耐寒，不耐热，绿期长，品质好，用途广，主要用种子繁殖，抗病虫能力差，管理要求精细，费用高，使用年限短，在南方越夏较困难，必须采取特殊的养护措施，否则易衰老和死亡。

1. 早熟禾属

草坪草中最为主要而又广泛使用的冷季型草坪草之一，宜于在温暖湿润的气候生长，耐寒性强，适合在北方种植，而耐旱性较差，适于林下生长，广泛分布于寒冷潮湿和过渡气候带内。早熟禾属草坪草总的特征是叶片呈狭长条形、针形，叶鞘不闭合，小穗宽度小于长度，小穗有柄，排列成圆锥花序，在植物鉴别中最明显的特征是具有"船形"叶尖。

草地早熟禾

喜冷凉湿润的气候，可保持较长的绿期，可在一定程度上满足了四季常青的要求。该品种用途广泛，几乎所有的草坪用种都包括草地早熟禾的不同品种的草种。它属于多年生草本，根茎疏丛型，繁殖力强，再生性好，较耐践踏。叶尖里明显船形，在中脉的两旁有两条明线，茎秆光滑，具有两到三节。开花早，具有完全展开的圆锥花序。叶片光鲜亮丽，草质细软，叶片宽 2～4mm，芽中叶片折叠状，叶鞘疏松包茎，出苗慢，成坪慢，抗病虫能力差，如图3-28所示。喜光、喜温暖湿润、耐阴，较耐热，但抗旱性差，夏季炎热温度过高时叶片发黄，高温季节缺水生长减缓休眠，寒冷潮湿、遮阴很强时容易发生白粉病，春季返青生长繁茂，秋季保绿性好。有很强的耐寒能力，特适宜绿地、公园等公共场所做观赏草坪，常与黑麦草、高羊茅等混播建立运动草坪场地。

图 3-28　草地早熟禾

草地早熟禾常用于高质量的草坪建植和草皮生产，通常采用种子和带土小草块两种方法繁殖。种子繁殖成坪快，秋季播种最佳，播种深度大约 1cm，播种量一般为 $8 \sim 12g/m^2$，$10 \sim 21$ 天出苗，两个月即可成坪。封冻之前和返青前浇透水，利于越冬和返青，高温高湿条件下易感病，管理要求较精细。生长 3 ~ 4 年后，逐渐衰退，3 ~ 4 年补播一次草籽是管理中十分重要的工作。

粗茎早熟禾（普通早熟禾）

喜冷、湿润气候，叶片呈淡黄绿色，扁平、柔软、细长，表面光滑、光亮、鲜绿，中脉两边有两条明线，株丛低矮丛生，整齐美观，茎秆直立或基部稍倾斜，绿色期长，特耐阴，根系浅，不耐干旱和炎热，耐践踏性差，喜肥沃土壤，不耐酸碱，如图 3-29 所示。常应用于寒冷、潮湿、荫蔽的环境以减少践踏，适宜于在气候凉爽的房前屋后、林荫下、花坛内做观赏草坪，也可用于温暖地区冬季草坪的交播草种。粗茎早熟禾是世界上高尔夫球场重要的补播草种之一，尤其是暖季型狗牙根常用于冬季休眠草坪的补播。

图 3-29　粗茎早熟禾（普通早熟禾）

2. 羊茅属

适宜寒冷潮湿地区，在干燥贫瘠、酸性土壤中生长。

高羊茅

高羊茅又称苇状羊茅，草坪性状非常优秀，适于多种土壤、气候和粗放管理，用途非常广泛。多年生草本，疏丛型株丛，叶片宽大，边缘具叶齿，质地粗糙，芽中叶片卷曲，叶耳边缘毛发状，茎直立、粗壮、基部呈红色，叶鞘开裂，根系深，对高温有一定的抵抗能力，是最耐旱、最耐践踏的冷季型草坪草之一，如图 3-30 所示。耐阴性中等，耐贫瘠土壤，较耐盐碱，耐土壤潮湿，适于在寒冷潮湿和温暖湿润过渡地带生长。利用种子繁殖，发芽迅速，建坪速度较快，再生性较差，通常

图 3-30　高羊茅

和粗茎早熟禾、草地早熟禾混播，但混播比例中高羊茅不低于 70%。由于其叶片质地粗糙，品质较差，多用于中低质量的草坪及斜坡防护草坪。可使用于居住区、路边、公园和运动场、水土保持地绿化等范围。

紫羊茅

紫羊茅又名红狐茅，细叶低矮型，垂直生长慢，较耐寒、抗旱性强，但不耐热，耐阴性比大多数冷季型草坪草好，适合在高海拔地区生长，是羊茅属中应用广泛的优秀草坪草之一。紫羊茅为多年生草本，出苗迅速，成坪较快，叶片呈线形，叶宽一般为 1.5 ~ 3mm，光滑柔软，对折或内卷成针状。茎秆基部斜生或膝曲，分枝较紧密，秆基部呈红色或紫色，叶鞘基部呈红棕色，破碎呈纤维状，分蘖的枝条叶鞘闭合，收缩圆锥花序，如图 3-31 所示。应用范围广，常用于遮阴地草坪建植，在寒冷潮湿地区，常与草地早熟禾混播，以提高

图 3-31　紫羊茅

建坪速度，但由于其生长缓慢，不需要常修剪，适合粗放管理。

3. 黑麦草属

包括多年生黑麦草和一年生黑麦草。

多年生黑麦草

分布于世界各地温带地区，早年从英国引入，现已广泛栽培，是一种良好的草坪草，也是优质的饲草。叶片窄长，深绿色，正面叶脉明显，叶的背面光滑，具有一层蜡层，光泽度很好。叶宽 2～5mm，富有弹性。发芽出苗快，成坪迅速。心叶折叠，短的膜状叶舌，短叶耳，根茎疏丛型，基部膝曲斜卧，根部经常残留紫色。耐践踏、喜肥水，无芒穗状花序，最适宜于在凉爽、湿润地区生长。不能耐受极端的冷、热和干旱，使用年限短。

图 3-32　多年生黑麦草

多年生黑麦草有时也呈现船形叶尖，易与草地早熟禾相混，但仔细观察会发现叶尖顶端开裂，叶环比早熟禾更宽、更明显一些，没有草地早熟禾主脉两侧的半透明的平行线。多年生黑麦草主要用于混播中的先锋草种或交播草种，由于抗 SO_2 等有害气体，故多用于工矿企业区，如图 3-32 所示。

除了作为短期覆盖植被以外，很少单独种植。多用于公园绿地、机场、路旁、固土护坡草坪、高尔夫球场障碍区等。一般情况下，多年生黑麦草在混播中种子重量不应超过总重量的 20%。

一年生黑麦草

一年生黑麦草与多年生黑麦草的主要区别是，一年生黑麦草叶宽大粗糙，柔软下披，黄绿色，新叶为卷曲状，茎直立、光滑，花穗长、有芒，再生力差，生长速度快，常用于快速建坪的草坪，可作为暂时植被，如图 3-33 所示。

图 3-33　一年生黑麦草

4. 剪股颖属

剪股颖抗寒性在冷季型草坪草中最强，是所有的冷季型草坪草中最能忍受连续低修剪草种，有的修剪高度不足 0.5cm 或者更低。

匍匐剪股颖

喜冷凉湿润气候，为多年生匍匐生长的草坪草，较长的膜状叶舌是其主要特征，茎丛生细弱、平滑、匍匐茎发达，叶芽卷曲，质地细腻，品质佳，耐强度低修剪，抗寒最强，耐荫性介于紫羊茅与草地早熟之间，较耐碱、耐践踏，再生性强，生长速度快，如图 3-34 所示。但对紧实土壤的适应性差，耐热差，根系浅，喜湿性极强，不耐旱，抗病虫能力差，要求管理精细。应用于运动、观赏草坪，可做急需绿化材料等，如常选用其优良品种做高尔夫球场果岭区草坪的建植材料。由于其侵占性强，常做单纯草坪，很少与其他冷季型草坪草混播。

小糠草

小糠草又名红顶草，喜冷凉湿润气候，具有细长根状茎，浅生于地表，茎秆直立或下部膝曲倾斜向上，如图 3-35 所示。耐寒、耐旱、抗热，对土壤要求不严格。应用中常与草地早熟禾、紫羊茅混合播种，作为公园、庭园及小型绿地的绿化材料。

图 3-34　匍匐剪股颖

图 3-35　小糠草

二、暖季型草坪草

暖季型草坪草表现为夏绿型，植株低矮，均一性好，不耐寒，低于 10℃ 时进入休眠，绿期在 240 天左右。大多具有匍匐茎，生长势和竞争力较强，一旦成坪，其他草很难再侵入。主要以营养繁殖为主，也可用种子繁殖，生产上主要用草茎种植。狗牙根和结缕草是暖季型中较为抗寒的草种，它们中的某些种能向北延伸到较寒冷的辽东半岛和山东半岛。

1. 结缕草属

原产于亚洲东南部，我国北起辽东半岛、南至海南岛、西至陕西关中等广大地区均有野生种，在我国山东、辽宁及江苏一带有大量分布，是目前我国为数极少的不依靠进口而且还能出口的草坪草种子。

结缕草

是暖季型草坪草中抗寒能力较强的草种，为多年生草本，具有坚韧的根状茎及匍匐茎，叶片革质，常具柔毛，适应性强。它的优点是喜光、抗旱、抗热、耐贫瘠，植株低矮、坚韧耐磨、耐践踏、弹性好、覆盖力强、寿命持久，如图 3-36 所示。缺点是叶子粗糙且坚硬，质地差，绿期短，成坪慢，苗期易受杂草侵害。由于结缕草养护费用低，种植面积不断扩大，在园林、庭园、运动场地、水土保持、机场以及高尔夫球场的球道草坪等地广为利用，常形成单一草坪。一般作封闭式花坛草坪或草坪造型供人观赏，也可作开放型草坪、固土护坡草坪、绿化和保持水土草坪。

图 3-36　结缕草

沟叶结缕草

沟叶结缕草俗名马尼拉草、半细叶结缕草，是著名的草坪草，叶片细长、较尖、具有沟状，叶片革质，常直立生长，上面有绒毛，心叶卷曲，叶片呈淡绿色或灰绿色，背面颜色较淡，质地较坚硬，扁平或边缘内卷。叶鞘长于节间，匍匐茎发达，密度大，品质好，生长慢，抗热性强，管理粗放，如图 3-37 所示。耐寒性和低温下的保绿性介于结缕草和细叶结缕草之间，比细

图 3-37　沟叶结缕草

叶结缕草抗病性、抗寒性强，植株更矮，叶片弹性和耐践踏性更好，在园林、庭园、道路停车场和体育运动场地应用普遍。

2. 狗牙根属

全世界温暖地区均有分布，多年生草本，具有发达的匍匐茎，是建植草坪的好材料，绿期短，冬季休眠。狗牙根是我国栽培应用较广泛的优良草种之一，广布于温带地区，我国华北、西北、西南及长江中下游等地广泛应用此草建植草坪。

普通狗牙根

为多年生草本，具有根状茎和匍匐枝，茎秆细而坚韧，节间长短不一，叶呈扁平线条形，先端渐尖，边缘有细齿，叶色浓绿，幼叶呈折叠式，叶舌短小，穗状花序指状排列于茎顶，如图3-38所示。耐热抗旱，耐践踏，喜在排水良好的肥沃土壤中生长；抗寒性差，不耐荫，根系浅，遇干旱易出现茎嫩尖成片枯萎。在轻盐碱地上也生长较快，且侵占力强，在良好的条件下常侵入其他草坪地生长，有时与高羊茅混播做运动场草坪，多用于温暖潮湿地区的路旁、机场、运动场及其他管理水平中等的草坪。

图3-38　普通狗牙根

杂交狗牙根（天堂草）

是一种著名的草坪草，叶片呈狭小三角形，短小的形状如狗牙而得名。心叶折叠节间短，低矮，匍匐茎贴地生长，根茎发达，具有密生、耐低修剪、生长快等优点，如图3-39所示。该类草坪草在适宜的气候和栽培条件下，能形成致密、整齐高、密度大、侵占性很强的优质草坪，但耐寒性弱，不耐粗放管理。常用于运动场、固土护坡，高尔夫球场果岭、球道、发球台及足球场等。

图3-39　杂交狗牙根（天堂草）

3. 雀稗属

雀稗属包括巴哈雀稗、海滨雀稗和百喜草。

巴哈雀稗

叶片宽大而坚硬，比较粗糙，形成的草坪质量较低，茎基部呈紫色，根系分布广而深，耐旱性极强，尤其适合于滨海地区的干旱、质地粗、贫瘠的沙地，建坪速度快，极耐粗放管理，如图3-40所示。适用于路旁、机场和低质量的草坪。

海滨雀稗

海滨雀稗根茎粗壮发达，具有很强的抗旱性，耐涝性强，抗寒性较差，容易感病，可直接利用海水进行喷灌，被认为是最耐盐的草种之一，适合于各种贫瘠土壤，特别适合于海滨地区，如图3-41所示。由于能耐频繁低修剪，常用于高尔夫球场果岭，也常用于受盐碱破坏的土壤。

百喜草

匍匐茎特别粗壮发达，一般可达到成人手指般大小，具有细长的

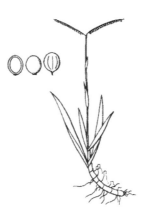

图3-40　巴哈雀稗

叶片，长度一般达 35～60cm，具有指状花序，一般 3 分权，花序上密生紫褐色花粉，如图 3-42
所示。

图 3-41 海滨雀稗   图 3-42 百喜草

4. 画眉草属

弯叶画眉草

弯叶画眉草耐热抗旱，再生能力强，较耐践踏，
适合于各种贫瘠土壤，管理较粗放。叶片细长，弯曲
下垂，是良好的观赏草坪草。一般作为水土保持植被，
可与狗牙根、巴哈雀稗等混播做护坡草坪或高速公路
草坪，如图 3-43 所示。

【高手必懂】草种选择

图 3-43 弯叶画眉草

影响草坪草种或具体品种选择的因素很多。要在
掌握各草坪草生物学特性和生态适应性的基础上，根据当地的气候、土壤、用途、对草坪质量的
要求及管理水平等因素，进行综合考虑后加以选择。具体步骤如下：

一、确定草坪建植区的气候类型

（1）分析当地气候特点以及小环境条件。

（2）要以当地气候与土壤条件作为草坪草种选择的生态依据。

二、决定可供选择的草坪草种

（1）在冷季型草坪草中，草坪型高羊茅抗热能力较强，在我国东部沿海可向南延伸到上海
地区，但是向北达到黑龙江南部地区即会产生冻害。

（2）多年生黑麦草的分布范围比高羊茅要小，其适宜范围在沈阳和徐州之间的广大过渡
地带。

（3）草地早熟禾则主要分布在徐州以北的广大地区，是冷季型草坪草中抗寒性最强的草种
之一。

（4）正常情况下，多数紫羊茅类草坪草在北京以南地区难以度过炎热的夏季。

（5）暖季型草坪草中，狗牙根适宜在黄河以南的广大地区栽植，但狗牙根种内抗寒性变异
较大。

（6）结缕草是暖季型草坪草中抗寒性较强的草种，沈阳地区有天然结缕草的广泛分布。

（7）野牛草是良好的水土保持用草坪草，同时也具有较强的抗寒性。

（8）在冷季型草坪草中，匍匐翦股颖对土壤肥力要求较高，而细羊茅较耐瘠薄；暖季型草坪草中，狗牙根对土壤肥力要求高于结缕草。

三、选择具体的草坪草种

1. 草种选择要以草坪的质量要求和草坪的用途为出发点

（1）用于水土保持和护坡的草坪，要求草坪草出苗快，根系发达，能快速覆盖地面，以防止水土流失，但对草坪外观质量要求较低，管理粗放，在北京地区高羊茅和野牛草均可选用。

（2）对于运动场草坪，则要求有低修剪、耐践踏和再恢复能力强的特点，由于草地早熟禾具有发达的根茎，耐践踏和再恢复能力强，应为最佳选择。

2. 要考虑草坪建植地点的微环境

（1）在遮阴情况下，可选用耐阴草种或混合草种。

（2）多年生黑麦草、草地早熟禾、狗牙根、日本结缕草不耐阴，高羊茅、匍匐翦股颖、马尼拉结缕草在强光照条件下生长良好，但也具有一定的耐阴性。

（3）钝叶草、细羊茅则可以在树荫下生长。

3. 管理水平对草坪草种的选择也有很大影响

管理水平包括技术水平、设备条件和经济水平三个方面。许多草坪草在低修剪时需要较高的管理技术，同时也需用较高级的管理设备。例如：匍匐翦股颖和改良狗牙根等草坪草质地细，可形成致密的高档草坪，但养护管理需要滚刀式剪草机、较多的肥料，需要及时灌溉和进行病虫害防治，因而养护费用也较高；而选用结缕草时，养护管理费用会大大降低，这在较缺水的地区尤为明显。

四、常见草种草坪生长习性对比表

1. 暖季型草种

草坪暖季型草种生长习性对比，见表3-1。

表3-1　草坪暖季型草种生长习性对比

草种 \ 生长习性	野牛草	结缕草	狗牙根	钝叶草	地毯草	假俭草
扩展性	强	强	强	强	强	中
叶片质地	细	粗至中	细至中	粗糙	粗糙	中
草层密度	高	中至高	高	中等	中等	中等
土壤适应性	强	强	强	强	酸性土	酸性土
建成速度	快	很慢	很快	快	中等	中等
恢复能力	中	中慢	优	好	不好到中	不好
耐践踏性	中	优	优	中等	差到中	差
耐寒性	强	中	差至中	弱	很差	很差
耐热性	优	优	优	优	优	优
耐旱性	优	优	优	中等	差	差

（续）

生长习性＼草种	野牛草	结缕草	狗牙根	钝叶草	地毯草	假俭草
耐阴性	中至差	好	很差	优	中等	中等到好
耐盐碱	好	好	好	好	差	差
潜伏病害	低	中	高	高	低	低
耐水渍	中	差	优	中	中	差
线虫问题	—	严重	严重	—	—	严重
养护水平	低	中	中到高	中	低	低

2. 冷季型草种

冷季型草坪草生长习性对比，见表3-2。

表3-2　冷季型草坪草生长习性对比

生长习性＼草种	匍匐剪股颖	草地早熟禾	多年生黑麦草	高羊茅	羊胡子草
扩展性	强	稍强	丛生	丛生	丛生
叶片质地	细致	细至中	细至中	粗至中	细致
草层密度	高	中至高	中	低至中	中
土壤适应性	中	中至强	中至强	强	强
建植速度	中	慢至中	快	中至快	中
恢复能力	最好	好	不好至中	不好至中	不好至中
耐践踏性	差	中等	中等	好	中等
耐寒性	强	强	中到差	中	强
耐热性	中	中到差	中到差	好	中至差
耐旱性	差	好	中	很好	很好
耐阴性	中至好	差	差	中至好	好
耐盐性	最好	差	差	好	好
养护水平	高	中至高	中	低至中	低至中
潜伏病害	高	中	中	低	低

【高手必懂】场地准备

铺设草坪和栽植其他植物不同，在建造完成以后，地形和土壤条件很难再行改变。要想得到高质量的草坪，应在铺设前对场地进行处理，主要应考虑地形处理、土壤改良及做好排灌系统。

一、土层厚度

一般认为草坪植物是低矮的草本植物，没有粗大主根，与乔灌木相比，根系浅。因此，在土层厚度不足以种植乔灌木的地方仍能建造草坪。草坪植物的根系80%分布在40cm以上的土层中，而且50%以上是在地表以下20cm的范围内。虽然有些草坪植物能耐干旱，耐瘠薄，但种在

15cm 厚的土层上，会生长不良，应加强管理。为了使草坪保持优良的质量，减少管理费用，应尽可能使土层厚度达到 40cm 左右，最好不小于 30cm；在小于 30cm 的地方应加厚土层。

二、场地清理

场地清理的目的是为了便于土地的翻耕和平整，但更主要的是为了消灭多年生杂草，以避免草坪建成后杂草与草坪争夺水分、养料。

（1）在有树木的场地上，要全部或者有选择地把树和灌丛移走，也要把影响下一步草坪建植的岩石、碎砖、瓦块以及所有对草坪草生长不利的因素清除掉，还要控制草坪建植中或建植后可能与草坪草竞争的杂草。

（2）对木本植物进行清理，包括树木、灌丛、树桩及埋藏树根的清理。

（3）清除裸露石块、砖瓦等，在 35cm 以内表层土壤中，不应当有大的砾石瓦块。

三、土地的翻耕

土壤疏松、通气良好有利于植物的根系发育，也便于播种或栽草。面积大时，可先用机械犁耕，再用圆盘犁耕，最后耙地。当面积小时，用旋耕机耕一两次也可达到同样的效果，一般耕深 10～15cm。

耕作时要注意土壤的含水量，土壤过湿或太干都会破坏土壤的结构。检查土壤的含水量是否适于耕作，可用手紧握一小把土，然后用大拇指使之破碎，如果土块易于破碎，则说明适宜耕作。土太干会很难破碎，太湿则会在压力下形成泥条。

四、土地的平整

（1）为了确保整出的地面平坦，使整个地块达到所需的高度，按设计要求，每相隔一定距离设置木桩标记。

（2）填充土壤松软的地方，土壤会沉实下降，填土的高度要高出所设计的高度，用细质地土壤充填时，大约要高出 15%；用粗质地土填充时可低些。

（3）在填土量大的地方，每填 30cm 就要镇压，以加速沉实。

（4）为了使地表水顺利排出场地中心，体育场草坪应设计成中间高、四周低的地形。

（5）地形之上至少需要有 15cm 厚的覆土。

（6）进一步整平地面坪床，同时也可把底肥均匀地施入表层土壤中。在种植面积小、大型设备工作不方便的场地上，常用铁耙人工整地。为了提高效率，也可用人工耙平。种植面积大，应用专用机械来完成。与耕作一样，细整地也要在适宜的土壤含水量范围内进行，以保证良好的效果。

五、土壤改良

土壤改良是把改良物质加入土壤中，从而改善土壤理化性质的过程。保水性差、养分贫乏、通气不良等都可以通过土壤改良得到改善。

大部分草坪草适宜的酸碱度在 5.5～7.5 之间。土壤过酸过碱，一方面会严重影响养分有效性；另一方面，有些矿质元素含量过高会对草坪草产生毒害，从而大大降低草坪质量。因此，对过酸过碱的土壤要进行改良。对过酸的土壤，可通过施用石灰来降低酸度。对于过碱的土壤，可通过加入硫酸镁等来调节。

六、排水及灌溉系统

草坪与其他场地一样，需要考虑排除地面水，因此，最后平整地面时，要结合地面排水问题考虑，不能有低凹处，以避免积水，做成水平面也不利于排水。草坪多利用缓坡来排水。

在一定面积内修一条缓坡的沟道，在低下的一端可设雨水口接纳排出的地面水，并经地下管道排走，或以沟直接与湖池相连。理想的平坦草坪的表面应是中部稍高，逐渐向四周或边缘倾斜。建筑物四周的草坪应比房基低5cm，然后向外倾斜。地形过于平坦的草坪或地下水位过高或聚水过多的草坪、运动场的草坪等均应设置暗管或明沟排水，最完善的排水设施是用暗管组成一系统与自由水面或排水管网相连接。

草坪灌溉系统是兴造草坪的重要项目。目前，国内外草坪大多采用喷灌，为此，在场地最后整平前，应将喷灌管网埋设完毕。

七、施肥

若土壤养分贫乏和pH值不适，在种植前有必要施用底肥和土壤改良剂。施肥量一般应根据土壤测定结果来确定，土壤施用肥料和改良剂后，要通过耙、旋耕等方式把肥料和改良剂翻入土壤一定深度并混合均匀。

在细整地时一般还要对表层土壤少量施用氮肥和磷肥，以促进草坪幼苗的发育。苗期浇水频繁，速效氮肥容易被淋洗掉。为了避免氮肥在未被充分吸收之前出现淋失，一般不把它翻到深层土壤中，同时要对灌水量进行适当控制。施用速效氮肥时，一般种植前施氮量为 $50 \sim 80kg/hm^2$，对较肥沃土壤可适当减少，较瘠薄土壤可适当增加。

如有必要，出苗两周后再追施 $25kg/hm^2$ 速效氮肥。施用氮肥时要十分小心，用量过大会将子叶烧坏，导致幼苗死亡。喷施时要等到叶片干后进行，施后应立即喷水。如果施的是缓效性氮肥，施肥量一般是速效氮肥用量的 $2 \sim 3$ 倍。

【高手必懂】草坪建植

建植草坪的主要方法有播种建植和营养体建植两种。应根据费用、时间要求、现有草坪建植材料及生长特性确定建植的方法。

一、播种建植

利用播种法形成草坪的优点是均匀、整齐和投资少，目前在园林绿化中已被广泛应用。大部分冷季型草坪草都能用种子建植法建坪。暖季型草坪草中，假俭草、斑点雀稗、地毯草、野牛草和普通狗牙根均可用种子建植法来建植，也可用营养体建植法来建植。马尼拉结缕草、杂交狗牙根则一般常用营养体建植的方法建坪。

1. 播种时间

主要根据草种与气候条件来决定。播种草籽，自春季至秋季均可进行。冬季不过分寒冷的地区，以早秋播种为最好，此时土温较高，根部发育好，耐寒力强，有利越冬。如在初夏播种，冷季型草坪草的幼苗常因受热和干旱而不易存活；同时，夏季一年生杂草也会与冷季型草坪草发生激烈竞争，而且夏季胁迫前根系生长不充分，抗性差。反之，如果播种延误至晚秋，较低的温度会不利于种子的发芽和生长，幼苗越冬时出现发育不良、缺苗、霜冻和随后的干燥脱水会使幼苗死亡。最理想的情况是在冬季到来之前，新植草坪已成坪，草坪草的根和匍匐茎纵横交错，这样才具有抵抗霜冻和土壤侵蚀的能力。在晚秋之前来不及播种时，有时可用休眠（冬季）播种的方法来建植冷季型草坪草，当土壤温度稳定在 10℃ 以下时播种。这种方法必须用适当的覆盖物进行保护。

在有树荫的地方建植草坪，由于光线不足，采取休眠（冬季）播种的方法和春季播种建植比秋季要好。草坪草可在树叶较小、光照较好的阶段生长。当然在有树遮阴的地方种植草坪草所选择的草坪草品种必须适于弱光照条件，否则生长将受到影响。

在温带地区，暖季型草坪草最好是在春末和初夏之间播种。只要土壤温度达到适宜发芽温度时即可进行。在冬季来临之时，草坪已经成坪，具备了较好的抗寒性，利于安全越冬。秋季土壤温度较低，不宜播种暖季型草坪草。晚夏播种虽有利于暖季型草坪草的发芽，但形成完整草坪所需的时间往往不够。播种晚了，草坪草根系发育不完善，植株不成熟，冬季常发生冻害。

2. 播种量

播种量的多少受多种因素限制，包括草坪草种类及品种、发芽率、环境条件、苗床质量、播后管理水平和种子价格等。一般由两个基本要素决定：生长习性和种子大小。每个草坪草种的生长特性各不相同。匍匐茎型和根茎型草坪草一旦发育良好，其蔓伸能力将强于母体。因此，相对低的播种量也能够达到所要求的草坪密度，成坪速度要比种植丛生型草坪草快得多。草地早熟禾具有较强的根茎生长能力，在草地早熟禾草皮生产中，播种量常低于推荐的正常播种量。

草坪的主要草种播种量见表 3-3。

表 3-3　草坪的主要草种播种量

类型	草种名称	每平方米用量 g/m²	每 667m² 用量/kg
暖季型草	结缕草	5～7	3～4
	假俭草	5～7	3～4
	狗牙根	4～6	2.5～3.5
冷季型草	紫羊茅	4～6	2.5～3.5
	剪股颖	1.5～2.5	1～1.5
	黑麦草	6～8	4～5

3. 草种单播与混播

（1）单播。是指只用一种草坪草种子建植草坪的方法。单播保证了草坪最高的纯度和一致性，可造就最美观、最均一的草坪外观。但对环境的适应能力较差，要求养护管理的水平也较高。

（2）混播。是指用两种或两种以上的草种或同种不同品种混在一起播种建植草坪的方法。混播使草坪具有广泛的遗传背景，因而草坪具有更强的环境的适应能力，能达到草种间优势互补，可使主要草种形成稳定和茁壮的草坪。但不易获得颜色和质地均匀的草坪，坪观质量稍差。草种混播应掌握各类主要草种的生长习性和主要优缺点，以便合理选择草种组合；所选草种在质地、色泽、高度、细度、生长习性方面要有一致性；混合的比例要适当，要突出主要品种。根据利用目的和土壤状况确定混播比例，像运动草坪或开放式草坪，宜选择耐践踏品种，例如高羊茅 80%＋草地早熟禾 20%、草地早熟禾 70%＋高羊茅 20%＋多年生黑麦草 10%、狗牙根 70%＋结缕草 20%＋多年生黑麦草 10%。要求质地、颜色均一可采用细羊茅 70%＋小糠草 30%。对于酸性较强的土壤，适宜选用剪股颖、羊茅类草种，以多年生黑麦草作为保护草种，不适宜用早熟禾类和三叶草类草种；而中碱性土壤，常采用草地早熟禾或高羊茅为主要草种，黑麦草为保护草种。

4. 草坪的交播

生产实践中，人们都期望草坪四季常青，绿草如茵，但气候条件的限制和季节转换，总会使某一区域的草坪如期进入休眠枯黄期。

利用交播技术可以加以改善，一般选择夏绿草种与冬绿草种交播，形成常绿草坪。所谓草坪交播，又叫追播、覆播、插播，就是指在暖季型草坪群落中的休眠期撒播一些冷季型草坪草种以获得美观冬季草坪的技术。在热带、亚热带，建植草坪选用的草坪草通常为暖季型的，该类草坪草在冬季枯黄，处于休眠状态，影响草坪景观，运动场草坪则是一片枯黄，也会影响到运动员的心情和竞技水平的发挥。交播可以改良冬季休眠枯黄的草坪，其目的是在暖季型草坪的休眠期获得一个外观良好的草坪。"交播"所选用的草种具有生长力强、建坪迅速、生长周期短、后期容易除去等特点，如一年生黑麦草、高羊茅、紫羊茅等。在前草进入枯黄期前的1个月就进行交播，一般在暖季型草坪群落中于秋季撒播一些冷季型草坪草种，进入冬季已健壮生长成坪。

这些草坪草在热带和亚热带偏暖的地区冬季常绿，夏季又处于休眠以致枯死状态，加上几次的低修剪即可清除。

5. 种子处理

种子处理，如图3-44所示。

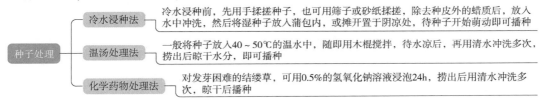

图 3-44 种子处理

6. 播种方法

播种建植草坪的方法有如下三种：

普通播种

播种时将地块分成若干小区，按照每小区面积称出所需要的种子重量，在每个小区中，从上到下播一半种子，再从左到右播一半种子（交叉播种），保证播种均匀。小面积的可以拌细沙手工播种，大面积的采用播种机播种。播种完毕后，用覆土耙进行覆土，覆土厚度为0.2~0.5cm，使草种均匀混入5~10mm土层中，然后用滚筒滚压2~3次，确保覆耙均匀，草种与土壤密接，坪床具有一定紧实度，最后用遮阳网、草苫子、无纺布、秸秆等覆盖，再浇透水，保持坪床湿润，直至种子发芽。

喷播

喷播是一种把草坪草种子、覆盖物、肥料等混合后加入液流中进行喷射播种的方法。喷播机上安装有大功率、大出水量单嘴喷射系统，把预先混合均匀的种子、胶黏剂、覆盖物、肥料、保湿剂、染色剂和水的浆状物，通过高压喷到土壤表面。施肥、播种与覆盖一次操作完成，特别适宜陡坡场地，如高速公路、堤坝等大面积草坪的建植。

喷播法中，混合材料选择及其配比是保证播种质量效果的关键。喷播使种子留在表面，不能与土壤混合和进行滚压，通常需要在上面覆盖植物（秸秆或无纺布）才能获得满意的效果。当气候干旱、土壤水分蒸发太大、太快时，应及时喷水。

种子植生带

种子植生带是指坪草种子均匀固定在两层无纺布或纸布之间形成的草坪建植材料。该法具有施工快捷方便、易于运输和贮存、出苗率高、出苗整齐，杂草少，有效防止种子流失，无残留和污染，但成本较高的特点。特别适用于常规施工方法十分困难的陡坡、高速路、公路的护岸、护坡地绿化铺设，也可用于城市的园林绿化、运动草坪以及水土保护等方面。

播种后应及时喷水，水点要细密、均匀，从上而下慢慢浸透地面。第 1~2 次喷水量不宜太大；喷水后应检查，如发现草籽被冲出时，应及时覆土埋平。两遍水后则应加大水量，经常保持土壤潮湿，喷水不可间断。这样约经一个多月时间就可以形成草坪了。此外，还必须注意围护，防止有人践踏，否则会造成出苗严重不齐。

二、营养体建植

用草坪草营养体建植草坪可采用速生的草种。将已培育好的草皮取下，撕成小片，以 10~15cm 的间距种植。在适宜期种植，经 1~2 个月即可形成密生、美丽的草坪。营养体建植草坪的方法有草皮铺栽法、直栽法、枝条匍茎法等。

1. 草皮铺栽法

草皮铺栽法的主要优点是形成草坪快，可以在任何时候（北方封冻期除外）进行，且栽后管理容易，缺点是成本高，并要求有丰富的草源。质量良好的草皮均匀一致、无病虫、杂草，根系发达，在起卷、运输和铺植操作过程中不会散落，并能在铺植后 1~2 周内扎根。起草皮时，厚度应该越薄越好，所带土壤以 1.5~2.5cm 厚为宜，草皮中无或有少量枯草层形成。也可以把草皮上的土壤洗掉以减轻重量，促进扎根，减少草皮土壤与移植地土壤质地差异较大而引起土壤层次形成的问题。草皮铺栽方法常见的有 3 种，如图 3-45 所示。

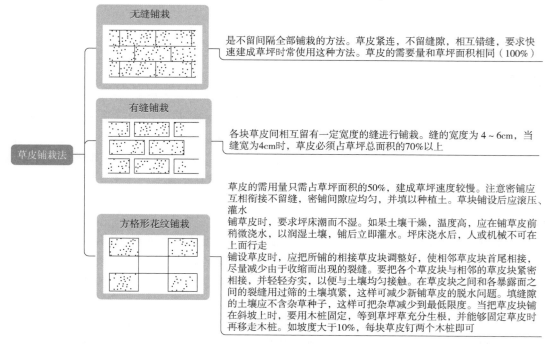

图 3-45　草皮铺栽法

2. 直栽法

直栽法是将草块均匀栽植在坪床上的一种草坪建植方法。草块是由草坪或草皮分割成的小的块状草坪。草块上带有约5cm厚的土壤。常用的直栽法主要有3种，如图3-46所示。

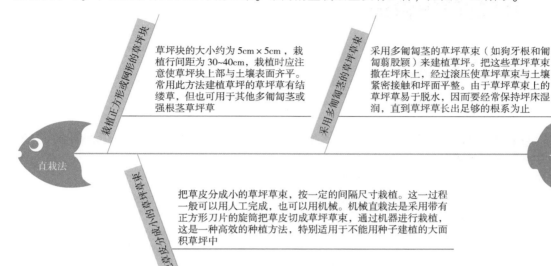

草坪块的大小约为5cm×5cm，栽植行间距为30~40cm，栽植时应注意使草坪块上部与土壤表面齐平。常用此方法建植草坪的草坪草有结缕草，但也可用于其他多匍匐茎或强根茎草坪草

采用多匍匐茎的草坪草束（如狗牙根和匍匐剪股颖）来建植草坪。把这些草坪草束撒在坪床上，经过滚压使草坪草束与土壤紧密接触和坪面平整。由于草坪草束上的草坪草易于脱水，因而要经常保持坪床湿润，直到草坪草长出足够的根系为止

把草皮分成小的草坪草束，按一定的间隔尺寸栽植。这一过程一般可以用人工完成，也可以用机械。机械直栽法是采用带有正方形刀片的旋筒把草皮切成草坪草束，通过机器进行栽植，这是一种高效的种植方法，特别适用于不能用种子建植的大面积草坪中

图 3-46　直接法

3. 枝条匍茎法

枝条和匍匐茎是单株植物或者是含有几个节的植株的一部分，节上可以长出新的植株。插枝条法通常的做法是把枝条种在条沟中，相距 15~30cm，深 5~7cm。每根枝条要有 2~4 个节，栽植过程中，要在条沟填土后使一部分枝条露出土壤表层。插入枝条后要立刻滚压和灌溉，以加速草坪草的恢复和生长。也可使用直栽法中使用的机械来栽植，它把枝条（而非草坪块）成束地送入机器的滑槽内，并且自动地种植在条沟中。有时也可直接把枝条放在土壤表面，然后用扁棍把枝条插入土壤中。枝条匍茎法，如图3-47所示。

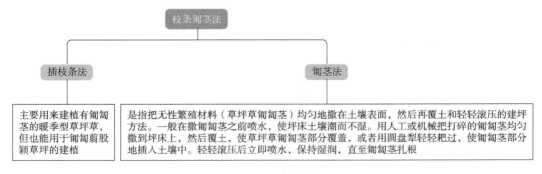

枝条匍茎法

插枝条法

匍茎法

主要用来建植有匍匐茎的暖季型草坪草，但也能用于匍匐剪股颖草坪的建植

是指把无性繁殖材料（草坪草匍匐茎）均匀地撒在土壤表面，然后再覆土和轻轻滚压的建坪方法。一般在撒匍匐茎之前喷水，使坪床土壤潮而不湿。用人工或机械把打碎的匍匐茎均匀撒到坪床上，然后覆土，使草坪草匍匐茎部分覆盖，或者用圆盘犁轻轻耙过，使匍匐茎部分地插入土壤中。轻轻滚压后立即喷水，保持湿润，直至匍匐茎扎根

图 3-47　枝条匍茎法

第三节
草坪的养护管理

【高手必懂】草坪灌溉

一、水源

没有被污染的井水、河水、湖水、水库存水、自来水等均可作灌水水源。国内外目前试用城市"中水"做绿地灌溉用水。随着城市中绿地不断增加，用水量大幅度上升，城市供水压力也越来越大，"中水"已成为一种可靠的水源。

二、灌水方法

灌水方法，如图 3-48 所示。

草坪灌水方法

漫灌：地面漫灌是最简单的方法，其优点是简单易行，缺点是耗水量大，水量不够均匀，坡度大的草坪不能使用。采用这种灌溉方法的草坪表面应相当平整且具有一定的坡度，理想的坡度是0.5%~1.5%

地下灌溉：靠毛细管作用从根系层下面设的管道中的水由下向上供水。这种方法可避免土壤紧实，并使蒸发量及地面流失量减到最低程度。节水是此法最突出的优点，然而由于设备投资大，维修困难，使用此法灌水的草坪甚少

喷灌：使用喷灌设备令水像雨水一样淋到草坪上。其优点是能在地形起伏变化大的地方或斜坡使用，灌水量容易控制，用水经济，便于自动化作业。缺点是建造成本高，但此法仍为目前国内外采用最多的草坪灌水方法

图 3-48　草坪灌水方法

三、灌水时间

在生长季节，根据不同时期的降水量及不同的草种适时灌水是极为重要的，一般可分为 3 个时期，如图 3-49 所示。

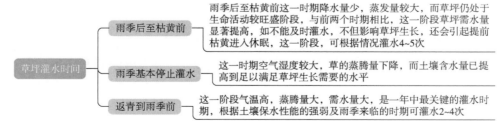

草坪灌水时间

雨季后至枯黄前：雨季后至枯黄前这一时期降水量少，蒸发量较大，而草坪仍处于生命活动较旺盛阶段，与前两个时期相比，这一阶段草坪需水量显著提高，如不能及时灌水，不但影响草坪生长，还会引起提前枯黄进入休眠，这一阶段，可根据情况灌水4~5次

雨季基本停止灌水：这一时期空气湿度较大，草的蒸腾量下降，而土壤含水量已提高到足以满足草坪生长需要的水平

返青到雨季前：这一阶段气温高，蒸腾量大，需水量大，是一年中最关键的灌水时期，根据土壤保水性能的强弱及雨季来临的时期可灌水2~4次

图 3-49　草坪灌水时间

另外，在返青时灌返青水，在北方封冻前灌封冻水也都是有必要的。草种不同，对水分的要求不同，不同地区的降水量也有差异。所以，必须根据气候条件与草坪植物的种类来确定灌水

时期。

四、灌水量

每次灌水的水量应根据土质、生长期、草种等因素而确定，以湿透根系层、不发生地面径流为原则。

灌水量的确定及影响的因素：

草坪草种或品种、草坪养护水平、土壤质地以及气候条件是影响灌水量的因素。每周的灌溉量应使水层深度达到 30 ~ 40mm，湿润土层深度达到 10 ~ 15cm，以保持草坪鲜绿；在炎热而干旱的地区，每周灌溉量在 6mm 以上为宜，最好是每周大灌水一两次。北方冬灌湿润土层深度则增加到 20 ~ 25cm，适宜在刚刚要结冰时进行。灌冬水提高了土壤热容量和导热性，延长绿期，确保草坪越冬的安全。

五、灌溉原则

草坪灌溉因草种、质量、季节、土壤质地不同遵循不同的灌水原则，同时灌溉还应与其他养护管理措施相配合。草坪灌水遵循以喷灌为主，尽量避免地面大水漫灌，这样省水效率高又不破坏土壤结构，利于草坪草的生长。应在草坪草缺水时灌溉，一次浇透，成熟草坪，应干至一定程度再灌水，以便带入新鲜空气，并刺激根向床土深层的扩展；喷灌时应遵循大量、少次的原则，以有利于草坪草的根系生长并向土壤深层扩展。单位时间浇水量应小于土壤的渗透速度，防止径流和土壤板结。控制总浇水量不应大于土壤田间持水量，防止坪床内积水，一般使土壤湿润深度达到 10 ~ 15cm 即可。

浇水因土壤质地而宜，沙土保水性能差，要小水量多次勤浇，黏土与壤土要多量少次，每次浇透，干透再浇。

【高手必懂】草坪修剪

一、修剪的原则

（1）正确掌握草坪的修剪时间。草坪生长娇嫩、细弱时少修剪；冷季型草坪在夏季休眠时应少修剪。

（2）草坪修剪标准。由于草坪用途不同，各类草坪的修剪标准和留草高度也不一样。各类草坪修剪标准和留草高度见表 3-4。

表 3-4　各类草坪修剪标准和留草高度

草坪种类	剪草标准（生长高度/cm）	留草高度/cm
观赏草坪	6 ~ 8	2 ~ 3
休息活动草坪	8 ~ 10	2 ~ 3
草皮球场	6 ~ 7	2 ~ 3
护坡草坪	12	1 ~ 3

二、修剪的作用

（1）修剪的草坪显得均一、平整而更加美观，提高了草坪的观赏性。若不修剪，草坪草容易出现生长参差不齐的现象，会降低其观赏价值。

（2）在一定的条件下，修剪可以维持草坪草在一定的高度下生长，增加分蘖，促进横向匍匐茎和根茎的发育，增加草坪密度。

（3）修剪可抑制草坪草的生殖生长，提高草坪的观赏性与运动功能。

（4）修剪可以使草坪草叶片变窄，提高草坪草的质地，使草坪更加美观。

（5）修剪能够抑制杂草的入侵，减少杂草种源。

（6）正确的修剪还可以增加草坪抵抗病虫害的能力。修剪有利于改善草坪的通风状况，降低草坪冠层温度和湿度，从而减少病虫害发生的概率。

三、修剪的高度

草坪实际修剪高度是指修剪后的植株茎叶高度。草坪修剪必须遵守"1/3 原则"，即每次修剪时，剪掉部分的高度不能超过草坪草茎叶自然高度的1/3。每一种草坪草都有其特定的耐修剪高度范围，这个范围常常受草坪草种及品种生长特性、草坪质量要求、环境条件、发育阶段、草坪利用强度等诸多因素的影响，根据这些因素可以大致确定某一草种的耐修剪高度范围。多数情况下，在这个范围内可以获得令人满意的草坪质量。草坪修剪的适宜高度，见表3-5。

表 3-5　草坪修剪的适宜高度（个别品种除外）

草种	修剪高度/cm
巴哈雀稗	5.0 ~ 10.2
普通狗牙根	2.1 ~ 3.8
杂交狗牙根	0.6 ~ 2.5
结缕草	1.3 ~ 5.0
匍匐翦股颖	0.3 ~ 1.3
细弱翦股颖	1.3 ~ 2.5
细羊茅	3.8 ~ 7.6
草地早熟禾	3.8 ~ 7.6
地毯草	2.5 ~ 5.0
假俭草	2.5 ~ 5.0
钝叶草	5.1 ~ 7.6
多年生黑麦草	3.8 ~ 7.6*
高羊茅	3.8 ~ 7.6
沙生冰草	3.8 ~ 6.4
野牛草	1.8 ~ 7.5
格兰马草	5.0 ~ 6.4

注：* 某些品种可忍受更低的修剪高度。

四、修剪频率

修剪频率是指在一定的时期内草坪修剪的次数，修剪频率主要取决于草坪草的生长速率和对草坪的质量要求。冷季型庭院草坪在温度适宜和保证水分的春、秋两季，草坪草生长旺盛，每周可能需要修剪两次，而在高温胁迫的夏季生长受到抑制，每两周修剪一次即可；相反，暖季型草坪草在夏季生长旺盛，需要经常修剪，在温度较低、不适宜生长的其他季节则需要减少修剪频率。另外，对草坪的质量要求越高，养护水平越高，修剪频率也越高。一般的草坪一年最少修剪4～5次，国外高尔夫球场内精细管理的草坪一年要经过上百次的修剪。

修剪的次数和修剪的高度是两个相互关联的因素。修剪的高度要求越低，修剪次数就越多，这是进行养护草坪所需要的。草的叶片密度与覆盖度也随修剪次数的增加而增加。北京地区野牛草草坪每年修剪3～5次较为合适，而上海地区的结缕草草坪每年修剪8～12次较为合适。据国外报道，多数栽培型草坪全年共需修剪30～50次，正常情况下1周1次，4～6月常需1周修剪两次。应注意根据草的剪留高度进行有规律的修剪，当草达到规定高度的1.5倍时就要修剪，最高不得越过规定高度的2倍。草坪修剪的频率见表3-6。

表3-6 草坪修剪的频率

应用场所	草坪草种类	修剪频率/（次/月）			年修剪次数
		4～6月	7～8月	9～11月	
庭院	细叶结缕草	1	2～3	1	5～6
	翦股颖	2～3	8～9	2～3	15～20
公园	细叶结缕草	1	2～3	1	10～15
	翦股颖	2～3	8～9	2～3	20～30
竞技场、校园	细叶结缕草、狗牙根	2～3	8～9	2～3	20～30
高尔夫球场发球台	细叶结缕草	1	16～18	13	30～35
高尔夫球场果岭区	细叶结缕草	38	34～43	38	110～120
	翦股颖	51～64	25	51～64	120～150

五、剪草方式

剪草方式主要有机械修剪、化学修剪以及生物修剪3大类。

机械修剪

机械修剪是指利用修剪机械对草坪进行修剪的方法，草坪修剪主要以修剪机修剪为主。随着社会的发展，科学技术的进步，草坪修剪机械也在不断地更新和改进，目前已有几十种适应不同场合的先进的、有效的、方便操作的修剪机械。大面积的修剪，特别是高水平养护的草坪，以机动滚刀式修剪机修剪为好，修剪出的草坪低矮、平整、美观；而小面积的修剪则可以用旋刀式修剪机修剪，但修剪出的草坪平整性、均一性较差。

机械修剪要避免同一块草坪，在同一地点、同一方向多次修剪，因为如果每次修剪总朝一个方向，容易促使草坪草向剪草方向倾斜的定向生长，草坪趋于瘦弱，易于形成"斑纹"或"纹理"现象（草叶趋于同一方向的定向生长所致），降低草坪的质量，引起草坪的退化。

此外，要注意草坪修剪时严禁带露水修剪，保持刀片锋利，对草坪病斑处要单独修剪，防止交叉感染，修剪后对刀片进行消毒，病害多发季节可适当提高修剪高度。

化学修剪

化学修剪也称药剂修剪，主要是指通过喷施植物生长抑制剂（如多效唑、烯效唑等）来延缓草坪草枝条的生长，从而降低养护管理成本。一般用于低保养的草坪，如路边草坪等，这使高速公路绿化带、陡坡、河岸等地的草坪修剪简单、安全、易操作，因此具有广阔的应用前景。随着草坪面积的扩大，草坪化学修剪也得到了重视，并取得了一些进展。但研究表明，化学修剪会使草坪草的抵抗能力下降，容易感染病虫害，对杂草的竞争力降低，最终导致草坪的品质下降。

生物修剪

生物修剪是利用草食动物的放牧啃食，达到草坪修剪目的的方式，该修剪主要适宜森林公园、护坡草坪等。

另外还有草屑处理问题。通过剪草机剪下的草坪草枝条组织称为草屑或修剪物。当剪下的草过多时应及时清除出去，否则形成草堆引起下面草坪的死亡或害虫在此产卵，利于病害的滋生。修剪时一般是将草叶收集在附带在剪草机上的收集器或袋内。由于草屑内含有植物所需的营养元素，是重要的氮源之一，氮素占其干重的 3% ~ 5%，磷素约占 1%，钾素大体占 1% ~ 3%。如果绿地草坪剪下的草叶较短，又没发生病害，就可直接将其留在草坪内进行分解，既可增加有机质，又能将大量营养元素归还到土壤中循环利用。如果剪下的草叶太长时或草坪发生病害，剪下的草屑要收集带出草坪或进行焚烧处理。对于运动场草坪，比如高尔夫球场不宜遗留草屑（影响美观和击球质量）。

六、修剪操作

（1）一般先绕目标草坪外围修剪 1 ~ 2 圈，这有利于在修剪中间部分时机器的调头，防止机器与边缘硬质砖块、水泥路等碰撞损坏机器，以及防止操作人员意外摔倒。

（2）剪草机工作时，不要移动集草袋（斗）或侧排口。集草袋长时间使用会由于草屑汁液和尘土混合，导致通风不畅影响草屑收集效果。因此，要定期清理集草袋，不要等集草袋太满，才倾倒草屑，否则也会影响草屑收集效果或遗漏草屑于草坪上。

（3）在坡度较小的斜坡上剪草时，手推式剪草机要横向行走，坐骑式剪草机则要顺着坡度上下行走，坡度过大时要应用气垫式剪草机剪草。

（4）在工作途中需要暂时离开剪草机时，务必要关闭发动机。

（5）具有刀离合装置的剪草机，在开关刀离合时，动作要迅速，这有利于延长传动带或齿轮的寿命。对于具有刀离合装置的手推式剪草机，如果已经将目标草坪外缘修剪 1 ~ 2 圈，由于机身小则在每次调头时，尽量不要关闭刀离合，以延长其使用寿命，但要时刻注意安全。

（6）剪草时操作人员要保持头脑清醒，时刻注意前方是否有遗漏的杂物，以免损坏机器。长时间操作剪草机要注意休息，切忌心不在焉。剪草机工作时间也不应过长，尤其是在炎热的夏季要防止机体过热，影响其使用寿命。

（7）旋刀式剪草机在刀片锋利、自走速度适中、操作规范的情况下仍然出现"拉毛"现象，可能是由于发动机转速不够，可由专业维修人员调节转速以达到理想的修剪效果。

（8）剪草机的行走速度过快，滚刀式剪草机会形成"波浪"现象，旋刀式剪草机会出现"圆环"状，从而严重影响草坪外观与修剪质量。

（9）对于甩绳式剪草机，操作人员要熟练掌握操作技巧，否则容易损伤树木和旁边的花灌木以及出现"剪秃"的现象，而且转速要控制适中，否则容易出现"拉毛"现象或硬物飞溅伤人事故。不要长时间使油门处于满负荷状态，以免及其过早磨损。

（10）手推式剪草机一般向前推，尤其在使用自走时切忌向后拉，否则，有可能伤到操作人员的脚。

七、修剪后的注意事项

（1）草坪修剪完毕，要将剪草机置于平整地面，拔掉火花塞进行清理。

（2）放倒剪草机时要从空气滤清器的另一侧抬起，确保放倒后空气滤清器置于发动机的最高处，防止全损耗系统用油倒灌淹灭火花塞火花，造成无法起动。

（3）清除发动机散热片和起动盘上的杂草、废渣和灰尘。但不要用高压水雾冲洗发动机，可用真空气泵吹洗。

（4）清理刀片和机罩上的污物，清理甩绳式剪草机的发动机和工作头。

（5）每次清理要及时、彻底，为以后清理打下良好的基础。清理完毕后，检查剪草机的起动状况，一切正常后入库存放于干净、干燥、通风、温度适宜的地方。

【高手必懂】草坪施肥

一、草坪草生长所需的营养元素

在草坪草的生长发育过程中必需的营养元素有碳（C）、氢（H）、氧（O）、氮（N）、磷（P）、钾（K）、钙（Ca）、镁（Mg）、硫（S）、铁（Fe）、锰（Mn）、铜（Cu）、锌（Zn）、硼（B）、钼（Mo）、氯（Cl）等16种。草坪草的生长对每一种元素的需求量有较大差异，通常按植物对每种元素需求量的多少将营养元素分为大量元素、中量元素和微量元素三组。根据草坪草的生长发育特性，进行科学的、合理的养分供应，即按需施肥，才能保证草坪各种功能的正常发挥。草坪草生长所需的营养元素，见表3-7。

表3-7 草坪草生长所需的营养元素

分类	元素名称	化学符号	有效形态
大量元素	氮	N	NH_4^+，NO_3^-
	磷	P	HPO_4^{2-}，$H_2PO_4^-$
	钾	K	K^+
中量元素	钙	Ca	Ca^{2+}
	镁	Mg	Mg^{2+}
	硫	S	SO_4^{2-}
微量元素	铁	Fe	Fe^{2+}，Fe^{3+}
	锰	Mn	Mn^{2+}
	铜	Cu	Cu^{2+}
	锌	Zn	Zn^{2+}
	钼	Mo	MoO_4^{2-}
	氯	Cl	Cl^-
	硼	B	$H_2BO_3^-$

二、草坪合理施肥

草坪施肥是草坪养护管理的重要环节。通过科学施肥，既能为草坪草生长提供所需的营养物质，又可增强草坪草的抗逆性，延长绿色期，维持草坪应有的功能。草坪质量的要求决定肥料的施用量和施用次数。对草坪质量要求越高，所需求的养分供应也越高。暖季型草坪草和冷季型草坪草对氮元素的需求状况分别见表3-8和表3-9。

表 3-8　暖季型草坪草对氮元素的需求状况

暖季型草坪草		每个生长月的需氮量/(kg/hm²)		
中文名	英文名	一般绿地草坪	运动场草坪	需氮情况
美洲雀稗	Bahiagrass	0.0 ~ 9.8	4.9 ~ 24.4	低
狗牙根	Bermudagrass	—	—	—
普通狗牙根	—	9.8 ~ 19.5	19.5 ~ 34.2	低 ~ 中
杂交狗牙根	—	19.5 ~ 29.3	29.3 ~ 73.2	中 ~ 高
格兰马草	Blue grama	0.0 ~ 14.6	9.8 ~ 19.5	很低
野牛草	Buffalograss	0.0 ~ 14.6	9.8 ~ 19.5	很低
假俭草	Centipedegrass	0.0 ~ 14.6	14.6 ~ 19.5	很低
铺地狼尾草	Kikuyu	9.8 ~ 14.6	14.6 ~ 29.3	低 ~ 中
海滨雀稗	Seashore paspalum	9.8 ~ 19.5	19.5 ~ 39.0	低 ~ 中
钝叶草	St. Augustnegrass	14.6 ~ 24.2	19.5 ~ 29.3	低 ~ 中
结缕草	Zoysiagrass	—	—	—
普通品种	—	4.9 ~ 14.6	14.6 ~ 24.4	低 ~ 中
改良品种	—	9.8 ~ 14.6	14.6 ~ 29.3	低 ~ 中

表 3-9　冷季型草坪草对氮元素的需求状况

冷季型草坪草		每个生长月的需氮量/(kg/hm²)		
中文名	英文名	一般绿地草坪	运动场草坪	需氮情况
碱茅	Alkaligrass	0.0 ~ 9.8	9.8 ~ 19.5	很低
一年生早熟禾	Annual bluegrass	14.6 ~ 24.4	19.5 ~ 39.0	低 ~ 中
加拿大早熟禾	Canada bluegrass	0.0 ~ 9.8	9.8 ~ 19.5	很低
细弱剪股颖	Colonial bentgrass	14.6 ~ 24.4	19.5 ~ 39.0	低 ~ 中
匍匐剪股颖	Creeping bentgrass	14.6 ~ 29.3	14.6 ~ 48.8	低 ~ 中
邱氏羊茅	Chewing fescue	9.8 ~ 19.5	14.6 ~ 24.4	低
匍匐紫羊茅	Creeping red fescue	9.8 ~ 19.5	14.6 ~ 24.4	低
硬羊茅	Hard fescue	9.8 ~ 19.5	14.6 ~ 24.4	低
草地早熟禾	Kentucky bluegrass	—	—	—
普通品种	—	4.9 ~ 14.6	9.8 ~ 29.3	低 ~ 中
改良品种	—	14.6 ~ 19.5	19.5 ~ 39.0	中
多年生黑麦草	Perennial ryegrass	9.8 ~ 19.5	19.5 ~ 34.2	低 ~ 中
粗茎早熟禾	Rough bluegrass	9.8 ~ 19.5	19.5 ~ 34.2	低 ~ 中
高羊茅	Tall fescue	9.8 ~ 19.5	14.6 ~ 34.2	低 ~ 中
冰草	Wheatgrass	4.9 ~ 9.8	9.8 ~ 24.4	低

三、施肥方案制定

草坪施肥的主要目标是补充并消除草坪草的养分缺乏；平衡土壤中各种养分；保证特定场

合、特定用途草坪的质量水平，包括密度、色泽、生理指标和生长量。此外，施肥还应该尽可能地将养护成本和潜在的环境问题降至最低。因此，制定合理的施肥方案，提高养分利用率，不论对草坪草本身，还是对经济和环境都十分重要。施肥方案的制定包括：施肥时间的确定、施肥量的确定和施肥次数的确定，其内容如下：

1. 施肥时间

根据草坪管理者多年的实践经验，认为当温度和水分状况均适宜草坪草生长的初期或期间是最佳的施肥时间，而当有环境胁迫或病害胁迫时应减少或避免施肥。

（1）对于暖季型草坪草来说，在打破春季休眠之后，以晚春和仲夏时节施肥较为适宜。

（2）第一次施肥可选用速效肥，但夏末秋初施肥要小心，以防止草坪草受到冻害。

（3）对于冷季型草坪草而言，春、秋季施肥较为适宜，仲夏应少施肥或不施肥。晚春施用速效肥应十分小心，这时速效氮肥虽促进了草坪草快速生长，但有时会导致草坪草抗性下降而不利于越夏。此时，如选用适宜释放速度的缓释肥可能会帮助草坪草经受住夏季高温高湿的胁迫。

2. 施肥量

施肥量的确定应考虑的因素，如图3-50所示。

图 3-50　施肥量的确定应考虑的因素

气候条件和草坪草生长季节的长短也会影响草坪草需肥量的多少。在我国南方和北方地区气候条件差异较大，温度、降雨、草坪草生长季节的长短都存在很大不同，甚至栽培的草种也完全不同。因此，施肥量计划的制订必须依据其具体条件加以调整。

3. 施肥次数

（1）根据草坪养护管理水平。草坪施肥的次数或频率常取决于草坪养护管理水平，并应考虑以下因素：

对于每年只施用一次肥料的低养护管理草坪，冷季型草坪草每年秋季施用，暖季型草坪草在初夏施用。

对于中等养护管理的草坪，冷季型草坪草在春季与秋季各施肥一次，暖季型草坪草在春季、仲夏、秋初各施用一次即可。

对于高养护管理的草坪，在草坪草快速生长的季节，无论是冷季型草坪草还是暖季型草坪草至少每月施肥一次。

当施用缓效肥时，施肥次数可根据肥料缓效程度及草坪反应作适当调整。

（2）少量多次施肥方法。少量多次的施肥方法在那些草坪草生长基质为沙性土壤、降水丰沛、易发生氮渗漏的种植地区或季节非常实用。少量多次施肥方法特别适宜在下列情况下采用：

在保肥能力较弱的沙质土壤上或雨量丰沛的季节。

以沙为基质的高尔夫球场和运动场。

夏季有持续高温胁迫的冷季型草坪草种植区。

降水丰沛或湿润时间长的气候区。

采用灌溉施肥的地区。

【高手必懂】杂草控制

植前杂草清除和地下病虫害的防治在草坪建植和养护管理过程中是一项长期而艰巨的任务。草坪建植前，利用灭生性除草剂（环保型）彻底消灭或控制土壤中的杂草，能显著减少前期草坪内的杂草。

物理防除

常用人工和机械方法清除杂草的方法，翻耕，深耕，耙地，反复多次，有效清除多年生杂草和杀除已萌发的杂草。既清除了杂草，又有助于土壤风化与土壤地力提升。

化学防除

主要利用非选择性的除草剂除草，通常应用高效、低毒、残效期短、土壤残留少的灭生性或广谱性除草剂，如熏杀剂（溴甲烷、棉隆、威百亩）和非选择性内吸除草剂（草甘膦、茅草枯），还可以在播种前灌水，提供杂草萌发的条件，让其出苗，待杂草出苗后，再喷施灭生性除草剂将其杀灭。

生物除草

利用种植绿肥、先锋草种（如黑麦草、高羊茅等）生长迅速、后期易于清除的特点，能快速形成地面覆盖层，起到遮阴、抑制杂草生长的作用，而草坪草有一定的耐阴性，它能为前期萌芽慢的草种起到保护作用而成为优势草类。这种在混播配方中，加入一定比例的能快速出苗、生长的草种，抑制杂草生长的方式称为保护播种。

土壤消毒

主要采用熏蒸法防治地下病虫害，常用的熏蒸剂有溴甲烷、氯化苦（三氯硝基甲烷）、西玛津、扑草净，敌草隆类等，主要是对土壤起到封闭作用。当药液均匀分布于土表后，犹如在地表上罩上了一张毒网，可有效地抑制杂草的萌生或杀死萌生的杂草幼苗。

防治禾本科草坪杂草除草剂，见表3-10。

表3-10　防治禾本科草坪杂草除草剂

除草剂	除草时间	适用的草坪	防除的杂草种类
莠去津	芽前	草、狗牙根	马唐、稗草、狗尾草、藜、苋、苍耳、马齿苋、蓼
氟草胺	芽前	禾、高羊茅、黑麦草、狗牙根、结缕草、钝叶草、地毯草、细羊茅	马唐、稗草、狗尾草、牛筋草、一年生早熟禾、蒺藜草、扁蓄、马齿苋、藜、苋
地散磷	芽前	禾、翦股颖、细羊茅、高羊茅、黑麦草、狗牙根、结缕草、钝叶草、假俭草、地毯草、小糠草	马唐、狗尾草、稗草、一年生早熟禾、荠菜、宝盖草、藜
敌草索	芽前	早熟禾、高羊茅、黑麦草、狗牙根、结缕草、钝叶草、假俭草、地毯草	马唐、一年生早熟禾、狗尾草、大戟、牛筋草
灭草灵	芽后	多年生黑麦草	一年生早熟禾、马唐、繁缕、稗、狗尾草、马齿苋

（续）

除草剂	除草时间	适用的草坪	防除的杂草种类
恶草灵	芽前	高羊茅、狗牙根、结缕草	牛筋草、马唐、一年生早熟禾、稗、碎米莎、马齿苋、荠菜、婆婆纳、酢酱草
施田补	芽前	草地早熟禾、多年生黑麦草、羊茅、狗牙根、地毯草、钝叶草、结缕草	马唐、稗、一年生早熟禾、酢酱草、车轴草、狗尾草、宝盖草
环草隆	芽前	草地早熟禾、高羊茅、细羊茅、多年生黑麦草	马唐、稗、看麦娘
西马津	芽前	狗牙根、结缕草、野生草、地毯草	阔叶杂草、一年生早熟禾、马唐、宝盖草、稗草、狗尾草
骠马	芽后	草地早熟禾、细羊茅、高羊茅、黑麦草	马唐、牛筋草、稗草、狗尾草、藜
大惠利	芽前	多年生禾本科草	稗草、马唐、狗尾草、看麦娘、雀稗、藜、繁缕、马齿苋、苣荬菜
地乐胺	芽前	多年生禾本科草	稗草、牛筋草、马唐、狗尾草、藜、苋、马齿苋
麦草畏	芽后	草地早熟禾、高羊茅、黑麦草、狗牙根、结缕草、假俭草、地毯草	蒲公英、蓟、繁缕、菊苣、委陵菜、车轴草、春白菊、酸模、宝盖草、扁蓄、藜、苋
2,4-D	芽后	草地早熟禾、细羊茅、高羊茅、黑麦草、狗牙根、结缕草、假俭草	马齿苋、酢酱草、菊苣、委陵菜、蒲公英、酸模、藜、苋、车前草、马齿苋、蓟
三甲四氯	芽后	草地早熟禾、高羊茅、黑麦草、狗牙根、结缕草、假俭草	繁缕、菊苣、委陵菜、车轴草、春白菊、宝盖草、扁蓄、藜、苋、荠菜、蓟、酢酱草、马齿苋、蒲公英
绿草定	芽后	草地早熟禾、高羊茅、黑麦草	阔叶杂草
使它隆	芽后	草地早熟禾、高羊茅、黑麦草、狗牙根、地毯草	猪殃殃、卷茎蓼、马齿苋、龙葵、繁缕、田旋花、蓼、苋
克阔乐	芽后	草地早熟禾、高羊茅、黑麦草、结缕草	飞蓬、藜、苋、酸模、蓟、蓼
苯达松	芽后	草地早熟禾、高羊茅、黑麦草、结缕草、狗牙根、地毯草	龙葵、野菊、苋、蓟、马齿苋、苍耳、鸭跖草、莎草、藜、繁缕
溴苯腈	芽后	草地早熟禾、高羊茅、黑麦草、结缕草、狗牙根、地毯草、假俭草、紫羊茅	蓼、藜、苋、龙葵、苍耳、田旋花、蓟、蒲公英、鸭跖草

【高手必懂】退化草坪的修复与更新

一、草坪退化的原因与修复

草坪经过一段时间的使用后，会出现斑秃、色泽变淡、质地粗糙、密度降低、枯草层厚甚至整块草坪退化荒芜。造成这种现象的原因多种多样，如草种选择不当，草坪缺水干旱，地势低洼积水，排水不良，刈割高度，践踏严重，土壤板结，树林遮阴，阳光不足，病虫害、冻害、杂草的侵害以及草坪已到衰退期等。因此，不仅要改善草坪土壤基础设施，加强水肥管理，防除杂草和病虫害外，还要对局部草坪进行修补和更新。

1. 草种选择不当

这种现象多发生在新建植的草坪上，盲目引种造成草坪草不适应当地的气候、土壤条件和使用要求，不能安全越夏、越冬。选用的草种生长特点、生态习性与使用功能不一致，致使草坪生长不良，会造成草坪稀疏、成片死亡，出现秃斑，严重影响草坪的景观效果。

2. 草皮致密

形成的絮状草皮，致使草坪草长势衰弱，引起退化，对此一般先应清除掉草坪上的枯草、杂物，然后进行切根疏草，刺激草坪草萌发新枝。

3. 过度践踏

土壤板结，通气透水不良，影响草坪正常呼吸和生命活动，该种情况采用打孔、垂直修剪、划切、穿刺、梳草以疏松土壤，改善土壤通气状况，然后施入适量的肥料，立即灌水，以促使草坪草快速生长，及时恢复再生。

4. 阳光不足

由于建筑物、高大乔木或致密灌木的遮阴，使部分区域的草坪因得不到充足阳光而影响草坪草的光合作用，光合产物少使草难以生存。园林绿地中，乔木、灌木、草坪种植，遮阴非常普遍，不同草种以及同一草种不同品种之间的耐阴性都有一定差异。

第一，选择耐阴草种，如暖地型草坪草中，结缕草最耐阴，狗牙根最差；在冷地型草坪草中，紫羊茅最耐阴，其次是粗茎早熟禾。

第二，修剪树冠枝条；间伐、疏伐促通风，降低湿度。一般而言，单株树木不会造成严重的遮阳问题，如果将 3m 以下低垂枝条剪去，早晨或下午的斜射光线就基本能满足草坪草生长的最低要求。

第三，草坪修剪高度应尽可能高一些，要保留足够的叶面积以便最大限度地利用有限的光能，促进根系尽量向深层发展，保持草坪的高密度和高弹性。

第四，灌水要遵循少餐多量的原则（叶卷变成蓝灰色时灌溉），每次应多浇水以促进深层根系的发育，避免用多餐少量的浇水方法，以免浅根化和发生病害。

第五，氮肥不能太多，以免枝条生长过快而根系生长相对较慢，使碳水化合物储量不足，同时施氮肥过多，草坪草多汁嫩弱，更易感病，耐磨、耐践踏能力下降。

5. 土壤酸度或碱度过大

对此则应施入石灰或硫黄粉，以稳定土壤的 pH 值。石灰用量以调整到适于草坪草生长的范围为度，一般是每平方米施 0.1kg，配合加入适量过筛的有机质，则效果更好。

6. 管理不当造成秃斑及凹凸不平

病虫草害的侵入会使草坪形成较多秃斑、裸斑，为此可采取播种法如补播草籽或用营养繁殖法如蔓植、塞植和铺植草皮对裸秃斑进行修复。

具体做法：首先把裸露地面的草株沿斑块边缘切取下来，施入厚度要稍高于（6mm 左右）周围草坪土层的肥沃土壤，然后整平土面；其次铺草皮块或播种，所播草种必须与原来草种一致，然后拍压地面，使其平整并使播种材料与土壤紧密结合；最后植草后浇足水，保持湿润，加强修复草坪的精心养护，使之尽快与周围草坪外观质量一致。凸凹不平草坪中小的坑洼，可用表施土壤填细土的方法调整（每次填土厚度不要太厚，不超过 0.5cm，可分多次进行）；突起或明显坑洼处，首先用铁铲或切边器将草皮十字形切开，分别向四周剥离掀起草皮，然后除去突起的土壤或填入土壤到凹陷处，整平压实后再把草皮放回铺平，浇水管理即可。

7. 杂草的侵害

草坪建植前没有预先充分除草，建植后养护措施粗放，不当施肥和灌溉等，都易引起杂草侵害，最好进行人工除草，无或少的必要时进行化学除草。

二、草坪退化更新方法

如果草坪严重退化，或严重受到损害，盖度不足 50% 时，则需要采取更新措施。园林绿地草坪草、运动场草坪草如高尔夫球场等更新复壮有以下几种方法：

退化严重草坪的更新

通常是由于土壤表层质地不均一，枯草层过厚，表层 3 ~ 5cm 土壤严重板结，草坪草根层出现严重絮结以及草坪草被大部分多年生杂草、禾草侵入等现象引起的草坪退化。针对这类退化草坪，进行更新前，首先调查先前草坪失败的原因，测定土壤物理性状、肥力状况和 pH 值，检查灌溉排水设施，然后制订切实可行的方案，用人工或取草皮机清除场地内的所有植物，进行草坪土壤基础设施改善。坪床准备好以后进行草种选择，再确定种子直播还是铺草皮种植等一系列的建植措施，最后要吸取教训，加强草坪常规管理，如加强水肥管理、打孔通气、清除枯草层等。

带状更新法

对具有葡萄茎、根状茎分节生根的草坪草，如野牛草、结缕草、狗牙根等，长到一定年限后，草根密集絮结老化，蔓延能力退化，可每隔 50cm 挖走 50cm 宽的一条，增施泥炭土、腐叶土或厩肥、堆肥泥土等，结合翻耕改良平整空条土地，过一两年就可长满坪草，然后再挖走留下的 50cm，这样循环往复，4 年就可全面更新一次。

断根更新法

由于土壤板结，引起草坪退化，可以定期在建成的草坪上，用打孔机将草坪地面扎成许多洞孔，孔的深度约 8 ~ 10cm，洞孔内撒施肥料后立即喷水，促进新根生长。另外，也可用齿长为 3 ~ 4cm 的钉筒滚压划切，也能起到疏松土壤、切断老根的作用，然后在草坪上撒施肥土，促进新芽萌发，从而达到更新复壮的目的。针对一些枯草层较厚、草坪草稀密不均、年限较长的地块，可采取旋耕断根更新措施，即用旋耕机普旋一遍，然后施肥浇水，既达到了切断老根的效果，又能促使草坪草分生出许多新枝条而更新。

补植草皮

对于轻微的枯秃或局部杂草侵占，将杂草除掉后及时进行异地采苗补植。移植草皮前要进行修剪，补植后要踩实，使草皮与土壤结合紧密，促进草皮生根，恢复。

总之，造成草坪功能减弱或丧失的原因很多，归纳起来主要包括草种选择不当、养护管理不善、草坪已到衰退期和过度使用等方面，是草坪草内在因素和影响草坪正常生长的外界条件两方面原因综合作用的结果。

第四章
花卉种植设计与施工

第一节
花卉概述

【新手必读】花卉的分类

狭义的花卉仅指草本的观花植物和观叶植物。

广义的花卉指凡是具有一定观赏价值，并经过一定技艺进行栽培与养护的植物。

花卉种类繁多，习性各异，有多种分类方法，现介绍两种常用的分类方法，如图4-1所示。

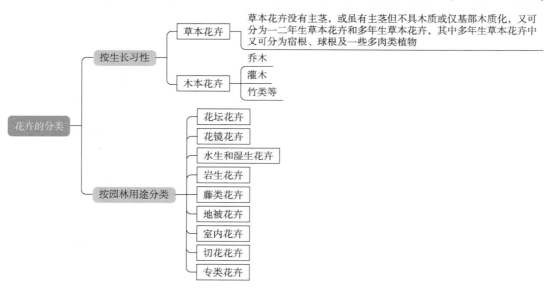

图 4-1　花卉的分类

【高手必懂】花期控制的方法

花期控制是人工改变植物自然花期的技术。利用花期控制可使各种花卉在四季均衡开花，在节日供应各种不时之花，使不同花期的花卉在同一时期开放，或使某些一年开花一次的变为一年两次或多次开放。还可使花期不遇的杂交亲本同时开花，对于提高花卉的观赏、展览功能和植物育种工作，都有重要意义。花期控制的方法主要有 6 种，方法及其内容如下：

一、生长期控制法

在花卉栽培中可以通过控制播种期、种植期、萌芽期、上盆期等来控制花期。一般早播种、早栽种的花卉植物开花早。如四季秋海棠播种后 12 ~ 14 周即可开花；风信子、水仙的花芽分化完成后，冬季水养的时间先后就决定其开花时间的先后。根据这一原则，通常采取分批种植、分批播种来达到分批开花、分期应用的目的。如万寿菊春播可用于"五一"布置花坛；夏播可在"十一"期间应用。唐菖蒲 3 月栽种可 6 月开花，7 月栽种 10 月开花，正因为这样，唐菖蒲、百合等一年四季都有花上市。

二、光照处理法

1. 短日照处理

在长日照季节里，要想使长日照花卉延迟开花则需遮光，使短日照花卉提前开花也需遮光。根据需要遮光时间的长短，用黑布或黑色塑料膜，于日落前开始遮光，直到次日日出后一段时间为止。在花芽分化及花蕾形成过程中，人工控制植物所需的日照时数，或者减少植物花芽分化所需的日照时数。因为遮光处理一般在夏季高温时期，短日照植物开花被高温抑制得较多，在高温条件下花的品质较差，所以，在短日照处理时，需要控制暗室内的温度。遮光处理花卉植物所需要的天数因植物不同而有所差异，如菊花和一品红在下午 5:00 至次日上午 8:00 置于黑暗中，菊花经处理 50 ~ 70 天后能开花，一品红经处理 40 多天后才能开花。采用短日照处理的花卉植株要生长健壮，营养生长充分，处理前应停施氮肥，增施磷、钾肥。

在日照反应上，不同植物对光强弱的感受程度存在差异，通常植物能感应 10lx 以上的光强，并且幼叶比老叶敏感，因此，遮光时上部漏光要比下部漏光对花芽的发育影响大。短日照处理时，光照的时间一般控制在 11h 左右为宜。

2. 长日照处理

短日照季节要使长日照花卉提前开花，就需增加人工辅助照明；要使短日照花卉延迟开花，也需采取人工辅助光照。长日照处理的方法一般可分为三种，如图 4-2 所示。

人工辅助灯的光强需 100lx 以上，才能完全阻止花芽的分化。秋菊是对光照时间比较敏感的短日照花卉植物，9 月上旬用辅助灯给予光照，在 11 月上旬停止辅助光照，春节前菊花即可开放。利用增加或减少

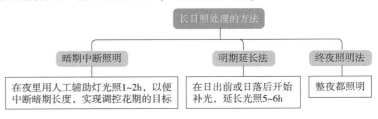

图 4-2　长日照处理的方法

光照时间，可使菊花一年之中任何季节都能开花，满足人们全年对菊花切花的需求。

3. 颠倒昼夜处理

有些花卉植物在夜晚开花，以致给人们观赏带来不便。例如昙花在夜间开放，花期最多 3 ~ 4h，所以称为昙花一现，只有少数人能观赏到昙花的美丽。为了让更多的人能欣赏到昙花的开放，可采用颠倒昼夜的处理方法。当花蕾已长至 6 ~ 9cm 时，白天把植株放在暗室中遮光，19:00 至次日 6:00 用 100W 的强光给予充足的光照，经过 4 ~ 7 天的昼夜颠倒处理后，就可改变昙花夜

间开花的习性，使之白天开花，并且可延长开花时间。

4. 遮阴延长开花时间

有些花卉不耐受强烈的太阳光照，尤其是在含苞待放之前，使用遮阴网等遮光材料进行适当遮光，或移到光线较弱的地方，均可延长开花时间。月季花、康乃馨、牡丹等适应较强光照的花卉，如果在开花期适当遮光，也可以使每朵花的花期延长 1~3 天。

三、温度调控法

1. 增加温度

主要用于促进花卉提前开花，持续提供花卉生长发育的适宜温度，可实现提前开花。特别是在冬春季节，气温较低，大部分花卉生长缓慢，在 5℃ 以下大部分花卉生长停止，进入休眠状态，部分热带花卉会受到冻害。因此，增加温度能阻止花卉进入休眠，也可防止热带花卉受冻害，增温是提前开花的主要措施。如金边瑞香、绣球花、杜鹃、牡丹、瓜叶菊等经过加温处理后都能提前花期。为了能使牡丹提前在春节开放，主要是采用增温的方法。先经过低温处理打破休眠的牡丹，然后在高温下至少栽培 2 个月即可在春节开花。

2. 降低温度

一些秋植球根花卉的种球，在完成球根发育和营养生长过程中，花芽分化也逐渐完成，之后把球根从土壤里取出晾干。如果不经低温处理，则这些种球不开花，即使开花质量也比较差，无法达到经过低温处理的球根开花标准。秋植球根花卉，除了少数可以不用低温处理能够正常开花外，绝大多数种类必须要经过低温处理才能开花。这种低温处理种球的方法又称为冷藏处理。在进行低温处理时，需要根据球根花卉处理目的和种类，选择最适宜低温。确定处理温度之后，除了在冷藏期间注意保持同一温度外，还要注意放入和取出时逐渐降低和升高的温度。如果在 4℃ 低温条件下处理了 2 个月的种球，取出后立即放置于 25℃ 的环境中，或立即种到高温地里，因为温度在短时间内变化剧烈，会引起种球内部生理紊乱，最终严重影响开花质量和花期，所以低温处理时，一般要经过 4~7 天逐渐降温的过程（1 天降低 3~4℃），直至降到所需低温；同样，在把完成低温处理的种球取出之后，也需要经过 4~7 天的逐渐升温过程，才能保证低温处理种球的开花质量。

一些二年生或多年生草本花卉，需要进行低温春化才能形成花芽。花芽的发育也需要在低温环境中完成，然后在常温下开花。这些植物进冷库之前需要经过选择，已达到需要接受春化作用阶段、生长健壮、没有病虫危害的植株再进行低温处理，否则难以达到预期目的。在冷库处理花卉植株时，需要每隔几天检查一次湿度，发现干燥时要适当浇水。由于花卉在冷库中长时间没有光照，无法进行光合作用，最终会影响植株的生长发育，因此冷库中必须加装照明设备，每天进行几小时的光照，能减少长期黑暗对花卉的不良影响。

刚从冷库取出时，要将植株放在避光、避风、凉爽处，适当喷水加湿，使植株有一个过渡期，然后再逐步加强光照，适时浇水，精心管理，直至开花。

3. 利用高海拔山地

除了用冷藏方法处理球根类花卉的种球外，在高温地区，在高海拔 800~1200m 以上建立花卉生产基地，利用高海拔山区的冷凉环境进行花期调控是一种易操作、低成本、大规模进行花期调控的理想之选。由于大多数花卉在适宜温度下，生长发育要求昼夜温差大，在这样的温度条件下花卉生长迅速，病虫危害发生相对较少，有利于花芽的分化和发育以及打破休眠，使花期调控能减少大量能源消耗，降低了生产成本，从而大幅增强了花卉商品的竞争力。

4. 低温诱导休眠

延缓生长利用低温能诱导球根花卉休眠的特性，一般通过 2～4℃ 的低温处理，多数球根花卉的种球可长期储藏，推迟花期，在需要开花前可取出进行促成栽培即可达到目的。在低温条件下花卉生长变缓，使发育期和花芽成熟过程延长，进而延迟了花期。

四、水肥控制法

对于具有经常开花习性的花卉来说，若在开花末期及时剪除残花败叶，并施肥给水，就可延缓衰老，促进再度开花，从而延长观赏期，如高山积雪、凤仙花、一串红等。但一定要注意所施用肥料配比适宜。

五、采用机械处理等栽培措施控制法

在花卉栽培中也常用摘心、打顶、摘蕾、摘叶、抹芽、修剪、环割、嫁接等措施来控制花株生长速度，对花期也能在一定程度上起到调节作用。如一串红、万寿菊、大丽花、孔雀草、矮牵牛等，在栽培中常用摘心或摘除嫩茎等机械处理方式来延缓其开花，也有利于提高开花的品质。

六、植物生长调节物质处理法

这是一种新型的花期调节手段。在花卉栽培中应用较多、效果较好的是赤霉素（GA3 等）、矮壮素（CCC）、乙烯利等。植物生长调节物质处理法的使用，如图 4-3 所示。

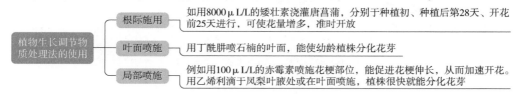

图 4-3　植物生长调节物质处理法的使用

使用植物生长调节物质要注意配制方法和使用注意事项，否则会影响其使用效果，甚至对花卉造成伤害。例如配制常用的赤霉素溶液，应先用 95% 的酒精溶解，稀释成 20% 的酒精溶液，然后再配成所需的浓度的水溶液。植物生长调节物质在生产上应用广泛。

【高手必懂】花卉栽植的方法

一、种子直播

种子直播大都用于草本花卉。首先要做好播种床的准备。

（1）在预先深翻、粉碎和耙平的种植地面上铺设 8～10cm 厚的配制营养土或成品泥炭土，然后稍压实，用板刮平。

（2）用细孔喷壶在播种床面浇水，要一次性浇透。

（3）小粒种子可撒播，大、中粒种子可采取点播。如果种子较贵或较少应点播，这样出苗后花苗长势好。点播要先横竖划线，在线交叉处播种。也可以条播，条播可控制草花猝倒病的蔓延。此外，在斜坡上大面积播花种也可采取喷播的方法。

（4）精细播种，用细沙性土或草碳土将种子覆盖。覆土的厚度原则上是种子粒径的 2～3

倍。为掌握厚度，可用适宜粗细的木棒放置于床面上，覆土厚度只要和木棒平齐即能达到均匀、合适的覆土厚度。覆好后拣出木棒，轻轻刮平即可。

（5）秋播花种，应注意采取保湿保温措施，在播种床上覆盖地膜。如晚春或夏季播种，为了降温和保湿，应薄薄盖上一层稻草，或者用竹帘、苇帘等架空，进行遮阴，待出苗后撤掉覆盖物和遮挡物。

（6）对床面撒播的花苗，为培养壮苗，应对密植苗进行间苗处理，间密留稀，间小留大，间弱留强。

二、裸根移植

花卉移栽可以扩大幼苗的间距、促进根系发达、防止徒长。因此，在园林花卉种植中，对于比较强健的花卉品种，可采用裸根移植的方法定植。但常用草花因植株小、根系短而娇嫩，移栽时稍有不慎，即可造成失水死亡。因此，在花卉，特别是对草本花卉进行裸根移植时，应注意几点要求，如图4-4所示。

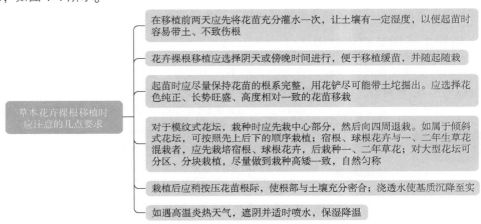

图4-4　草本花卉裸根移植时应注意的几点要求

三、钵苗移植

草花繁殖常用穴盘播种，长到4~5片叶后移栽钵中，分成品或半成品苗下地栽植。这种工艺移植成活率较高，而且无须经过缓苗期，养护管理也比较容易。钵苗移植时应注意的几点要求，如图4-5所示。

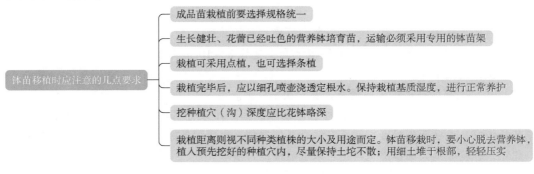

图4-5　钵苗移植时应注意的几点要求

四、球根类花卉栽植

球根类花卉大都花茎秀丽、花多而艳美、花期较长，在花坛、花境布置中应用广泛。

球根类花卉一般采用种球栽植，不同品种栽植要求略有差别。

（1）球根类花卉培育基质应松散而有较好的持水性，常用加有 1/3 以上草炭土的沙土或沙壤土，提前施好有机肥。可适量加施钾、磷肥。栽植密度可按设计要求实施，按成苗叶冠大小决定种球的间隔。按点种的方式挖种植穴，深度宜为球茎的 1～2 倍。

（2）种球埋入土中，围土压实，种球芽口必须朝上，覆土约为种球直径的 1～2 倍。然后喷透水，使土壤和种球充分接触。

（3）球根类花卉栽植后水分的控制必须适中，因生根部位于种球底部，控制栽植基质水分不能过湿。

（4）如属秋栽品种，在寒冬季节，还应覆盖地膜、稻草等物保温防冻。嫩芽刚出土展叶时，可施一次腐熟的稀薄饼肥水或复合肥料，现蕾初期至开花前应施 1～2 次肥料，这样，可使花苗生长健壮、花大色艳。

球根花卉种球的基本要求，见表 4-1。

表 4-1　球根花卉种球质量要求

质量要求	外观	种皮外膜	芽眼芽体	病虫害症状
鳞茎类	充实、无腐烂、无畸形、不干瘪	皮膜基本完好（水仙除外）	中心芽饱满无损坏，鳞片排列紧密	无
球茎类	坚实、无腐烂、无畸形	外膜皮无缺损	主芽饱满无损坏	无
块茎类	充实、无腐烂、无畸形		主芽饱满，芽眼无损坏	无
根茎类	节间充实、无腐烂、无畸形		主芽饱满，芽体无损坏	无
块根类	充实、无腐烂、无畸形		根颈部无损坏	无

【高手必懂】各类球根花卉种球规格等级与检验方法

一、各类球根花卉种球规格等级

1. 鳞茎类种球规格等级标准

鳞茎类种球规格等级标准应符合表 4-2 的要求。

表 4-2　鳞茎类种球规格等级标准　　　　　　　　　　（单位：cm）

中文名	科属	学名	圆周长规格			备注
			1 级	2 级	3 级	
东方百合	百合科百合属	*Lilium* Oriental Hybrids	>18.0	16.0～18.0	14.0～16.0	
亚洲百合（包括虎皮百合系列）	百合科百合属	*Lilium* Asiatic Hybrids	>16.0	14.0～16.0	12.0～14.0	卷瓣组的原种或变种（如川百合、卷丹、兰州百合等）参考该标准

（续）

中文名	科属	学名	圆周长规格			备注
			1 级	2 级	3 级	
喇叭百合	百合科 百合属	*Lilium* Trumpet Hybrids	>18.0	16.0~18.0	14.0~16.0	喇叭组的原种或变种（如野百合、岷江百合、龙牙百合等）参考该标准
麝香百合	百合科 百合属	*Lilium* Longiflorum Hybrids	>16.0	14.0~16.0	12.0~14.0	又称铁炮百合，麝香百合原种参考该标准
LA 杂交 百合	百合科 百合属	*Lilium* Longiflorum × Asiatic	>16.0	14.0~16.0	12.0~14.0	铁炮百合和亚洲百合的杂种系间杂交品种群
OT 杂交 百合	百合科 百合属	*Lilium* Oriental × Trumpet	>18.0	16.0~18.0	14.0~16.0	东方百合与喇叭百合的杂种系间杂交品种群
郁金香	百合科 郁金香属	*Tulipa* cvs	>14.0	12.0~14.0	11.0~12.0	
风信子	百合科/ 天门冬科 风信子属	*Hyacinthus orientalis* cvs.	>17.0	16.0~17.0	15.0~16.0	
大花葱	百合科 葱属	*Allium* cvs	>22.0	20.0~22.0	18.0~20.0	
皇冠贝母	百合科 贝母属	*Fritillariaim perialis* cv.	>24.0	22.0~24.0	20.0~22.0	
大百合	百合科 大百合属	*Cardiocrinum giganteum*	>27.0	23.0~27.0	21.0~23.0	
葡萄风信子	百合科 葡萄风信子属	*Muscari botryoides* cvs	>9.0	8.0~9.0	7.0~8.0	
中国石蒜	石蒜科 石蒜属	*Lycoris chinensis*	>13.0	10.0~13.0	7.0~10.0	短茎完整，有皮鳞茎
忽地笑	石蒜科 石蒜属	*Lycoris aurea*	>18.0	14.0~18.0	10.0~14.0	短茎完整，有皮鳞茎
石蒜	石蒜科 石蒜属	*Lycoris radiata*	>11.0	8.0~11.0	5.0~8.0	短茎完整，有皮鳞茎
换锦花	石蒜科 石蒜属	*Lycoris sprengeri*	>12.0	9.0~12.0	6.0~9.0	短茎完整，有皮鳞茎
葱莲	石蒜科 葱莲属	*Zephyranthes candida*	>17.0	11.0~17.0	5.0~11.0	

（续）

中文名	科属	学名	圆周长规格			备注
			1 级	2 级	3 级	
韭莲	石蒜科葱莲属	*Zephyranthes grandiflora*	>11.0	8.0~11.0	5.0~8.0	
朱顶红	石蒜科朱顶红属	*Hippeastrumvittatum* cv.	>24.0	20.0~24.0	16.0~20.0	有皮鳞茎
紫娇花	石蒜科紫娇花属	*Tulbaghia violacea*	>4.0	3.0~4.0	2.0~3.0	
文殊兰	石蒜科文殊兰属	*Crinum asiaticum* var. *sinicum*	>22.0	18.0~22.0	14.0~18.0	有皮鳞茎
蜘蛛兰	石蒜科蜘蛛兰属	*Hymenocallis speciosa*	>30.0	24.0~30.0	18.0~24.0	有皮鳞茎
水仙	石蒜科水仙属	*Narcissus tazetta* var. *chinensis*	>25.0	23.0~25.0	21.0~23.0	侧鳞茎数>1 雕刻球
			>23.5	20.5~23.5	17.5~20.5	一般商品球
喇叭水仙	石蒜科水仙属	*Narcissus pseudo-narcissus*	>14.0	12.0~14.0	10.0~12.0	有皮鳞茎
红口水仙	石蒜科水仙属	*Narcissus poeticus*	>13.0	11.0~13.0	9.0~11.0	有皮鳞茎
西班牙鸢尾	鸢尾科鸢尾属	*Iris xiphium*	>14.0	11.0~14.0	8.0~11.0	有皮鳞茎
荷兰鸢尾	鸢尾科鸢尾属	*Iris hollandica*	>14.0	11.0~14.0	8.0~11.0	有皮鳞茎

注：表中植物分类参照 Flora of China（《中国植物志》英文修订版），表3~表5。

2. 根茎类种球规格等级标准

根茎类种球规格等级标准应符合表4-3 的要求。

表4-3　根茎类种球规格等级标准　　　　　　　　（单位：cm）

中文名	科属	学名	根茎规格			备注
			1 级	2 级	3 级	
荷花	莲科莲属	*Nelumbo nucifera*	具顶芽和侧芽，节间数≥3，尾端有节	具顶芽，2 个节间，尾端有节	具顶芽，1 个节间，尾端有节	
耐寒睡莲	睡莲科睡莲属	*Nymphaea* cvs.	具侧芽，最短节间5+，最小直径4	具侧芽，最短节间3/5，最小直径3	具侧芽，最短节间3，最小直径2	
热带睡莲	睡莲科睡莲属	*Nymphaea* cvs.	圆周长>20.0	圆周长>14.0	圆周长>8.0	

（续）

中文名	科属	学名	根茎规格			备注
			1级	2级	3级	
大花美人蕉	美人蕉科 美人蕉属	*Canna × generalis*	顶芽 >5 个	顶芽 4～5 个	顶芽 2～3 个	
姜荷花	姜科姜黄属	*Curcuma alismatifolia*	圆周长 >6；贮藏根数 >3	圆周长 4.5～6.0；贮藏根数 >3	圆周长 3.0～4.5；贮藏根数 <3	
莪术	姜科姜黄属	*Curcuma phaeocaulis*	圆周长 >14.0	圆周长 9.0～14.0	圆周长 6.0～9.0	
郁金	姜科姜黄属	*Curcuma aromatica*	圆周长 >14	圆周长 10.0～14.0	圆周长 7.5～10.0	

3. 球茎类种球规格等级标准

球茎类种球规格等级标准应符合表 4-4 的要求。

表 4-4　球茎类种球规格等级标准　　　　　　　　（单位：cm）

中文名	科属	学名	圆周长规格			备注
			1级	2级	3级	
唐菖蒲	鸢尾科唐菖蒲属	*Gladiolus* cvs.	>12.0	10.0～12.0	8.0～10.0	
香雪兰	鸢尾科香雪兰属	*Freesia* cvs.	>7.0	5.0～7.0	3.0～5.0	
番红花	鸢尾科番红花属	*Crocus* cvs.	>9.0	8.0～9.0	7.0～8.0	
慈姑	泽泻科慈姑属	*Sagittaria trifolia*	>15.0	12.0～15.0	9.0～12.0	有皮球茎

4. 块茎类、块根类种球规格等级标准

块茎类、块根类种球规格等级标准应符合表 4-5 的要求。

表 4-5　块茎类、块根类种球规格等级标准　　　　（单位：cm）

编号	中文名	科属	学名	圆周长规格			备注
				1级	2级	3级	
1	花毛茛	毛茛科毛茛属	*Ranunculus asiaticus*	>8	5.0～8.0	3.0～5.0	
2	马蹄莲	天南星科马蹄莲属	*Zantedeschia aethiopica*	>18	15.0～18.0	12.0～15.0	
3	花叶芋	天南星科五彩芋属	*Caladium bicolor*	>16	13.0～16.0	10.0～13.0	
4	球根秋海棠	秋海棠科秋海棠属	*Begoniatuber* cvs.	>16	13.0～16.0	10.0～13.0	
5	大丽花	菊科大丽花属	*Dahlia* cvs.	>18	14.0～18.0	10.0～14.0	
6	晚香玉	石蒜科晚香玉属	*Polianthus tuberosa*	>12	10.0～12.0	8.0～10.0	

二、检验方法

1. 圆周长测定

（1）测量种球圆周长应用软尺，读数应精确到 0.1cm。

（2）测量鳞茎类种球规格，可自制环形网筛，网筛上应有不同规格的网眼，并应以此筛分

种球和划分等级；水仙类鳞茎应按照中央主球周长手工测量分级。

（3）测量球茎类、根茎类种球的圆周长和直径，应在种球风干后，垂直于种球茎轴测其最大数值。

（4）测量块茎类和块根类种球的圆周长和直径，应测其最大值和最小值，再求平均值。

2. 外观检测

（1）目测种球应饱满充实、无腐烂现象、无机械损伤、无病斑和虫体危害等污染状况，皮膜、根盘等应完好。

（2）目测芽眼或芽体应无损伤。

3. 种球检疫应按照现行国家标准《鳞球茎花卉检疫规程》GB/T 28061 中的规定执行

【高手必懂】园林常用的草本花卉

园林常用的草本花卉见表4-6。

表4-6　园林常用的草本花卉

种类	中名	科名	学名	习性	繁殖	观赏特性及园林用途
宿根花卉	瞿麦	石竹科	*Dianthus superbus*	喜光，耐寒，喜肥沃，排水好	播种	花浅粉紫色，花期5~6月；花坛；花境、丛植
	毛剪夏罗	石竹科	*Lychnis coronaria*	较耐寒，喜光，喜凉爽湿润	播种、分株	花坛、花境
	常夏石竹	石竹科	*Dianthus plumarius*	耐寒，不耐酷暑，喜排水良好的肥沃土壤	播种	花坛、花境
	香石竹（康乃馨）	石竹科	*Dianthus caryophyllus*	喜空气流通，喜肥，喜凉爽，不耐炎热，喜排水的微酸性土	播种、压条、扦插	花色繁多、色艳
	耧斗菜	毛茛科	*Aquilegia vulgaris*	炎夏宜半阴，耐寒，宜湿润排水	播种	花色繁多，花期初夏；自然式栽植、花境、花坛
	乌头	毛茛科	*Aconitum chinensis*	喜光，耐寒性强，喜凉爽湿润	播种	花坛
	瓜叶乌头	毛茛科	*Aconitum hemsleyanum*	喜阳，耐半阴，耐寒，不耐酷暑	播种	花坛
	秋牡丹	毛茛科	*Anemone hupehensisvar japonica*	喜凉爽，阳光充足，忌炎热，宜肥沃湿润土壤	播种	秋季观花
	白头翁	毛茛科	*Pulsatilla chinensis*	性耐寒，喜凉爽气候，忌低洼地	播种	花坛及盆栽

（续）

种类	中名	科名	学名	习性	繁殖	观赏特性及园林用途
宿根花卉	芍药	芍药科	*Paeonia lactiflora*	喜光，耐寒，喜深厚肥沃沙质土	播种、分株	花多而大，色繁多；花境、群植
	荷包牡丹	罂粟科	*Dicentra spectabilis*	喜侧阴，湿润，耐寒，惧热	播种	花粉红色或白色，花期春夏；丛植、花境、疏林地被
	佛甲草	景天科	*Sedum lineare*	耐寒，宿根性多肉植物	扦插	观叶植物，花坛五色草中的"白草"材料
	青锁龙	景天科	*Crassula lycopodioides*	喜强光，不耐寒，宜温暖、干燥及通风良好的环境和排水良好的沙质土	扦插	盆栽观赏
	石莲花	景天科	*Echeveria secunda*	喜温暖、干燥及阳光充足的环境，忌积水，不耐寒	扦插	盆栽观赏
	大叶落地生根	景天科	*Kalanchoe daigremontiana*	喜光照，耐干燥，较耐寒	叶插	盆栽观赏
	落地生根	景天科	*Kalanchoe pinnata*	喜光，较耐寒	扦插	盆栽观赏
	宝石花	景天科	*Graptopetalum paraguayense*	喜阳光，耐干燥，宜在排水良好的沙质土壤生长	扦插	观叶植物，盆栽观赏
	蜀葵	锦葵科	*Althaea rosea*	喜光，耐寒，宜肥沃，排水良好	扦插	花色多；宜花坛、花境、花带背景
	草芙蓉	锦葵科	*Hibiscus palustris*	喜光，喜温暖湿润，耐寒	扦插	花色多；花坛、花境、切花、盆栽
	蓝花鼠尾草	唇形科	*Salvia farinacea*	耐寒，喜向阳肥沃土壤	播种	花坛
	桔梗	桔梗科	*Platycodon grandiflorum*	喜光，喜凉爽湿润	播种、分株	花坛、花境、岩石园
	桃叶风铃草	桔梗科	*Campanula persicifolia*	耐寒，不喜炎热，喜向阳、肥沃土壤	分株	花坛、盆栽
	丛生风铃草	桔梗科	*Campanula medium*	耐寒，不喜炎热，喜向阳、肥沃土壤	分株、扦插	花坛、盆栽
	落新妇	虎耳草科	*Astilbe Chinensis*	耐寒，喜肥沃土壤，湿润	播种、分株	盆栽、地栽

（续）

种类	中名	科名	学名	习性	繁殖	观赏特性及园林用途
宿根花卉	红车轴草	豆科	*Trifolium Pratense*	喜温暖湿润，不耐旱	播种	花境
	多叶羽扁豆	豆科	*Lupinus polyphyllus*	喜光，喜凉爽，忌炎热，略耐阴	播种	花坛、花境
	红花酢浆草	酢浆草科	*Oxalis corymbosa*	喜阴湿，要求排水良好，不耐寒	播种、分株	盆栽观赏、花坛镶边
	香叶天竺葵	天竺葵科	*Pelargonium graveolens*	不耐寒，畏热，不耐湿	扦插	盆栽观赏
	蓝亚麻	亚麻科	*Linum perenne*	耐寒，喜排水良好的沙质土壤	扦插	花坛、花境
	黄亚麻	亚麻科	*Linum flavum*	耐寒，喜排水良好的沙质土壤	扦插	花坛、花境
	银星秋海棠	秋海棠科	*Begonia argenteoguttata*	喜温暖、湿润气候、不耐寒，忌夏季直射日光	扦插	盆栽
	枫叶秋海棠	秋海棠科	*Begonia heracleifolia*	喜温暖，忌夏季直射日光	分根、扦插	盆栽
	球根秋海棠	秋海棠科	*Begonia tuberhybrida*	冬季不耐寒，夏季喜冷凉湿润	播种、扦插	盆栽
	竹节秋海棠	秋海棠科	*Begonia coccinea*	喜温暖湿润，不耐寒，忌夏季强光	扦插	盆栽
	千屈菜	千屈菜科	*Lythrum salicaria*	喜强光，湿润，耐寒性强	播种、扦插、分株	水边栽植、盆栽、花坛、花境
	西洋樱草	报春花科	*Primula polyantha*	耐寒，不耐热	播种、分株	盆花、花坛材料
	大岩桐	苦苣苔科	*Sinningia speciosa*	不耐寒，喜温暖、潮湿	播种、扦插	温室观赏花卉
	非洲紫罗兰	苦苣苔科	*Saintpaulia ionantha*	不耐寒，喜温暖、湿润	播种、分株	盆栽
	木茼蒿	菊科	*Argyranthemum frutescens*	喜光，常绿，喜凉、惧热，畏寒	播种、分株	周年开花，花白色；花坛、花篱、盆栽
	荷兰菊	菊科	*Aster novibelgii*	喜光，喜湿润肥沃、排水良好土壤	播种、分株、扦插	花坛、花境、盆栽

（续）

种类	中名	科名	学名	习性	繁殖	观赏特性及园林用途
宿根花卉	大金鸡菊	菊科	*Coreopsis lanceolate*	喜光，耐寒，不择土壤	播种、分株	花黄色；花坛
	菊花	菊科	*Dendranthema morifolium*	喜光，多短日性，喜肥沃湿润土壤	播种、分株	花色繁多；花坛、花境、盆栽
	紫苑	菊科	*Aster tataricus*	耐寒，喜强光	播种、分株	花坛、花境
	金光菊	菊科	*Rudbeckia laciniate*	耐寒，喜湿润土壤	播种	花境、树坛边缘材料
	紫松果菊	菊科	*Echinacea purpurea*	性强健，喜肥沃土壤	播种、分株	花境、树丛边缘栽植
	美丽飞蓬	菊科	*Erigeron speciosus*	耐寒，多年生草本	播种、分株	花坛
	除虫菊	菊科	*Pyethrum cinerariifolum*	喜光，喜冬季温暖而湿润，夏季高燥而凉爽	播种、分株	花境
	泽兰	菊科	*Eupatorium japonium*	适应性强，不择土壤	播种、分根	丛植、花境
	大丽花	菊科	*Dahlia pinnata*	喜光	播种、分根	花色丰富；花坛、花境
	紫露草	鸭跖草科	*Tradescantia virginiana*	喜温暖、湿润，喜肥沃土壤，好阳光	扦插、分株	盆栽
	广东万年青	天南星科	*Aglaonema modestum*	性喜温暖、湿润，适应力强	扦插	观叶、盆栽
	花叶万年青	天南星科	*Dieffenbachia picta*	喜高温、潮湿，不耐寒	扦插	观叶、盆栽
	花叶芋	天南星科	*Caladium bicolor*	喜高温、高湿，较耐阴	分株	观叶、盆栽
	龟背竹	天南星科	*Monstera delicious*	喜高温、高湿，较耐阴	扦插	观叶、盆栽
	绿萝	天南星科	*Sxindapsus aureus*	喜高温、高湿，较耐阴	扦插	观叶、盆栽
	魔芋	天南星科	*Amorphopallus sinensis*	耐寒，具块茎，喜阴湿	播种、分株	花、叶供观赏
	海芋	天南星科	*Alocasia macrorrhiza*	不耐寒，喜潮湿空气和土壤	播种、茎插	观叶、盆栽
	凤梨	凤梨科	*Ananas comosus*	喜温暖，不耐寒	扦插	盆栽

（续）

种类	中名	科名	学名	习性	繁殖	观赏特性及园林用途
宿根花卉	简凤梨	凤梨科	*Aregelia spectabilis*	喜暖热气候，不耐寒，较耐湿	分蘖	盆栽
	狭叶水塔花	凤梨科	*Billbergia nutans*	喜温暖，不耐寒，稍耐阴湿	分株	盆栽
	美丽水塔花	凤梨科	*Billbergia amoena*	喜高温、高湿和适当遮阴处	分株	盆栽
	天门冬	百合科	*Asparagus cochinchinensis*	喜阳光、肥沃土壤	播种、分株	盆栽
	石刁柏	百合科	*Asparagus officinalis*	适应性强，对土壤、气候要求不严	播种、分株	园林栽培观赏
	铃兰	百合科	*Convallaria keiskei*	喜半阴，湿润，好凉爽，忌炎热	分根	林下地被，盆栽
	萱草	百合科	*Hemerocallis fulva*	喜光耐半阴，耐寒，适应性强	分根	花艳叶秀，丛植、花境、疏林地被
	白玉簪	百合科	*Hosta plantaginea*	喜半阴、耐湿，耐旱又耐寒	分株	园林栽培观赏、盆栽
	紫玉簪	百合科	*Hosta ventercosa*	耐寒，喜阴湿，宜肥沃、湿润土壤	分株	林下地被、岩石园材料
	卷丹	百合科	*Lilium tigrinum*	喜温暖，耐寒，较耐阳光照射	分鳞茎、分株芽	花坛、花境
	阔叶麦冬	百合科	*Liriope platyphylla*	喜阴湿、温暖，常绿性	播种、分株	地被、花坛、花境边缘、盆栽
	沿阶草	百合科	*Ophiopogon japonicus*	喜阴湿、温暖，常绿性	分株、播种	宜地被、花坛、花境边缘、盆栽
	郁金香	百合科	*Tulipa gesnerana*	喜光，宜凉爽湿润、疏松、肥沃土壤	分株、栽球	花大、艳丽多彩；花境、花坛
	风信子	百合科	*Hyacinthus orientalis*	喜光，耐寒，喜空气凉爽	分株、栽球	花色艳丽；花坛
	晚香玉	石蒜科	*Polianthes tuberosa*	喜光，喜温暖、湿润，喜肥沃土壤，忌积水	分球	花白色芳香；夜花园
	葱兰	石蒜科	*Zsphyranthes candida*	喜光，耐半阴，宜肥沃土壤	—	花坛镶边、疏林地被、花境
	唐菖蒲	鸢尾科	*Gladiolus hyberdus*	喜光，喜通风良好，忌闷热湿冷	分球	花色丰富；花坛镶边、疏林地被、花境
	小苍兰	鸢尾科	*Freesia refracta*	喜凉爽，湿润气候，喜阳光充足	分球	花芳香，盆栽

179

（续）

种类	中名	科名	学名	习性	繁殖	观赏特性及园林用途
宿根花卉	鸢尾	鸢尾科	*Iris tectorum*	耐寒，喜生于半阴湿润	分株	盆栽、花坛、花境、丛植
	德国鸢尾	鸢尾科	*Iris germanica*	耐寒，喜干燥，对土壤要求不严	播种、分株	花坛、花境、丛植
	射干	鸢尾科	*Belamcanda chinensis*	耐寒，喜干燥，对土壤要求不严	播种、分株	花坛、花境、丛植
	芭蕉	芭蕉科	*Musa basjoo*	阴性植物，喜温暖，不耐寒	分株	园林栽培观赏
	鹤望兰	芭蕉科	*Strelitzia reginae*	喜温暖湿润环境	分株、播种	盆栽
	美人蕉	美人蕉科	*Canna indica*	喜光，喜温暖湿润	分割、块茎	花色变化丰富，花坛、群植、丛植、盆栽
一二年花卉	地肤	藜科	*Kochia scoparia*	喜光，耐干热瘠薄，不耐寒	播种	株丛圆整翠绿；宜自然丛植、花坛中心、绿篱
	红甜菜	藜科	*Beta vulgaris var. cicla*	耐寒，喜冷凉气候，喜光，对土壤要求不严	播种	园林观赏、花坛布置
	五色苋	苋科	*Alternanthera bettzickiana*	喜光喜暖畏寒，宜高燥，耐修剪	扦插	株丛紧密，叶小，叶色美丽；毛毡花坛材料
	三色苋	苋科	*Amaranthus tercolor*	喜光，喜高燥，忌湿热积水	扦插	秋天梢叶艳丽；宜丛植、花境背景、基础栽植
	鸡冠花	苋科	*Celosia cristata*	喜光，喜干热，不耐寒，宜肥忌涝	播种	花色多，花期8~10月；宜花坛、盆栽
	凤尾鸡冠	苋科	*Celosia cristata var. plumosa*	喜光，喜干热，不耐寒，宜肥忌涝	播种	花色多，花期8~10月；宜花坛、盆栽
	千日红	苋科	*Gomphrena globosa*	喜光，喜干热，不耐寒	扦插	花色多，花期6~10月；宜花坛、盆栽
宿根花卉	紫茉莉	紫茉莉科	*Mirabilis jalapa*	喜温暖向阳，不耐寒，直根性	播种	花色多，芳香，花期夏至秋；林缘草坪边、庭院
	半枝莲	马齿苋科	*Portulaca grandiflora*	喜暖畏寒，耐干旱瘠薄	播种	花色多，花期6~8月；宜花坛镶边、盆栽
	石竹	石竹科	*Dianthus chinensis*	喜高燥，向阳和通风良好，耐寒性强，又耐干旱，不耐酷热	播种、扦插	花色多；花坛、花境

（续）

种类	中名	科名	学名	习性	繁殖	观赏特性及园林用途
宿根花卉	须苞石竹	石竹科	*Dianthus barbatus*	喜光，耐寒喜肥，要求通风好	播种	花色变化丰富，花期5~10月；花坛、花境
	锦团石竹	石竹科	*Dianthus chinesis var. heddewigii*	喜光，耐寒喜肥，要求通风好	扦插	花色变化丰富，花期5~10月；宜花坛
	飞燕草	毛茛科	*Consolida ajacis*	喜光，喜高燥凉爽，忌涝	播种	花色多；花期5~6月，花序长；宜花带、切花
	花菱草	罂粟科	*Eschscholtzia californica*	耐寒，喜冷凉，直根性，喜光	播种	叶秀花繁，多黄色，花期5~6月；花带、丛植
	虞美人	罂粟科	*Papaver rhoeas*	喜光，喜干燥，忌湿热，直根性	播种	艳丽多彩，花期6月；宜花坛、花丛、花群
	蓟罂粟	罂粟科	*Argemone Mexicana*	不耐寒，喜向阳，疏松土壤	播种	花境材料
	银边翠	大戟科	*Euphorbia marginata*	喜光，喜温暖，耐寒，直根性	播种	梢叶白或镶白边；林缘地被
	凤仙花	凤仙花科	*Impatiens balsamina*	喜光，喜暖畏寒，宜疏松肥沃土壤	播种	花色多，花期6~7月；宜花坛、花篱、盆栽
	三色堇	堇菜科	*Viola tricolor*	喜光，稍耐半阴，耐寒，喜凉爽	播种、扦插	花色丰富艳丽，花期4~6月；花坛、花境、镶边
	月见草	柳叶菜科	*Oenothera biennis*	喜光照充足，地势高燥	播种	花黄色，芳香，花期6~9月；丛植、花坛、地被
	待宵草	柳叶菜科	*Oenothera drumnondii*	喜光照充足，地势高燥	播种	花黄色，芳香，花期6~9月；丛植、花坛、地被
	大花牵牛	旋花科	*Pharbitis nil*	喜光，不耐寒，较耐旱，直根蔓性	播种	花色丰富，花期6~10月；棚架、篱垣、盆栽
	羽叶茑萝	旋花科	*Quamoclit pennata*	喜光，喜温暖，直根蔓性	播种	花红、粉、白色，夏秋；宜矮篱、棚架、地被

（续）

种类	中名	科名	学名	习性	繁殖	观赏特性及园林用途
宿根花卉	福禄考	花葱科	*Phlox drummondii*	喜光，喜凉爽，耐寒力弱	播种	花色繁多，花期5~7月；宜花坛、镶边
	三色解代花	花葱科	*Gilia tricolor*	喜光，耐寒性不强，喜疏松土壤	播种	花色繁多，花期5~7月；宜花坛、花境
	勿忘草	紫草科	*Myosotis sylvatica*	耐寒，喜凉爽气候，喜日照充足之处，要求土壤略带潮润，略耐阴	播种	宜花坛、花境
	美女樱	马鞭草科	*Verbena hybrida*	喜光，喜湿润肥沃土壤，稍耐寒	播种	花色繁多，铺覆地面，花期6~9月；花坛、地被
	醉蝶花	白色菜科	*Cleome spinosa*	喜肥沃向阳，耐半阴	播种	花白色，花期6~9月；花坛、丛植
	羽衣甘蓝	十字花科	*Brassica oleracea var. acephala*	喜光，耐寒，喜肥沃土壤，宜凉爽	播种	叶色美；宜凉爽季节；花坛、盆栽
	香雪球	十字花科	*Lobularia maritima*	喜光，喜凉忌热，稍耐寒	播种	花白色或紫色，花期6~10月；花坛
	紫罗兰	十字花科	*Matthiola incana*	喜光，喜冷凉肥沃土壤，忌燥热	播种	花色丰富，芳香，花期5月；宜花坛
	一串红高型	唇形科	*Salvia splendens*	喜光，稍耐半阴，不耐寒，喜肥沃	播种	花红色或白色、粉色、紫色，花期7~10月；花坛、盆栽
	一串红矮型	唇形科	*Salvia splendens*	喜光，稍半阴，不耐寒，喜肥沃土壤	播种	花红色，花期7~10月；宜花坛、花带、盆栽
	金鱼草	玄参科	*Anterrhinum majus*	喜光，较耐寒，宜凉爽，喜肥沃土壤	播种	花色丰富艳丽，花期长；花坛、切花、镶边
	蒲包花	玄参科	*Calceolaria crenatiflora*	喜温暖湿润，不耐寒，畏酷热，好肥忌湿，温室栽培	播种	盆花供观赏
	风铃草	桔梗科	*Campanula medium*	能耐寒，不喜炎热，喜向阳	播种	盆花及花境材料
	心叶藿香蓟	菊科	*Ageratum houstonianum*	喜光，适应性强	播种	花蓝色，花期夏秋；宜花境、花坛、丛植、地被

（续）

种类	中名	科名	学名	习性	繁殖	观赏特性及园林用途
宿根花卉	雏菊	菊科	*Bellis perennis*	喜光，较耐寒，宜冷凉气候	播种	花白色、粉色、紫色，花期4~6月；花坛、镶边、盆栽
	金盏菊	菊科	*Calendula officinalis*	喜光，较耐寒，宜凉爽	播种	花黄色至橙色，花期4~6月；花坛、盆栽
	翠菊	菊科	*Callistephus chinensis*	喜光，喜肥沃湿润土壤，忌连作和水涝	播种	花色丰富，花期6~10月；宜各种花卉布置
	矢车菊	菊科	*Centaurea cyanus*	喜光、好冷凉、忌炎热、直根性	播种	花色多，花期5~6月；宜花坛、盆栽
	蛇目菊	菊科	*Coreopsis tinctoria*	喜光，耐寒，喜冷凉	播种	花黄色、红褐色或复色，花期7~10月；宜花坛、地被
	波斯菊	菊科	*Cosmos bipinnatu*	喜光，耐干燥瘠薄	播种、扦插	花色多，花期6~10月；宜花群、花篱、地被
	万寿菊	菊科	*Tagetes erect*	喜光，喜温暖，抗早霜，抗逆性强	播种	花黄色、橙色，花期7~9月；宜花坛、篱垣、花丛
	孔雀草	菊科	*Tagetes patula*	喜光，喜温暖，抗早霜，耐移植	播种	花黄色带褐斑，花期7~9月；花坛、镶边、地被
	百日草	菊科	*Zinnia elegans*	喜光，喜肥沃土壤，排水好	播种	花大色艳，花期6~7月；花坛、丛植
	天人菊	菊科	*Gaillardia pulchella*	不耐寒，适应性强，耐炎热干旱，喜光	播种	花期长；花坛、花境及盆花
	黑心菊	菊科	*Rudbeckia hirta*	耐寒性强，耐干旱，能适应一般园土	播种	花境材料，树坛边缘、隙地绿化材料
	金鸡菊	菊科	*Coreopsis basalis*	耐寒，性强健	播种	花坛
	向日葵	菊科	*Helianthus annus*	喜光，不耐阴，不择土壤	播种	丛植树坛中或零星隙地
	含羞草	豆科	*Mimosa pudica*	喜温暖，不耐寒，不耐干旱	播种	花色淡红，花期7~10月；盆栽
	荷花	睡莲科	*Nelumbo nucifera*	喜光，耐寒，喜温暖而多有机质处	播种、分株	花色多；宜美化水面、盆栽

（续）

种类	中名	科名	学名	习性	繁殖	观赏特性及园林用途
宿根花卉	睡莲	睡莲科	*Nymphaea tetragona*	喜阳光，高温水湿	分株	宜美化水面、盆栽
	白睡莲	睡莲科	*Nymphaea alba*	喜光，喜温暖通风之静水	分株	水面点缀、盆栽
	萍蓬草	睡莲科	*Nuphar pumilum*	喜光，喜生浅水中	分株	美化水面或盆栽
	水葱	莎草科	*Scirpus validus*	喜光，夏宜半阴，喜湿润凉爽	分株	株丛挺立；美化水面、岸边亦可盆栽
	凤眼莲	雨久花科	*Eichhirnia crasslpes*	喜光，宜温暖	分株	花叶均美；美化水面、盆栽
	千屈菜	千屈菜科	*Lythrum salicaria*	喜光，耐寒，通风好，浅水或地植	播种、分株、扦插	花境、浅滩、沼泽地被

第二节
花　坛

【新手必读】花坛定义

花坛是在一定范围的畦地上按照整形式或半整形式的图案栽植观赏植物以表现花卉群体美的园林设施。花坛主要用在规则式园林的建筑物前、入口、广场、道路旁或自然式园林的草坪上。中国传统的观赏花卉形式是花台，多从地面抬高数十厘米，以砖或石砌边框，中间填土种植花草。有时在花坛边上围以矮栏，如牡丹台、芍药栏等。

花坛按照不同的分类方式可以分为不同的类型。花坛的分类方法及其类型，如图4-6所示。

【高手必懂】花坛设计

一、花坛的设计原则

进行花坛设计时，首先必须从周围的整体环境来考虑所要表现的园景主题、位置、形式、色彩组合等因素。花坛在环境中可作为主景，也可作为配景，如图4-7所示。其形式和色彩的多样性，决定了它在设计上也有广泛的选择性。花坛的设计首先应在风格、体量、形状诸方面和周围环境相协调，其次应有花坛自身的特色。例如：在民族风格的建筑前设计花坛，应选择具有中国传统风格的图案纹样和形式；在现代风格的建筑物前可设计有时代感的一些抽象图案，形式力求新颖，再考虑花坛自身的特色。花坛的体量、大小，要和花坛设置的广场、出入口及周围建筑的高低成比例，一般不应超过广场面积的1/3，不小于1/5。出入口设置花坛以既美观又不妨碍游人路线为原则，在高度上不可遮住出入口视线。花坛的外部轮廓也应和建筑物边线、相邻的路边和广场的形状协调一致。色彩应与所在环境有所区别，既起到醒目和装饰作用，又与环境协调，融于环境之中，形成整体美。

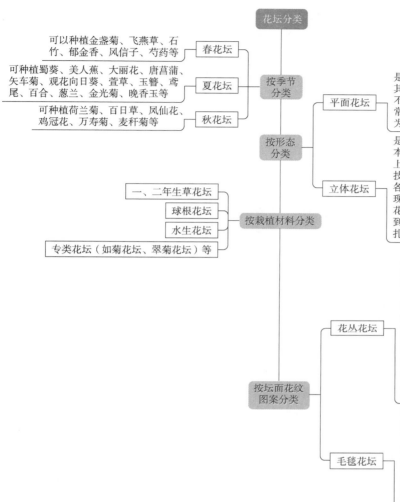

图 4-6　花坛分类

图 4-7　花坛

具体设计时可用方格纸，按1:（20~100）的比例，将图案、配置的花卉种类或品种、株数、高度、栽植距离等详细绘出，并附实施的说明书。设计者必须对园林艺术理论以及植物材料的生长开花习性、生态习性、观赏特性等有充分的了解。好的设计必须考虑到由春到秋开花不断，作出在不同季节中花卉种类的换植计划以及图案的变化。

二、花坛植物的配置

进行配置花坛时，整个布局的色彩要有宾主之分，不能完全平均。也不要采用过多的对比色，以免使所要体现的图案显得混乱不清。

（1）株高配合。对花坛的各种花卉的株形、叶形、花形、花色以及株高均应合理配置，避免颜色重叠和参差不齐。花坛中的内侧植物要略高于外侧，由内而外，自然、平滑过渡。若高度相差较大，可以采用垫板或垫盆的办法来弥补，使整个花坛表面线条流畅。

（2）花色协调。在花坛花卉的颜色配置上，一般认为红、橙、粉、黄为暖色，可使所配置的花坛能表现出欢快活泼的气氛，而绿、蓝、紫为冷色，所配置的花坛则显得庄重肃静。由一两种暖色与一种冷色共同配置的花坛，常常会取得明快大方的效果。

一种颜色的花卉如能成片栽植，会比几种颜色混合栽植显得明朗整齐，并能突出自然景观。白色花卉可用于任何一种栽植条件，在夜间也能显示出效果，如和其他颜色混合，更能收到较好的效果。

用于摆放花坛的花卉不拘品种、颜色的限制，但同一花坛中的花卉颜色应对比鲜明，互相映衬，在对比中展示各自夺目的色彩。同一花坛中，避免采用同一色调中不同颜色的花卉，若一定要用，应间隔配置，选好过渡花色。

（3）图案设计。花坛的图案要简洁明快，线条流畅。花坛摆放的图案，一定要采用大色块构图，在粗线条、大色块中突现各个品种的魅力。简单轻松的流线造型，有时可以收到令人意想不到的效果。

（4）选好镶边植物。镶边植物是花坛摆放的重要环节，这一环节做得好与坏会直接影响到整个花坛的摆放效果。镶边植物应低于内侧花卉，可摆一圈，也可摆两圈，外圈宜采用整齐一致的塑料套盆。品种选配视整个花坛的风格而定，若花坛中的花卉株型规整、色彩简洁，可采用枝条自由舒展的天门冬作镶边植物，若花坛中的花卉株型较松散，花坛图案较复杂，可采用五色草或整齐的麦冬作镶边植物，以使整个花坛显得协调、自然。

总之，镶边植物不只是陪衬，搭配得好，就等于是给花坛画上了一个完美的句号，如图4-8所示。

图4-8　花坛造型

三、花坛植物的种植类型

花坛植物的种植类型，如图 4-9 所示。

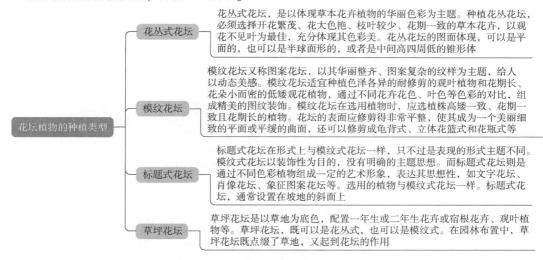

花坛植物的种植类型

花丛式花坛——花丛式花坛，是以体现草本花卉植物的华丽色彩为主题。种植花丛花坛，必须选择开花繁茂、花大色艳、枝叶较少、花期一致的草本花卉，以观花不见叶为最佳，充分体现其色彩美。花丛花坛的图面体现，可以是平面的，也可以是半球面形的，或者是中间高四周低的锥形体

模纹花坛——模纹花坛又称图案花坛，以其华丽整齐、图案复杂的纹样为主题，给人以动态美感。模纹花坛适宜种植色泽各异的耐修剪的观叶植物和花期长、花朵小而密的低矮观花植物，通过不同花卉花色、叶色等色彩的对比，组成精美的图纹装饰。模纹花坛在选用植物时，应选植株高矮一致、花期一致且花期长的植物。花坛的表面应修剪得非常平整，使其成为一个美丽细致的平面或平缓的曲面，还可以修剪成龟背式、立体花篮式和花瓶式等

标题式花坛——标题式花坛在形式上与模纹式花坛一样，只不过是表现的形式主题不同。模纹式花坛以装饰性为目的，没有明确的主题思想。而标题式花坛则是通过不同色彩植物组成一定的艺术形象，表达其思想性，如文字花坛、肖像花坛、象征图案花坛等。选用的植物与模纹式花坛一样。标题式花坛，通常设置在坡地的斜面上

草坪花坛——草坪花坛是以草地为底色，配置一年生或二年生花卉或宿根花卉、观叶植物等。草坪花坛，既可以是花丛式，也可以是模纹式。在园林布置中，草坪花坛既点缀了草地，又起到花坛的作用

图 4-9　花坛植物的种植类型

四、花坛植物材料

花坛用草花宜选择株型整齐，具有多花性、开花齐整而花期长、花色鲜明、能耐干燥、抗病虫害和矮生性的品种。常用的有金鱼草、雏菊、金盏菊、翠菊、鸡冠花、石竹、矮牵牛、一串红、万寿菊、三色堇、百日草等园林植物。

【高手必懂】花坛种植施工

一、种植床的整理

（1）翻土、除杂、整理、换客土。在已完成的边缘石圈子内进行翻土作业。一面翻土，一面挑选、清除土中的杂物。若土质太差，应当将劣质土全清除掉，另换新土填入花池中。

（2）施基肥。花坛栽种的植物都是需要大量消耗养料的，因此花池内的土壤必须很肥沃。在花池填土之前，最好先填进一层肥期较长的有机肥作为基肥，然后才填进栽培土。

（3）填土、整细。

1）一般的花池，其中央部分填土应该比较高，边缘部分填土则应低一些。

2）单面观赏的花池，前边填土应低些，后边填土则应高些。

3）花池土面应做成坡度为 5% ~ 10% 的坡面。

4）在花池边缘地带，土面高度应填至边缘石顶面以下 2 ~ 3cm。以后经过自然沉降，土面即降到比边缘石顶面低 7 ~ 10cm 之处，这就是边缘土面的合适高度。

5）花池内土面一般要填成弧形面或浅锥形面，单面观赏花池的土面则要填成平坦土面或是向前倾斜的直坡面。

6）填土达到要求后，把土面的土粒整细、耙平，以备栽种花卉植物。

（4）钉中心桩。花坛种植床整理好之后，应当在中央重新栽上中心桩，作为花坛图案放样

的基准点。

二、花坛图案放样

按照设计要求整好地后，根据施工图上的花坛图案原点、曲线半径等，直接在上面定点放样。放样尺寸应准确，并用灰线标明。对中、小型花坛来说，可用麻绳或钢丝按照设计图摆好图案模纹，画上印痕撒灰线。对图纹复杂、连续和重复图案模纹的花坛，可按照设计图用厚纸板剪好大样模纹，按模型连续标好灰线。图4-10所示，为花坛基本样式。

图 4-10   花坛基本样式

三、花木的栽植

（1）起苗要求。从花圃挖起花苗之前，应先灌水浸湿圃地，这样起苗时根土才不易松散。同种花苗的大小、高矮应尽量保持一致，过于弱小或过于高大的都不要选用。

（2）栽植季节时间。花卉栽植时间，在春、秋、冬三季基本没有限制，但夏季的栽植时间最好在上午11：00之前和下午4：00以后，要避开太阳的曝晒。花苗运到后，应即时栽植，不要放很久才栽植。

（3）栽植技术要求。栽植花苗时，一般的花坛都从中央开始栽，栽完中部图案纹样后，再向边缘部分扩展栽植下去。在单面观赏花坛中栽植时，则要从后边栽起，逐步栽到前边。若是模纹式花坛和标题式花坛，则应先栽模纹、图线、字形，后栽植底面的植物。在栽植同一模纹的花卉时，若植株稍有高矮不齐，应以矮植株为准，对较高的植株则需要栽得深一些，以保持顶面整齐。

（4）栽植株行距。花坛花苗的株行距应随植株大小而确定。植株小的，株行距可为15cm×15cm；植株中等大小的，可为（20cm×20cm）～（40cm×40cm）；对较大的植株，则可以采用50cm×50cm的株行距；五色苋及草皮类植物是覆盖型的草类，可以不考虑株行距，密集铺植即可。

（5）浇透水。花池栽植完成后，要立即浇一次透水，使花苗根系与土壤紧密接合。

【高手必懂】花坛的养护管理

花坛作为园林建设的一个重要组成部分，可以在城市园林绿化中起到画龙点睛、丰富景观效果的作用，花坛的艺术效果，取决于设计、花卉品种的选配以及施工的技术水平。但能否保证生长健壮、花繁叶茂、色彩艳丽，在很大程度上取决于日常的养护管理。搞好花坛的养护管理工作，对改善、美化城市居民的生活环境发挥着有效作用。花坛的养护管理，如图4-11所示。

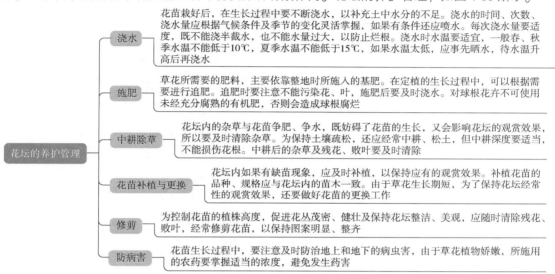

图4-11 花坛的养护管理

【高手必懂】立体花坛

一、概述

立体花坛又名"植物马赛克"，起源于欧洲，是指运用不同特性的小灌木或草本植物种植在二维或三维立体钢架上而形成的植物艺术造型。它通过巧妙运用各种不同植物的特性创作出各具特色的艺术形象。立体花坛作品因其千变的造型、多彩的植物包装，外加可以随意搬动，被誉为"城市活雕塑""植物雕塑"。它代表了当今世界园艺的最高水准，被誉为世界园林艺术的奇葩。

立体花坛作品对于技术的要求很高，需要集美术雕塑、建筑设计、园艺知识等多种技术于一体。它是在由钢架做成的基本形态结构上覆盖尼龙网等材料，将包裹了营养土的植株用各种有机介质附着在固定结构上，表面的植物覆盖率通常要达到80%以上，不同色彩的植株密布于三维立体的构架上，最终组成了五彩斑斓的立体花坛作品。平时常见的修剪、绑扎植物形成的造型艺术，制作过程不如立体花坛复杂，审美观赏价值也比不上立体花坛。

二、植物材料

制作立体花坛选取的植物材料一般以小型草本为主，依据不同的设计方案也选择一些小型的灌木与观赏草等。用于立面的植物要求叶形细巧、叶色鲜艳、耐修剪、适应性极强。

　　红绿草类是立体花坛使用最理想的植物，如三色相间的三色粉草、鲜红色的展叶红草等。其他植物还有紫黑色的半柱花类，银灰色的银香菊、朝雾草、蜡梅、芙蓉菊等，黄色系的有金叶过路黄、金叶景天、黄草等，以及叶嵌有各色斑点的嫣红蔓类。观赏草类可用特殊的设计方案，如鸟的尾巴用芒草、细茎针茅等，屋顶用细叶苔草、蓝苔草等。

　　北京本土主要选用四季海棠、非洲凤仙、彩叶草、矮牵牛、一品红、三色堇、黄地菊等植物，而且可多次通过配置不同的植物达到多种效果，以此增添城市景观的活力。广州本土选用玉龙草、白苋草、红草、绿草、金叶景天、黄叶菊等草本植物。

　　立体花坛常用植物材料（立面）推荐表，见表4-7。

表4-7　立体花坛常用植物材料（立面）推荐表

序号	植物名称	拉丁名	观赏特性	观赏期
1	朝雾草	*Artemisia schmidtianai*	观叶，银灰色，小枝似花朵	5～10月
2	线叶腊菊	*Helichrysum petiolaris* 'Lcecycle'	观叶，银灰色，叶细长	全年
3	'艾伦'银香菊	*Santolina chamaecyparissus* cv.	观叶，绿色，芳香	全年
4	银香菊	*Santolina chamaecyparissus*	观叶，银灰色，质感柔和	全年
5	玫红草	*Alternanthera ficoidea* 'Rosea'	观叶，玫红色	5～10月
6	三色粉草	*Alternanthera ficoidea* 'Rosea Nana'	观叶，叶粉红绿色	5～10月
7	小叶绿草	*Alternanthera ficoidea* 'Green Machine'	观叶，叶绿色	5～10月
8	小叶黄草	*Alternanthera ficoidea* 'True Yellow'	观叶，叶尖黄色	5～10月
9	绿白草	*Alternanthera ficoidea* 'White Carpet'	观叶，间有白色	5～10月
10	小叶深红草	*Alternanthera ficoidea* 'Deep Red'	观叶，紫红色	5～10月
11	半柱花	*Hemigraphis colorata*	观叶，紫红色，细长	5～10月
12	波缘半柱花	*Hemigraphis repanda*	观叶，紫红色，细长，边缘有波状齿	5～10月
13	红莲子草	*Alternanthera paronychioides*	观花，观叶，叶对生，紫红色；花小，白色	5～10月
14	佛甲草	*Sedum lineare*	常绿，叶浅绿色，花黄色	4～5月观花，全年观叶
15	黄金佛甲草	*Sedum lineare* 'Gold Mound'	常绿，叶金黄色，叶密集	4～5月观花，全年观叶
16	白草	*Sedum lineare* 'Variegatum'	观叶，常绿，叶缘有白边	全年
17	反曲景天	*Sedum reflexum*	观叶，常绿，叶蓝色，叶密集似云杉叶	全年
18	中华景天	*Sedum hispanicum*	观叶，常绿，青绿色，花白色	5～6月观花，全年
19	米粒景天	*Sedum hispanicam* 'Mili'	观叶，常绿，枝叶细小	4～11月
20	垂盆草	*Sedum sarmentosum*	常绿，叶披针形，花黄色	5～6月观花，全年观叶

（续）

序号	植物名称	拉丁名	观赏特性	观赏期
21	金叶景天	*Sedum makinoi* 'Ogon'	观叶，金黄色，叶圆形	4～11月
22	三七景天	*Sedum spetabiles*	常绿，叶披针形，花黄色	6～7月观花，全年观叶
23	紫帝景天	*Sedum Telephium* 'Puple Emperor'	观叶，叶紫色	全年
24	蓝羊茅	*Festuca Glauca*	观叶，叶灰绿色、银蓝色	11～7月
25	德国景天	*Sedum hybridum*	观叶，叶嫩绿色	全年
26	'夏辉'景天	*Sedum spurium* 'Summer Glory'	观叶，叶圆形，有波状齿	5～11月
27	杂交景天	*Sedum hybridum l.*	观叶，叶盾形，有波状锯齿	5～11月
28	凹叶景天	*Sedum emarginatum*	常绿，叶圆形，叶中有凹陷，花黄色	5～6月观花，全年观叶
29	胭脂红景天	*Sedum spurium* 'Voodoo'	常绿，观叶，紫红色	6～9月观花，全年观叶
30	龙血景天	*Phedimus purius* 'Schorbusser Blut'	常绿，观叶，紫红色，花红色	6月观花，全年观叶
31	石莲花	*Graptopetalum paraguayense*	观叶，叶肉质，粉赭色，表面被白粉，略带紫色晕	5～11月
32	矮麦冬	*Ophiopogon japonicas* 'Nanus'	观叶，叶全年深绿色	全年
33	黑麦冬	*Ophiopogon planiscapus* 'Niger'	观叶，叶全年墨绿色	全年
34	虎耳草	*Saxifraga stolonifera*	叶全年深绿有白色花纹，上被毛	5～7月观花，全年观叶
35	紫叶珊瑚钟	*Heuchera micrantha* 'Palace Purple'	观叶，叶全年紫红色	5～6月观花，全年观叶
36	小贯众	*Cyrtomium fortune* f.	常绿观叶，叶总状排列	全年
37	花叶络石	*Trachelospermum jasminoides* 'Variegatum'	常绿观叶，叶有白色斑纹	全年
38	小叶牛至	*Origanum vulgare* 'Rogeukuppel'	常绿，花淡粉色，叶小，有香味	6～7月观花，全年观叶
39	金叶牛至	*Origanum vulgare* 'Acom Bank'	常绿，花淡粉色，叶金色，有香味	6～7月观花，全年观叶
40	牛至	*Origanum vulgare*	常绿，花淡粉色，叶有香味	6～7月观花，全年观叶
41	大花马齿苋	*Portulaca grandiflora*	观花，叶肉质草本，花色鲜艳，有白、深黄、红、紫等色	6～10月

（续）

序号	植物名称	拉丁名	观赏特性	观赏期
42	彩叶草	*Coleus blumei*	观叶，叶色丰富多彩，叶有绿色，具黄、红、紫等斑纹	5～10月
43	四季海棠	*Begonia cucuilata*	观花，观叶，花色有红、白、粉等色；叶色有绿、紫红和铜红等色	5～10月
44	三色堇	*Viola tricolor*	观花，花大、有红、橙、紫、蓝、白和黄色及复色	12～5月
45	角堇	*Viola cornuta*	观花，花较小，有粉、紫、蓝、白和黄等色	12～5月
46	何氏凤仙	*Impatiens holstii*	观花，有红、洋红、玫红、粉、橙、白等色	5～10月
47	金叶过路黄	*Lysimachia nummularia* 'Aurea'	观叶，早春至秋季金黄色，冬季霜后略带暗红色	全年
48	姬凤梨	*Crytanthus bromelioides* 'Tricolor'	观叶，叶基生，叶质硬，阔披针形	5～11月
49	矮牵牛	*Petunia hybrida*（*J. D. Hooker*）*Vilmorin*	观花，花大，有红、粉、紫、蓝、白和复色	5～11月
50	舞春花	*Calibrchoa* 'Million Bells'	观花，花大，有红、橙、紫、蓝、白和黄色	5～11月
51	地被菊	*Chryanthemum morifolium* 'Ramat'	观花，花大，有红、橙、紫、蓝、白和黄色及复色	10～11月
52	欧石竹	*Carthusian pink*	观花，玫红色	4～6月，9～11月
53	棕红苔草	*Carex Buchananii*	观叶，叶棕色	全年
54	墨西哥针茅	*Stipa Tenuissima*	观叶，观穗，生长期叶绿色，冬季枯黄色	全年

三、制作过程

1. 立架造型

外形结构一般应根据设计构图，先用建筑材料制作大体相似的骨架外形，外面包以泥土，并用蒲包或草将泥土固定。有时也可以用木棍作中柱，固定在地上，然后再用竹条、钢丝等扎成立架，再外包泥土及蒲包。

2. 栽花

立体花坛的主体花卉材料，一般多采用五色草布置，所栽植的小草由蒲包的缝隙中插进去。

插入之前，先用铁器钻一小孔，插入时草根要舒展，然后再用土填满缝隙，并用手压实，栽植的顺序一般由上向下，株行距离可参考模纹式花坛。为防止植株向上弯曲，应及时修剪，并经常整理植株外形。花瓶式的瓶口或花篮式的篮口，可以布置一些开放的鲜花。立体花坛的基床四周应布置一些草本花卉或模纹式花坛。

立体花坛应每天喷水，一般情况下每天喷水两次，天气炎热干旱则应多喷几次。每次喷水水流要细，防止冲刷土壤。

【高手必懂】模纹花坛

一、概述

模纹花坛又叫毛毡花坛或模样花坛，此种花坛是以色彩鲜艳的各种矮生性、多花性的草花或观叶草本为主，在一个平面上栽种出各种图案来，看上去犹如地毯，花坛外形均是规则的几何图形。

模纹花坛多设置于广场和道路的中央以及公园、机关单位，其特点是应用各种不同色彩的观叶植物或花叶均美的植物，组成华丽精致的图案纹样。

二、种植设计

1. 植物材料

植物的高度和形状对模纹花坛纹样的表现有密切关系，是选择材料的重要依据，以枝叶细小，株丛紧密，萌蘖性强，耐修剪的观叶植物为主。如半枝莲、香雪球、矮性霍香蓟、彩叶草、石莲花和五色草等，其中以五色草配置的花坛效果最好。在模纹花坛的中心部分，在不妨碍视线的条件下，可用其他装饰材料来点缀花坛，如形象雕塑、建筑小品、水池和喷泉等。

树种以低矮、耐修剪的整形灌木为主，尤其是常绿或具有色叶的种类最为常用，如球桧、金黄球柏、黄杨、紫叶小檗、金叶女贞等。

2. 色彩设计

模纹花坛的色彩设计应以图案纹样为依据，用植物的色彩突出纹样，使之清晰而精美。如选用五色草中红色的小叶红，或紫褐色小叶黑与绿色的小叶绿描出各种花纹。为使其更清晰，还可以用白绿色的草种植在两种不同色草的界线上，以此来突出纹样的轮廓。

3. 图案设计

模纹花坛以突出内部纹样为主，因而植床的外轮廓以线条简洁为宜，其面积不宜过大。内部纹样应精细复杂些，但点缀及纹样又不可过于窄细。以红绿草类为例，不可窄于5cm，一般草本花卉以能栽植两株为限。设计条纹过窄则难以表现图案；纹样粗宽，色彩才会鲜明，使图案清晰。

内部图案可选择的内容广泛，如仿照某些工艺品的花纹、卷云等，设计成毡状花纹。用文字或文字和纹样组合构成图案，如国旗、国徽、会徽等，设计要严格符合比例，不可改动，周边可用纹样装饰，用材也要整齐，使图案精细。设计及施工都较严格，植物材料也要精选，从而真实体现图案形象。也可以选用花篮、花瓶、建筑小品、各种动物、花草、乐器等图案或造型，起到装饰作用。此外还可以利用一些机器构件，如电动机等和模纹图案共同组成有实用价值的各种计时器，如日晷花坛、时钟花坛、日历花坛等。

三、种植施工

模纹花坛的种植施工步骤，如图4-12所示。

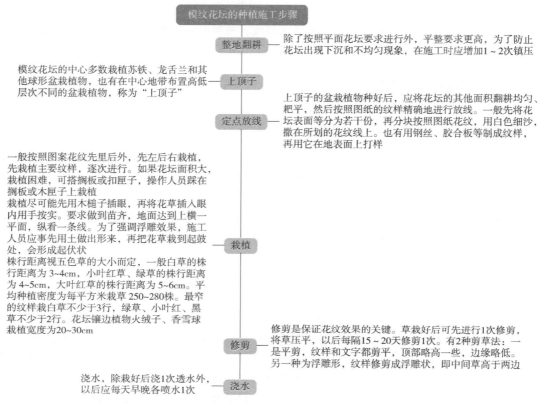

模纹花坛的种植施工步骤

整地翻耕 除了按照平面花坛要求进行外，平整要求更高，为了防止花坛出现下沉和不均匀现象，在施工时应增加1～2次镇压

模纹花坛的中心多数栽植苏铁、龙舌兰和其他球形盆栽植物，也有在中心地带布置高低层次不同的盆栽植物，称为"上顶子" **上顶子**

定点放线 上顶子的盆栽植物种好后，应将花坛的其他面积翻耕均匀、耙平，然后按照图纸的纹样精确地进行放线。一般先将花坛表面等分为若干份，再分块按照图纸花纹，用白色细沙，撒在所划的花纹线上。也有用钢丝、胶合板等制成纹样，再用它在地表面上打样

一般按照图案花纹先里后外，先左后右栽植，先栽植主要纹样，逐次进行。如果花坛面积大，栽植困难，可搭搁板或扣匣子，操作人员踩在搁板或木匣子上栽植
栽植尽可能先用木槌子插眼，再将花草插入眼内用手按实。要求做到苗齐，地面达到上横一平面，纵看一条线。为了强调浮雕效果，施工人员应事先用土做出形来，再把花草栽到起鼓处，会形成起伏状
株行距离视五色草的大小而定，一般白草的株行距离为3~4cm，小叶红草、绿草的株行距离为4~5cm，大叶红草的株行距离为5~6cm。平均种植密度为每平方米栽草250~280株。最窄的纹样栽白草不少于3行，绿草、小叶红、黑草不少于2行。花坛镶边植物火绒子、香雪球栽植宽度为20~30cm **栽植**

修剪 修剪是保证花纹效果的关键。草栽好后可先进行1次修剪，将草压平，以后每隔15～20天修剪1次。有2种剪草法：一是平剪，纹样和文字都剪平，顶部略高一些，边缘略低。另一种为浮雕形，纹样修剪成浮雕状，即中间草高于两边

浇水，除栽好后浇1次透水外，以后应每天早晚各喷水1次 **浇水**

图4-12 模纹花坛的种植施工步骤

第三节
花　境

【新手必读】花境定义

花境是园林绿地中一种特殊的种植形式，是以树丛、树群、绿篱、矮墙或建筑物作背景的带状自然式花卉布置。它是指通过模拟自然界中林地边缘地带多种野生花卉交错生长的状态，运用艺术手法提炼、设计成的一种花卉应用形式。

花境外轮廓大多比较规整，通常沿某一方向作直线或曲折演进，而其内部花卉的配置成丛或成片，自由变化。一般利用露地宿根花卉、球根花卉及一二年生花卉，栽植在树丛、绿篱、栏杆、绿地边缘、道路两旁及建筑物前，以带状自然式栽种。亦可以配置点缀花灌木、山石、器物等。

花境中的花卉植物色彩丰富，形态优美，花期或观赏期一般较长，不需要经常更换，管理经

济方便，能较长时间的保持其群体的自然景观，具有较好的群落稳定性，同时具有季相变化。

花境也是现代园林环境绿化美化和生态造景发展的重要内容，广泛应用于建筑基础环境、坡地、道边、水畔、绿地边界等庭园环境造景。

花境可以设置在公园、风景区、街心绿地、家庭花园及林荫路旁等。它是一种带状布置方式，因此可以在小环境中充分利用边角、条带等地段，营造出较大的空间氛围，是林缘、墙基、草坪边级、路边坡地、挡土墙等的装饰。花境的带状式布置，还可以起到分隔空间和引导游览路线的作用。

【新手必读】花境类型

花境的形式非常丰富，可以根据植物材料、观赏角度、花色及花境轮廓等方面分成不同的类型，每种类型都有其鲜明的特点。主要的分类方法如下：

一、根据植物材料

宿根花卉花境

宿根花卉花境是指所用的植物材料全部由宿根花卉组成，这是一种较为传统的花境形式，如图4-13所示。其具有种类多、适应性强、栽培简单、繁殖容易、群体效果好等优点，此外大多数宿根花卉都未经充分的遗传改良，在花期上具有明显的季节性，且无论是花朵还是株形都保留着浓郁的自然野趣。

在宿根花卉花境中，有些品种的宿根花卉虽然花期并不是很长，但从整个花境的角度来讲，这反而会令花境的景观富有变化，每一段时期都会有不同的观赏效果。同一个花境也许在春季是由白色和粉色组成，到了秋季就变成黄色和紫色的海洋。

一、二年生草花花境

一、二年生草花花境是指植物材料全部为一、二年生草本花卉的花境，特点是色彩艳丽、品种丰富，从初春到秋末都可以有灿烂的景色，而冬季则显得空空落落。然而正是辉煌与萧条的对比，才会令人们对来年的盛景更加期盼。很多一、二年生草本花卉具有简洁的花朵和株形，具有自然野趣，非常适合营造自然式的花境，如图4-14所示。

图4-13　宿根花卉花境

图4-14　一、二年生草花花境

球根花卉花境

球根花卉花境是指由各种球根花卉组合而成的花境，如图4-15所示。球根花卉具有丰富的色彩和多样的株形，有些还能散发出香气，因而深受人们的喜爱。

观赏草花境

观赏草花境是指由不同类型的观赏草组成的花境,如图 4-16 所示。其姿态优美,叶色丰富多彩,花序五彩缤纷,植株随风飘逸,能够展示植物的动感和韵律。而且观赏草对生态环境有广泛的适应性,对土壤和管理都要求不高。更重要的是,它们随风摇曳的身姿为景观增加了无限动感和风情,因而观赏草在近些年越来越受到人们的青睐。

图 4-15 球根花卉花境   图 4-16 观赏草花境

灌木花境

灌木花境是指由各种灌木组成的花境,如图 4-17 所示。灌木一旦种下可保持数年,但是由于其体量较大,不像草本花卉那样容易移植,因而在种植之前要考虑好位置和环境因素。

混合花境

混合花境是指由多种不同种类的植物材料组成的花境,如图 4-18 所示。如果想获得一个四季都充满趣味和变化的花境,那么混合花境就是最好的选择。

图 4-17 灌木花境   图 4-18 混合花境

野花花境

野花花境是指由各种野生花卉组成的花境,如图 4-19 所示。这种花境多由株形自然、管理粗放的一、二年生草本花卉和宿根花卉组成。野生花境的特点之一是不同的品种不是以组团的形式种植,而是混种在一起,品种之间没有明显的界限。虽然由人工种植,但是看起来像是自然状态下生长的野生花卉群落,极具野趣和乡土气息,适合于乡村的庭院花境以及路缘花境等。

专类植物花境

专类植物花境是指由同属的不同种类或同种但不同品种的植物为主要种植材料的花境,如图 4-20 所示。专类植物花境所用的花卉要求花期、株形、花色等方面有较丰富的变化,从而体现花境的特点。

图 4-19　野花花境　　　　　　　　　图 4-20　专类植物花境

二、根据观赏角度

单面观赏花境

单面观赏花境是指供观赏者从一（单）面欣赏的花境，如图 4-21 所示。通常位于道路附近，以树丛、绿篱、矮墙、建筑物等为背景。单面观赏花境一般为长条状或带状，边缘可以为规则式也可以为自然式。从整体上看种植在后面的植物较高，前面的植物较低，边缘应该有低矮的植物镶边，这是一种较为传统的花境形式，应用非常广泛。在花境中若能够等距离种植一些有特色的植物，会产生一种节奏感和韵律感。

图 4-21　单面观赏花境

双面（多面）观赏花境

双面（多面）观赏花境是指可供两面或多面观赏的花境，如图 4-22 所示。这种花境多设置在草坪中央或树丛之间，边缘以规则式居多。通常没有背景，中间的植物较高，四周或两侧的植物低矮，常应用于公共场所或空间开阔的地方，如隔离带花境、岛式花境等。

对应式花境

对应式花境通常以道路的中心线为轴心，形成左右对称形式的花境，常见于道路的两侧或建筑物周围，如图 4-23 所示。其边缘多为直线形，左右两侧的植物配置可以完全一样，也可以略有差别。但不宜差别太大，否则就失去了对应的意义。

图 4-22　双面（多面）观赏花境　　　　　　　图 4-23　对应式花境

三、根据花色

单色花境

整个花境由单一色系的花卉组成，如图 4-24 所示。常见的有白色花境、蓝紫色花境等。单色花境最能体现设计者想要表达的意图，如白色花境会令人感到清凉、宁静；粉色花境则会给人以柔和、浪漫的感觉。单色花境中通常会种植同一色系但颜色深浅不同的花卉，而且在株形、高度及叶片质地等方面应该有所变化和对比。

双色花境

双色花境是指花卉的主要颜色为两种的花境，如图 4-25 所示。通常采用对比强烈的两种颜色给人

图 4-24　单色花境

以视觉上的冲击和震撼力。双色花境在应用时要注意色彩搭配的和谐，一般为互补色，色彩互相衬托，这样的花境与单色花境和混色花境相比，轮廓更加鲜明，会给人留下深刻的印象。较为常用的有黄色和蓝色，橙色和紫色。

混色花境

混色花境是指由各种颜色的花卉组成的花境，这是最常见的形式，也是相对容易的搭配形式，如图 4-26 所示。丰富的色彩比单纯色彩更生动，但是需要注意的是在一个花境中，特别是面积较小的花境中，颜色不宜过多，否则会显得杂乱。配置时避免颜色相近的植物过于集中在一个区域令花境看上去失去平衡。

图 4-25　双色花境 　　　　　　图 4-26　混色花境

四、根据花境轮廓

直线形边缘花境

花境边缘为笔直线条，多用于单面观赏的花境，花境看上去简洁、整齐，适合种植在规则式的花园中，如图 4-27 所示。笔直边缘的花境易于养护管理，特别是以草坪作饰边时，便于用机械将边缘修剪得齐整；但是与曲线形的花境相比缺乏装饰性和趣味性。

几何形边缘花境

花境的边缘轮廓为几何图形，多用于双面观赏或多面观赏的花境，如图4-28所示。常见的形状有矩形、圆形、多边形等，可令花境看起来整齐、干净。隔离带花境、岛式花境等常应用这种形式。

图 4-27 直线形边缘花境　　　　　　图 4-28 几何形边缘花境

曲线形边缘花境

曲线形边缘花境是指轮廓为自然曲线的花境，如图4-29所示，这是应用较多的一种形式，尤其当应用于林缘花境时，最能体现花境与周围环境的和谐以及植物的自然美。在具有曲线边缘的花境中，植物常会将观赏者的部分视线遮挡住，当观赏者沿着曲线的边缘行走时，会产生"步移景异"的效果，令观赏者对其产生浓厚的兴趣。需要注意的是曲线的过渡要自然、柔和，避免死弯和太大的起伏，舒缓的曲线才会令人赏心悦目。

自然式边缘花境

自然式边缘花境是指边缘完全呈自然状态的花境，或者可以说这样的花境几乎没有明显的边界，与自然环境融为一体，如图4-30所示。此类花境的植物材料多为乡土植物或野生花卉，植物通常管理粗放，呈野生状态，突出地方和乡土特色，常用于疏林草地、乡村庭院、自然风景区等处。

图 4-29 曲线形边缘花境　　　　　　图 4-30 自然式边缘花境

【新手必读】花境设计原则

一、因地制宜，因势造景

花境的外围有一定的轮廓，其边缘可用草坪、矮性花卉或矮栏杆做点缀。两面观赏的花境要中央高四周低，单面观赏的花境要前面低后面高。花境要与背景的高低、道路的宽窄成比例，即墙垣高大或道路很宽时，其花境也应宽一些。植株高度不要高过背景，在建筑物前一般不要高过窗台。为了便于观赏和管理，花境不宜离建筑物过近，一般要距离建筑物40~50cm。

根据地形和立地条件，首先应考虑花境的长度和宽度。花境长度一般不超过20m，对于过长的地段应进行分段处理。植物种植可采取段内变化、段间重复的手法，但要注意植物布置的韵律感。每一个花境都要有一个与周围环境相协调、主题明显的种植规则，植物景观应随着花境的延伸呈现有规律的变化。花境的宽度要适宜，过窄则难以体现群体效应，过宽则超出视觉范围，不便于养护管理。

二、依据地势不同，确定植物种类

花境设计首先是确定平面，要讲究构图完整，高低错落，一年四季季相变化丰富。配置在一起的各种花卉不仅彼此间色彩、姿态、体量、数量等应协调，而且相邻花卉的生长强弱、繁衍速度也应大体相近，植株之间能共生而不能互相排斥。花境中的各种花卉呈混交斑块的面积可大可小，但不宜过于零碎和杂乱。

在选择植物材料时，应考虑其生长习性，不同植物在不同季节的生长情况、抗寒性等，在植物配置上做到观赏性和生态效果并重。另外，植物搭配要能表现出立体感和空间感，如宿根花卉与花灌木搭配，不同层次展现的植物特性不同。最后是色彩搭配，应先根据地理位置、当地的文化背景以及环境特点确定主色调，再搭配其他色彩。几乎所有的露地花卉都能作为花境的材料，但以多年生的宿根、球根花卉为宜。因为这些花卉能多年生长，不需要经常更换，养护起来比较省工，还能使花卉的特色发挥得更加充分。

三、合理搭配，步移景异

花境前景一般选择匍匐状、枝叶密集的植物，背景多选择高大、穗状或直线条类的植物。要尽量丰富植物种类，达到步移景异的效果。在时间上，要讲究"四时不同"，通过合理搭配，让人们在不同季节欣赏到不同花境，是一种既传统又年轻的花卉应用形式。

【高手必懂】花境设计

花境的设计包括种植床设计、背景设计、种植设计、边缘设计。

一、种植床设计

花境的种植床是带状的。单面观赏花境的后边缘线多采用直线，前边缘线可为直线或自由曲线。双面观赏花境的边缘线基本平行，可以是直线，也可以是流畅的自由曲线。种植床的设计要考虑花境观赏要求以及种植床环境和装饰要求。

1. 花境的观赏要求

花境的观赏要求又包括花境的朝向要求，花境的大小和宽度三个方面，其内容如图4-31所示。

2. 种植床环境和装饰要求

种植床依照环境土壤条件和装饰要求可设计成平床或高床，并且应有2%~4%的排水坡度。一般来讲，土质好、排水能力强的土壤，及设置于绿篱、树墙前和草坪边缘的花境宜用平床，床面后部稍高，前缘与道路或草坪相平。这种花境给人以整洁感。在排水能力差的土质上及阶地挡

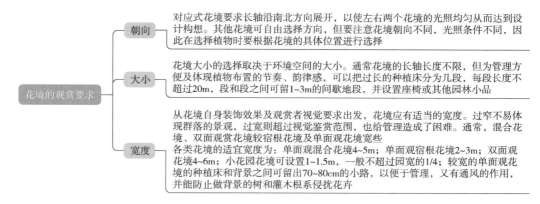

图 4-31 花境的观赏要求

土墙前的花境，为了和背景协调，可采用 30~40cm 高的高床，边缘用不规则的石块镶边，使花境具有粗犷风格。若使用蔓性植物覆盖边缘石，还可以营造出柔和的自然感。

二、背景设计

背景是花境的组成部分之一，可以和花境有一定距离，也可不留距离，设计时应从整体上考虑。单面观花境需要背景，背景依设置场所不同而异。较理想的背景是绿色的树墙或高篱。用建筑物的墙基及各种栅栏作为背景也是可以的，一般以绿色或白色为宜。如果背景的颜色或质地不理想，可以在背景前选种高大的绿色观叶植物或攀缘植物，形成绿色屏障后，再设置花境。

三、种植设计

1. 植物材料

花卉的观赏特征对形成花境的景观起决定性作用。种植设计是把植物的株形、株高、花期、花色、质地等主要观赏特点进行艺术性地组合和搭配，创造出优美的群落景观。根据观赏特性，并全面了解植物的生态习性，正确选择适宜材料是种植设计成功的根本保证。

（1）选择植物应注意的方面，如图 4-32 所示。

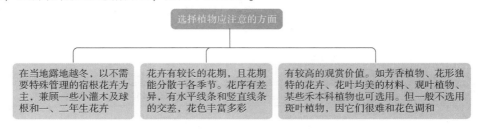

图 4-32 选择植物应注意的方面

（2）适用于花镜的植物。适于花境栽植的花卉很多，常用的花卉可分为 3 类。春季开花的种类：金盏菊、飞燕草、桂竹香、紫罗兰、山楂斗菜、荷包牡丹、风信子、花毛茛、郁金香、蔓锦葵、石竹类、马蔺、鸢尾类、铁炮百合、大花亚麻、雏叶翦夏萝、芍药等。夏季开花的种类：蜀葵、射干、美人蕉、大丽花、天人菊、唐菖蒲、萱草类、矢车菊、玉簪、鸢尾、百合、卷丹、宿根福禄考、桔梗、晚香玉、葱兰等。秋季开花的种类：荷花菊、雁来红、乌头、百日草、鸡冠花、万寿菊、醉蝶花、麦杆菊、硫华菊、翠菊、紫茉莉等。具体种类见表 4-8。

表 4-8　适用于花镜的植物

植物名称	拉丁学名	株高/cm	花期/月	花色
金鸡菊	*Coreopsis grandi flora*	40 ~ 60	5 ~ 9	金色
宿根福禄考	*Phlox paniculata*	50 ~ 70	6 ~ 9	粉红
宿根天人菊	*Gailardia pullchella*	20 ~ 40	6 ~ 10	黄紫
大滨菊	*Leucanthemum maximum*	60 ~ 80	6 ~ 9	白
穗花婆婆纳	*Veronica spicata Linn*	60	7 ~ 9	蓝
婆婆纳	*Veronica didyma Tenore*	60	6 ~ 10	蓝紫
美国薄荷	*Monarda didyma*	60 ~ 80	6 ~ 8	粉、紫
萱草	*Hemerocallis fulva*	50 ~ 80	6 ~ 9	黄、橙
紫花泽兰		150	7 ~ 9	粉红
大火草	*Anemone tomentosa*	100	8	浅粉
岩生肥皂草	*Saponaria ocymoides L*	25	5 ~ 9	粉
山桃草	*Gaura lindheimeri*	85	7 ~ 10	淡粉
紫露草	*Tradescantia rdflexa Rafin.*	20 ~ 30	5 ~ 10	白、淡紫
玉簪	*Hosta plantaginea Aschers*	40 ~ 50	6 ~ 9	白、藕荷
金光菊类	*Rudbeckia laciniata*	50	6 ~ 8	金黄
荷包牡丹	*Dicentra spectabilis（L.）Lem.*	30 ~ 50	4下 ~ 5上	粉白
耧斗菜	*Aquilegia vulgarias*	60	4下 ~ 7上	混色
鸢尾	*Iris tectorum Maxim*	50 ~ 70	4下 ~ 6上	蓝、白
钓钟柳	*Penstemon campanulatus*	60 ~ 80	5	红
石竹	*Dianthus chinensis L.*	20 ~ 30	5 ~ 6	红
荆芥	*Schizonepeta tenuifolia（Benth.）Briq.*	30 ~ 50	5 ~ 9	蓝
一枝黄花	*Solidago decurrens*	500 ~ 600	5 ~ 9	黄
月见草	*Oenotherq biennis*	20	6 ~ 9	明黄
日光月见草	*Oenothera biennis Linn.*	50	6 ~ 9	柠檬黄
火炬花	*Kniphfia uvaria*	60 ~ 120	6 ~ 9	橙黄
蛇鞭菊	*Liatris spicata*	40 ~ 70	7 ~ 8	白、粉紫
落新妇	*Astilbe chinensis*	40 ~ 60	7 ~ 9	粉、乳白
堆新菊	*Heleniun bigelovii.*	90 ~ 150	7 ~ 9	黄
假龙头花	*Physostegia virginiana*	40 ~ 60	7 ~ 10	粉红、淡紫
紫菀	*Radix Asteris*	30 ~ 80	9	粉、紫
春黄菊	*Anthemis tinctoria*	30 ~ 40	6 ~ 9	黄
超级鼠尾草	*Salvia of ficinalis*	60	6 ~ 8	蓝紫
地涌金莲	*Musella lasiocarpa*	50 ~ 60	4 ~ 10	金黄
虎耳草	*Saxifraga stolonifera Curt.*	10 ~ 45	4 ~ 11	白
波斯菊	*Cosmos bipinnatus*	30 ~ 120	9 ~ 11	白、粉、黄
硫华菊	*Cosmos sulphureus*	30 ~ 100	6 ~ 11	黄、橙

（续）

植物名称	拉丁学名	株高/cm	花期/月	花色
地肤	*Kochia scoparia（linn.）Schrad.*	50～100	6～11	绿色观叶
毛地黄	*Digitalis purpurea L*	60～120	4～6	紫、黄
羽扇豆	*Lupinus polyphyllus*	90～120	4～6	红、紫、蓝
重瓣蒲公英	*Herba Taraxaci*	20	3～6	白、粉
大花飞燕草	*Delphinium grandiflorum L.*	35～65	5～7	白、紫
小花飞燕草	*Paeonia suffruticosa var. Papaveracea（Andr.）Kerner*	60	5～7	紫
半边莲	*Lobelia chinensis Lour.*	50～70	6～11	红
蛇目菊	*Coreopsis tinctoria*	60～80	5～12	黄
须苞石竹	*Dianthus barbatus L.*	60～70	5～8	红、白
银叶菊	*Senecio cineraria*	25～30	—	观白色叶
百日草	*Zinnia elegans*	40～120	6～11	红、黄
醉蝶花	*Cleome spinosa L.*	60～120	6～11	紫色、白色
松果菊	*Echinacea purpurea Moench*	60～150	6～11	紫、粉
随意草	*Physostegia virginiana*	20～30	7～12	紫、白、粉
贝壳花	*Molucella laevis*	50～60	5～8	花萼绿色
蜀葵	*Althaea rosea*	150～250	6～9	红、白
风铃草	*Campanula medium L.*	15～25	5～7	浅紫
黄帝菊	*Melampodium paludo sum*	20～50	6～12	黄
花烟草	*Nicotiana sanderae.*	30～50	4～11	紫、白、红

2. 色彩设计

花境的色彩主要由植物的花色来体现，植物的叶色，尤其是少量观叶植物的叶色也是不可忽视的。宿根花卉是色彩丰富的一类植物，加上适当选用一些球根及一、二年生花卉，使得色彩更加丰富，在花境的色彩设计中可以巧妙地利用不同的花色来创造空间或景观效果。花境的多彩设计中主要有四种基本配色方法，如图4-33所示。

图4-33 四种基本配色方法

3. 平面设计

平面种植采用自然块状混植方式，每块为一组花丛，各花丛大小有变化。一般花后叶丛景观较差的植物面积宜小些。为使开花植物分布均匀，又不因种类过多而造成杂乱，可把主花材植物分为数丛种在花境的不同位置。可在花后叶丛景观差的植株前方配植其他花卉予以弥补景观不足。使用少量球根花卉或一、二年生草花时，应注意该种植区的材料轮换，以保持花境较长的观赏期。

4. 立面设计

花境要有较好的立面观赏效果，以充分体现群落的美观。立面设计应充分利用植株的株形、株高、花序及观赏特性，利用植株的高低错落有致，花色的层次分明，创造出丰富美观的立面景观。

5. 季相设计

花境的季相变化是它的特征之一，理想的花境应四季都有景观，寒冷的地区可做到三季有景。花境的季相是通过种植设计实现的。利用花期、花色及各季节所具有的代表性植物来创造季相景观，如春时的报春花、夏日的福禄考、秋天的菊花等。植物的花期和色彩是表现季相的主要因素，花境中开花植物应接连不断，以保证各季的观赏效果。花境在某一季节中，开花植物还应散布在整个花境内，以保证花境的整体效果。

四、边缘设计

花境边缘不仅确定了花境的种植范围，也便于前面草坪的修剪和园路的清扫工作。高床边缘可用自然的石块、碎瓦、砖头、木条等垒砌而成。平床多用低矮植物镶边，以 15 ~ 20cm 高为宜。可以用同种植物，也可以用不同植物，但后者更加贴近自然。若花境前面为园路或草坪，边缘分明整齐，还可以在花境边缘与环境分界处挖 20cm 宽、40 ~ 50cm 深的沟，填充金属或塑料条板，防止边缘植物侵扰路面或草坪。

【高手必懂】花境施工

花镜施工如图 4-34 所示。

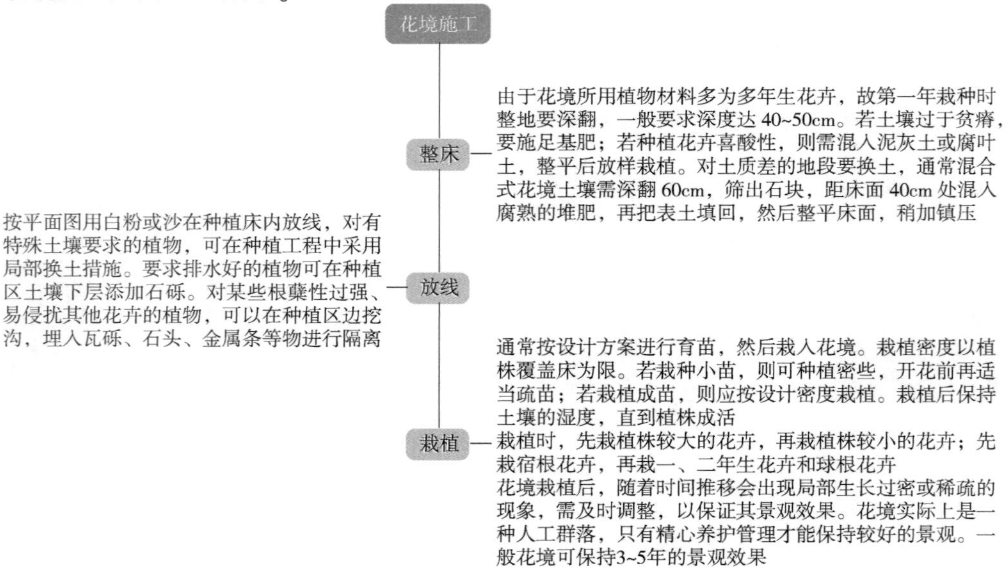

按平面图用白粉或沙在种植床内放线，对有特殊土壤要求的植物，可在种植工程中采用局部换土措施。要求排水好的植物可在种植区土壤下层添加石砾。对某些根蘖性过强、易侵扰其他花卉的植物，可以在种植区边挖沟，埋入瓦砾、石头、金属条等物进行隔离

花境施工

整床 —— 由于花境所用植物材料多为多年生花卉，故第一年栽种时整地要深翻，一般要求深度达 40~50cm。若土壤过于贫瘠，要施足基肥；若种植花卉喜酸性，则需混入泥灰土或腐叶土，整平后放样栽植。对土质差的地段要换土，通常混合式花境土壤需深翻 60cm，筛出石块，距床面 40cm 处混入腐熟的堆肥，再把表土填回，然后整平床面，稍加镇压

放线

栽植 —— 通常按设计方案进行育苗，然后栽入花境。栽植密度以植株覆盖床为限。若栽种小苗，则可种植密些，开花前再适当疏苗；若栽植成苗，则应按设计密度栽植。栽植后保持土壤的湿度，直到植株成活
栽植时，先栽植株较大的花卉，再栽植株较小的花卉；先栽宿根花卉，再栽一、二年生花卉和球根花卉
花境栽植后，随着时间推移会出现局部生长过密或稀疏的现象，需及时调整，以保证其景观效果。花境实际上是一种人工群落，只有精心养护管理才能保持较好的景观。一般花境可保持3~5年的景观效果

图 4-34　花镜施工

【高手必懂】花境养护管理

花境中各种花卉的配置比较粗放，也不要求花期一致。但需要考虑到同一季节中各种花卉的色彩、姿态、体形及数量的协调和对比，及整体构图严整，还要注意一年中的四季变化，使一年四季都有花卉。对植物高矮要求不严，只要注意开花时不被其他植株遮挡即可。花境养护管理比较粗放。

一、施肥

每年植株休眠期必须适当耕翻表土层，并施入腐熟的有机肥（$1.0 \sim 1.5 kg/m^2$），并进行补植工作。结合中耕施肥，更换部分植株，或播种一、二年生花卉。生长季节根据花卉生长发育养分的需要，实行叶面施肥。

二、修剪、 整枝

修剪与整枝要及时，在花后及植株休眠期，重要的花境内残花枯枝率不得大于 10%，其他的花境不得大于 15%。

三、其他日常管理

生长季节注意要经常中耕、除虫、除草、施肥和浇水等，做到花境无杂草垃圾，花境防护设施要保持清洁完好无损。对于枝条柔软或易倒伏的种类，要及时搭架，捆绑固定。还要注意有些植物种类需要掘起放入室内越冬，有些需要在苗床采取防寒措施越冬的，都要及时采取措施进行处理。

第五章
水生植物种植设计与施工

第一节
水生植物种植基础知识

【新手必读】水生植物分类

广义的水生植物包括所有沼生、沉水或漂浮的植物。根据水生植物的生活方式，一般将其分为四类，具体内容如下：

挺水植物

植株高大，花色艳丽，绝大多数有茎、叶之分；直立挺拔，下部或基部沉于水中，根或根茎扎入泥中生长，上部植株挺出水面。挺水型植物种类繁多，常见的有荷花、千屈菜、香蒲、菖蒲、黄菖蒲、水葱、梭鱼草、花叶芦竹、泽泻、芦苇等。

浮叶植物

无明显的地上茎或茎细弱不能直立，叶片漂浮于水面上。按植物根系着泥生长和不着泥生长又分为两个类型：一种叫根系着泥浮水植物，如王莲、睡莲等；另一种叫漂浮植物，如凤眼莲、大漂、青萍等。

根系着泥浮水植物用于绿化的较多，其价值较高。而根系不着泥生长的漂浮植物，因无根系固着生长，植株漂浮不定，又不易限制在某一区域，在水体富营养化的条件下容易造成极性生长，覆盖全池塘，形成不良景观，一般不用于池塘绿化，应被视作水生杂草，一旦发现要及时清除掉。

沉水植物

根茎生于泥中，整个植株沉入水中，具发达的通气组织，利于进行沉水植物气体交换。叶多为狭长或丝状，能吸收水中部分养分，在水下弱光的条件下也能正常生长发育。对水质有一定的要求，因为水质浑浊会影响其光合作用。花小，花期短，以观叶为主，如金鱼草、眼子菜等。

湿生植物

湿生植物可分为沼生植物和岸边植物，这类植物的根系和部分树干淹没在水中生长。有的树种，在整个生活周期，它的根系和树干基部浸泡在水中并生长良好，如池杉。池杉的适应性较强，不仅在水中生长良好，而且在陆地也生长极佳。有的树种，在水陆交替的生态条件下能良好生长，如水杉、柳树、杨树等。

【新手必读】水生植物功能

一、美化环境

水生植物具有造景功能，在我国古典园林中，水生植物就是营造园林水景的重要素材之一。各种水体，都得依靠植物来配置出丰富多彩的水体景观，水生植物对水景起着画龙点睛的作用，通常以其洒脱的姿态和优美的线条、绚丽的色彩点缀水面和岸边，形成水中倒影，使水面和水体变得生动活泼，加强了水体的美感。

不同形态和色彩的水生植物，会引起人们的各种心理活动和戏曲性效果。挺立在水中的宽叶香蒲和芦苇，阳光下的倒影或在薄雾笼罩的朦胧姿态，使人浮想联翩；月下的芦苇和荷塘的月色，诗一般的宁静，给人一种神秘之感；而菖蒲、睡莲、慈姑、黑三菱、千屈菜等，其美丽的花朵竞相开放，迷人的色彩给人以强烈的视觉冲击效果。著名的承德避暑山庄 72 景和圆明园 40 景中，大多数是以水生植物造景为主，如"曲水荷香""萍香伴""菱荷深处"等景点，杭州西湖的"苏堤春晓""柳浪闻莺""曲院风荷"等，都是因为水生植物造景而闻名的。

此外，在开阔水面上，还可以布置浮床、浮岛，在岛上栽植水生花卉，形成"水上花园"，为水面增添景色。如宁波北斗河水面上的浮岛，打破了原来单调沉闷的水面，给水体带来了生机和活力。

二、净化水质

水生植物进行光合作用时，能吸收环境中的二氧化碳，放出氧气，改善水体质量，且能消除水体中许多污染元素，因此，水生植物具有重要的生态恢复功能。

据研究：水葱能净化水中的酚类；野慈姑对水体中氮的去除率达 75%，对磷的去除率达 65%；芦苇具有净化水中的悬浮物、氯化物、有机氮、硫酸盐的能力，能吸收汞和铅，对水体中磷的去除率为 65%；凤眼莲又名水葫芦，它繁殖快，耐污能力强，对氮、磷、钾及重金属离子均有吸收作用；沉水植物还可以促进水中悬浮物、污染物质的沉积，并可通过吸收、转化、积累作用降低水中营养盐，从而抑制水体内浮游藻类生产量，同时能防止底泥的再悬浮，提高水体的透明度。

总之，水草茂盛则水质清澈、水产丰盛、水体生态稳定，缺乏水草则水质浑浊、水生动物稀少、水体生态环境脆弱。水生植物在美化水体景观、净化水质、保持河道生态平衡方面具有显著功效。

三、保护河岸、涵养水源

利用植物根系有较强的穿扎固土能力，在坡面上和消落区（最高和最低水位之间的水位变化区）种植耐水湿的乔灌木和地被植物，一方面减少地表径流，另一方面防止或减轻水流、波浪对河岸的侵蚀和冲刷，起到固土护坡作用。同时，植物的根、茎、叶的生长对土壤具有改良作用，增加了土壤有机质的含量，改善了土壤结构与性能，提高了土壤持水性，增加了土壤抗侵蚀能力。因此，岸边种植水生植物既能保持水土不流失，起到固土护岸作用，又能提高河岸土壤肥力，改善生态环境。通过种植植物来固土护岸不失为一种有效的、可行的生态护坡形式。

四、经济效益

水生植物既是良好的绿肥，又是好的饲草，其营养丰富、生长快，水中的氮、磷被它们吸收后转化成蛋白质等营养物质。因此，在种植水生植物时，可有目的地挑选一些利用价值较高的水生植物如绿萍、浮莲、水花生、凤眼莲等，再在水中放养适量鱼虾和水禽，适时收获水产品，使水体保持一个较为稳定的生态环境，从而获得环境效益和经济效益双丰收。

【高手必懂】水生植物造景应用

一、岸边植物造景

园林中水体驳岸有石岸、混凝土岸和土岸等，规则式的石岸和混凝土岸在我国应用较多，线条显得生硬而枯燥，可在岸边配置合适的植物，借其枝叶来遮挡枯燥之处，从而使线条变得柔和。自然式石岸具有丰富的自然线条和优美的石景，在岸边点缀色彩和线条优美的植物，和自然岸边石头相配，使得景色富有变化。土岸曲折蜿蜒，线条优美，岸边的植物也应用自然式种植，切忌等距离栽植。

适用于岸边种植的植物材料种类很多，有水松、落羽松、杉木、迎春、枫杨、垂柳、小叶榕、竹类、黄菖蒲、玉蝉花、马蔺、慈姑、千屈菜、萱草、玉簪、落新妇等。草本植物及小灌木多用于装饰点缀或遮掩驳岸，大乔木用于衬托水景并形成优美的水中倒影。国外自然水体或小溪的土岸边多种植大量耐水湿的草本花卉或野生水草，使其富有自然情调。

二、水体边缘植物造景

水体边缘是水面和堤岸的分界线，水体边缘的植物配置既能对水面起到装饰作用，又能实现从水面到堤岸的自然过渡。

在自然水体景观中，一般选用适宜在浅水生长的挺水植物，如荷花、菖蒲、水葱、千屈菜、风车草、芦苇、水蓼、水生鸢尾等。这些植物本身具有很高的观赏价值，对驳岸也有很好的装饰遮挡作用。例如：成丛的菖蒲散植于水边的岩石旁或桥头、水榭附近，姿态挺拔舒展，淡雅宜人；千屈菜花色鲜艳醒目，娟秀洒脱，与其他植物或水边山石相配，更显得生动自然；芦苇植于水边能表现出"枫叶荻花秋瑟瑟"的意境，因此，芦苇多成片种植于湖塘边缘，呈现出一片自然景象。

三、水面植物造景

水面具有开畅的空间效果，特别是面积较大的水面常给人空旷的感觉。用水生植物点缀水面，可以增加水面的色彩，丰富水面的层次，使寂静的水面得到装饰与衬托，显得生机勃勃，而植物产生的倒影更能使水面富有情趣。

适宜布置在水面的植物材料有荷花、王莲、睡莲、凤眼莲、萍蓬莲、两栖蓼、香菱等。不同的植物材料与不同的水面形成不同的景观。例如：在广阔的湖面种植荷花，碧波荡漾，浮光掠影，轻风吹过泛起阵阵涟漪，景色十分壮观；在小水池中点缀几丛睡莲，却显得清新秀丽，生机盎然；而王莲由于具有硕大如盘的叶片，在较大的水面种植才能显示其粗犷雄壮的气势；繁殖力极强的凤眼莲常在水面形成丛生的群体景观。

四、滩涂造景

在园林水景中可以再现自然的滩涂景观，结合湿生植物的配置，带给游人回归自然的审美感受。有时将滩涂和园路相结合，让人在经过时不仅看到滩涂，而且须跳跃而过，顿觉妙趣横生，意味无穷。

五、沼泽造景

沼泽景观在面积较大的沼泽园中，种植沼生的乔、灌、草等植物，并设置汀步或铺设栈道，引导游人进入沼泽园的深处。在小型水景园中，除了在岸边种植沼生植物外，也常结合水池构筑沼园或沼床，栽培沼生花卉，以丰富水景园的观赏层次。

水生植物还可以用于绿化、美化干涸断流的河床，使河床在枯水季节依然充满情趣。水生植物除了布置室外水景、形成宜人的景观效果外，还可以用于室内观赏。用玻璃制成水草箱，种植各种翠绿光亮的水草，配上色彩斑斓的热带鱼漫游其中，能把室内布置得清新优雅。

第二节
水生植物种植设计

【新手必读】水生植物种植设计原则

水生植物种植设计原则，如图5-1所示。

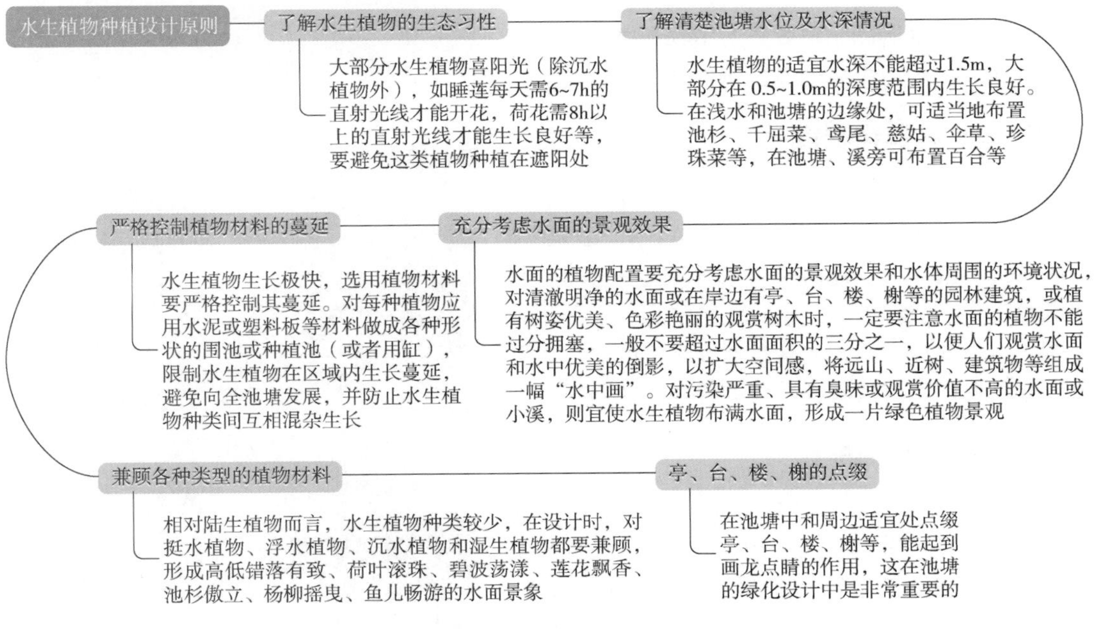

图 5-1　水生植物种植设计原则

【高手必懂】水生植物配置

水体的植物配置，主要是通过植物的色彩、线条以及姿态来组景和造景的。淡绿透明的水色是各种园林景观天然的底色，而水中的倒影又呈现出另一番意境，情景交融，相映成趣，组成了一幅生动的画面。平面的水通过配置各种树形及线条的植物形成了具有丰富线条感的构图，给人留下深刻的印象。而利用水边植物可以增加水的层次。例如：蔓生植物可以掩盖生硬的石岸线，增添野趣；植物的树干可以作为框架，以近处的水面为底色，以远处的景色为画，组成自然优美的框景画。不同地带，水生植物的配置也各有其特点，具体内容如下：

一、湖、池、溪涧与峡谷植物配置

湖：是园林中最常见的水体景观。沿湖景点要突出季节景观，注意色叶树种的应用，以丰富水景。湖边植物宜选用耐水喜湿、姿态优美、色泽鲜明的乔木和灌木，或构成主景，或同花草、湖石结合装饰驳岸。

池：在较小的园林中，水体的形式常以池为主。为了获得小中见大的效果，植物配置讲究突出个体姿态或利用植物来分割水面空间，以增加层次，同时也可创造活泼和宁静的景观。

溪涧与峡谷：溪涧和峡谷最能体现山林野趣。溪涧中流水淙淙，在自然界中，这种景观非常丰富。山石高低错落形成不同落差，水冲出深浅、大小各异的水池，造成各种动听的水声效果。植物配置应因形就势，以增强溪流的曲折多变及山涧的幽深感觉。

图 5-2 湖边柳

二、滨水区植物配置

滨水区植物配置应该讲究艺术构图。例如：在水边栽植垂柳，可形成柔条拂水的意境，如图 5-2 所示；在水边种植池杉、落羽松、水杉及具有下垂气根的小叶榕等，均能起到以线条构图的作用。还要注意应用探向水面的枝、干，尤其是似倒未倒的水边大乔木，以起到增加水面层次和赋予其野趣的作用。

三、驳岸的植物配置

驳岸分土岸、石岸、混凝土岸等，驳岸植物配置原则是既要使山与水融成一体，又要对水面的空间景观起到主导作用。石岸的线条生硬、枯燥，所以植物配置原则是有遮有露，一般配置岸边垂柳和迎春等植物，让细长柔和的枝条下垂至水面，遮挡石岸，如图 5-3 所示。同时，配以花灌木和藤本类

图 5-3 混凝土驳岸

植物如黄菖蒲、鸢尾、地锦等进行局部遮挡，以增加活泼的气氛。土岸边的植物配置应结合地形、道路、岸线进行布局，做到有近有远、有疏有密、有断有续、有曲有弯。

四、水面的植物配置

水面景观低于人的视线，和水边景观相呼应，再加上水中倒影，最宜供人观赏。水中植物配置常用荷花来体现"接天莲叶无穷碧，映日荷花别样红"的意境。假如岸边有亭、台、楼、阁、榭、塔等园林建筑或种有优美树姿、色彩艳丽的观花、观叶树种时，水中植物配置切忌拥塞，要留出足够空旷的水面来展示其美丽的倒影。

五、堤、岛的植物配置

水体中设置堤、岛是划分水面空间的主要手段。堤、岛的植物配置不仅增添了水面空间的层次，还丰富了水面空间的色彩，倒影则成为主要景观。岛的类型很多，大小各异。其植物配置以柳为主，间植侧柏、紫藤、合欢、紫薇等乔灌木，疏密有致、高低有序，不仅增加了层次还具有了良好的引导功能。

六、小型水景园与沼泽园

近年来，随着园林事业的发展、人们审美情趣的提高，小型水景园也得到了较为广泛的应用，如在公园局部景点、居住区花园、街头绿地、大型宾馆花园、屋顶花园以及展览温室内，都有很多的应用实例。

水景园的植物配置应根据不同的主题和形式仔细推敲，精心塑造优雅美丽的特色景观。

七、湿地景观的植物配置

湿地是地球上重要的生态系统，具有涵养水源、净化水质、调蓄洪水、美化环境、调节气候等生态功能，但却因为人类的活动而日益减少，因此它又是全世界范围内一种亟待保护的自然资源。《湿地公约》将其定义为"不问其为天然或人工、长久或暂时之沼泽地、泥炭地或水域地带，或静止、或流动、或为淡水、半咸水、咸水体者。"同时又规定"湿地可包括邻接湿地的河湖沿岸、沿海区域以及湿地范围的岛屿或低潮时水深不超过 6m 的区域"。

在湿地植物配置中，要注意传承古老的水乡文化，保持低洼地形、保护原有植被、保留生态池塘，有效地利用点植、片植、丛植、对植、群植、孤植和混交等手法，实现乔、灌、草、藤的植物多样性，以发挥最大的生态效益。

第三节
水生植物种植施工

【新手必读】栽植要领

一、水面绿化面积的确定

为了保证水面植物景观的疏密相间，不影响水体岸边其他景物倒景的观赏，不宜作满池绿化和环水体一周，只需保证 1/3 ~ 1/2 的绿化面积即可。

二、水中种植台、池、缸的设置

为了保证景观的实现，须在水体中设置种植台、池、缸。种植池高度要低于水面，其深度要根据植物种类不同而定。如荷花的叶柄生长较高，其种植池离水面高度可设计 60 ~ 120cm 深；睡莲的叶柄较短，种植池可离水面 30 ~ 60cm；玉蝉花的叶柄更短，其种植池可离水面 5 ~ 15cm。用种植缸、盆可机动灵活地在水中移动，创造一定的水面植物图案。

三、造型浮圈的制作

满江红、浮萍、槐叶萍、凤眼莲等具有繁殖快、全株漂浮在水面上的特点，所以这类水生植物造景不受水深度的影响。可根据景观需要在水面上制作各种造型的浮圈，将其圈入其中，创造水面景观，点缀水面，改变水体形状大小，使水体曲折有序。

四、沉水植物的配置

水草等沉水植物的根着生于水池的泥土中，茎、叶全可浸在水中生长。这类植物置于清澈见底的小水池中，点缀几缸或几盆，再养几条观赏红鱼，更加生动活泼，别有情趣。

五、水边植被物景观的营造

利用芦苇、荸荠、慈姑、鸢尾、水葱等沼生草本植物可以创造水边低矮的植被景观。

总之，在水中利用浮叶水生植物疏密相间、断续、进退，有节奏地创造富有季相变化的连续构图。在水面上可利用漂浮水生植物，集中成片，创造水上绿岛。还可用落羽松、水松、柳树、水杉、水曲柳、桑树、栀子花、柽柳等耐水湿的树木在水体或岸边创造闭锁空间，以丰富水面的层次感、深远感，为游人划船等水上活动增加游点，创造遮阴条件。

【高手必懂】种植方法与栽植设施

一、种植方法

水生植物的种植方法与水生植物类型和应用形式关系很大，大致可分为直接播种、容器栽植和地栽等三类。

直接播种

漂浮植物如凤眼莲、浮萍等，植株漂浮在水中，随水流四处漂泊。这类植物可选择背风向阳的水面，清除水面上的杂草后，用竹片或浮漂围合好投放区域，将幼苗或种子投放其中。这种栽植方式要求一定要圈画投放区域，并做好相应的防护措施，因为一些漂浮植物如凤眼莲等繁殖能力极强，易大面积迅速繁殖，造成生态灾难。

容器栽植

容器栽植是北方地区荷花、睡莲等水生植物的主要栽植方式。一般选用陶盆，在盆底先铺一层粗沙或碎石，然后加入基肥，再放入培养土，并于其中栽植植株。具体要求因物种而异。这种栽植手段易于冬季养护。饼肥等作基肥，同时撒入少量土壤消毒剂，以杀灭病虫等。后按植物配植施工图放线，并植入植株或种子。覆土后灌入池水。具体物种的种植要求稍有不同，需按照植物生长要求施工。

地栽

（1）湖、池地栽。在湖、池中栽植水生植物时，应先将水放净，当土壤略干时再进行。栽植后要及时灌水，灌水时应根据水生植物的类型（浮水、沉水、挺水），进行灌水和随时调节水位。

（2）专用栽植槽或缸盆栽植。在无栽植土壤的池及水溪中栽植的水生植物，如水葱、慈姑、荷花、香蒲、菖蒲、睡莲、千屈菜等，应栽植于槽、缸盆或浮床内，根据需要的水深，按图纸的位置摆放或架设在水溪中。栽植基质不得含有污染水质的成分。

（3）浮叶植物。如大漂、凤眼莲等，则应按设计要求，将新株或植株上的幼芽，直接投入到浮框或浮漂所圈定的水域范围内。

二、水生植物栽植设施

盆池

盆池的材料可以是木质、陶瓷或玻璃等质地。高度一般不低于30cm，可用来种植小型水生植物，如碗莲、萍蓬草等，可单独置于庭院、厅堂、屋顶花园等处。北方地区水景中也常用来种植睡莲等水生植物，置于湖、池水底，冬季可移入室内，以利水生植物越冬。

预制式水池

预制式水池的主要材料是玻璃纤维或硬质塑料，可以制成多种形状。施工中只需要埋入地下即可。这种水池便于移动，养护管理简单，寿命长。缺点是尺寸规格较小，一般造型固定。常用于小尺度水景建造，如家庭花园、屋顶花园等。这种水池可根据不同类型水生植物的要求制成台阶状，以利植物生长。

衬池式水池

以柔软耐用且具伸缩性的塑料膜作为池衬用于防渗的小型水池。挖池时要考虑不同植物的水深需求，做出台阶。铺设后再在池底铺种植基质，注意不要划破池底，以免导致池水不断渗漏。这种做法方便设计形状多变的水池，但对于工程技术和施工质量要求比较高。

栽植池

大面积栽植水生植物可用耐水湿的建筑材料如混凝土作水生植物栽植池，把种植地点围起来，填土栽种。可以结合驳岸类型在池底、池边进行构筑。

栽植台规则式水面

规则式种植时，常用混凝土栽植台。按照水生植物对水的不同深度要求及排列栽植形式分层设置，组合安排后放置盆栽植物。水浅时可直接将盆栽植物或缸栽植物放置在水中。

水下支墩

水深时在池底用砖、石或混凝土做支墩，然后把盆栽的水生植物放置在墩上，满足对水深的要求。其适用于小水面、水生植物数量较少的情况。

【高手必懂】施工技术

一、核对设计图

在种植水生植物前，要设计好各种植物所种植的位置、面积、高度，并设计好施工方法。

二、主要施工环节

为了便于施工，在施工前最好能把池塘水抽干，池塘水抽干后，用石灰或绳画好要做围池（或种植池）的范围，在砌围池墙的位置挖一条下脚沟，下脚沟最好能挖到老底子处。

先用砖砌好围池墙，再在围池墙两面砌贴 2~3cm 厚的水泥砂浆，阻止水生植物的根穿透围池墙。围池墙也可以使用各种塑料板，塑料板要进到泥的老底子处，塑料板之间要有 0.3cm 的重叠，防止水生植物根越过围池。

围池墙做好后，按水位标高添土或挖土。用土最好是湖泥土、稻田土、黏性土，适量施放肥料，整平后即可种植水生植物。种植水生植物，可以在未放水前，也可以在放水后进行。

三、施工季节

施工季节要选在多晴少雨的季节进行。大部分水生植物在 11 月~第二年 5 月挖起移栽。水生植物在生长季节也可移栽，但要摘除一定量的叶片，不要失水时间过长。生长期中的水生植物如需长途运输，则宜存放在装有水的容器中。

四、繁殖方法

睡莲、荷花、鸢尾、千屈菜等都以根茎繁殖和分栽，大根茎可以分切成几块，每块根茎上必须留有 1~2 个饱满的芽和节。

五、栽植要求

栽植水生植物一般为 0.5~1.0m² 栽植 1 蔸。栽植深度以不漂起为原则，压泥 5~10cm 厚。在栽植时一定要用泥土压紧压好，以免风浪冲击而把栽植的根茎漂出水面。根茎芽和节必须埋入泥内，防止抽芽后不入泥而在水中生长。

【高手必懂】水景树栽植技术

陪衬水景的风景树，由于是栽植在水边，就应当选择耐湿地的树种。如果所选树种并不能耐湿，但又一定要用它，就要在栽植中做一些处理。

保持种植穴的底部高度在水位线之上。种植穴要比一般情况下挖得深一些，种植穴底可垫一层厚度 5cm 以上的透水材料，如炭渣、粗沙粒等。透水层之上再填一层壤土，厚度可在 8~20cm。其上再按一般栽植方法栽种树木。树木可以栽得高一些，使其根颈部位高出地面。高出地面的部位进行壅土，把根颈旁的土壤堆起来，使种植点整个都抬高。水景树的这种栽植方法对根系较浅的树种效果较好，但对深根性树种来说，就只在 2~3 年内有些效果，时间一长，效果就不明显了。

【高手必懂】养护管理

养护管理，如图5-4所示。

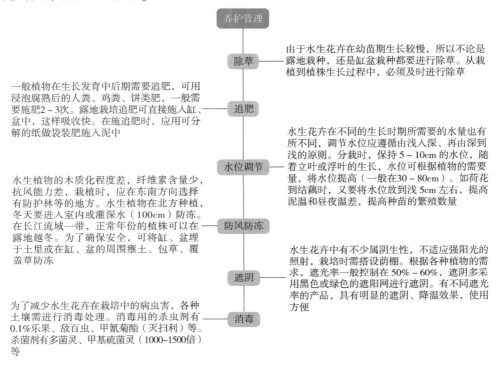

图 5-4　养护管理

由于水生花卉在幼苗期生长较慢，所以不论是露地栽种，还是缸盆栽种都要进行除草。从栽植到植株生长过程中，必须及时进行除草

一般植物在生长发育中后期需要追肥，可用浸泡腐熟后的人粪、鸡粪、饼类肥，一般需要施肥2～3次。露地栽培追肥可直接施入缸、盆中，这样吸收快。在施追肥时，应用可分解的纸做袋装肥施入泥中

水生花卉在不同的生长时期所需要的水量也有所不同，调节水位应遵循由浅入深、再由深到浅的原则。分栽时，保持5～10cm的水位，随着立叶或浮叶的生长，水位可根据植物的需要量，将水位提高（一般在30～80cm）。如荷花到结藕时，又要将水位放到浅5cm左右，提高泥温和昼夜温差，提高种苗的繁殖数量

水生植物的木质化程度差，纤维素含量少，抗风能力差，栽植时，应在东南方向选择有防护林等的地方。水生植物在北方种植，冬天要进入室内或灌深水（100cm）防冻。在长江流域一带，正常年份的植株可以在露地越冬。为了确保安全，可将缸、盆埋于土里或在缸、盆的周围壅土、包草、覆盖草防冻

水生花卉中有不少属阴生性，不适应强阳光的照射，栽培时需搭设荫棚。根据各种植物的需求，遮光率一般控制在50%～60%，遮阴多采用黑色或绿色的遮阳网进行遮阴。有不同遮光率的产品，具有明显的遮阴、降温效果，使用方便

为了减少水生花卉在栽培中的病虫害，各种土壤需进行消毒处理。消毒用的杀虫剂有0.1%乐果、敌百虫、甲氰菊酯（灭扫利）等。杀菌剂有多菌灵、甲基硫菌灵（1000~1500倍）等

第六章
攀缘植物种植设计与施工

第一节
攀缘植物种植基础知识

【新手必读】攀缘植物的种类

攀缘植物是指茎蔓细长、自身不能直立，须攀附其他支撑物或缘墙而上的木本或草本植物。利用攀缘植物进行垂直绿化，可以充分利用立地和空间。它占地少，见效快，对美化人口多、空地少的城市环境有重要意义。配置攀缘植物于墙壁、格架、篱垣、棚架、柱、门、绳、竿、枯树、山石之上，还可收到一般绿化所达不到的观赏效果。根据攀缘植物的生物学特性可以将其分为以下四种类型：

吸附类

依靠气生根或吸盘的吸附作用而向上生长，如爬山虎（图6-1）、凌霄、扶芳藤、常春藤、洋常春藤、络石、绿萝、美国凌霄、硬骨凌霄、蜈蚣藤、崖爬藤、冠盖藤、量天尺、钻地风、常春卫矛、倒地铃、球兰、麒麟叶、合果芋、狮子尾、蔓九节、香果兰等。

缠绕类

藤蔓必须缠绕一定的支撑物而呈螺旋状向上生长，如紫藤、牵牛花（图6-2）、猕猴桃、金银花、橙黄忍冬、南蛇藤、常春油麻藤、西番莲、藤萝、吊葫芦、软枣猕猴桃、狗枣猕猴桃、铁线莲、大瓣铁线莲、木通、三叶木通、黎豆、金钱吊乌龟、瓜叶乌头、清风藤、五味子、南五味子、买麻藤、五爪金龙、探春、北清香藤等。

图6-1　爬山虎

卷须类

依靠卷须攀缘到其他物体而向上生长，如葡萄（图6-3）、异叶蛇葡萄、山葡萄、蓬莱葛、珊瑚藤、炮仗花、苦瓜、丝瓜、扁担藤、小葫芦、蛇瓜、观赏南瓜、甜果藤、赤苍藤、龙须藤、云南羊蹄甲、山荞麦等。

蔓生类

这类植物没有特殊的攀缘器官，是依靠钩刺向上生长的植物，攀缘能力较弱，如蔷薇类、木香（图6-4）、垂盆草、蛇莓、酢浆草、云实、天门冬、叶子花、藤金合欢、黄藤、地瓜藤、过路黄等。

图6-2　牵牛花

图6-3　葡萄藤

图6-4　木香

【新手必读】攀缘植物的观赏特点

攀缘植物种类繁多，姿态各异，通过茎、叶、花、果在形态、色彩、质感、芳香等方面的特点及其整体构形，表现出各种各样的自然美。例如：紫藤老茎盘根错节，犹如蛟龙蜿蜒，加之花序硕大而长，开花繁茂，观赏效果十分显著；爬山虎依靠其吸盘爬满垂直墙面，夏季一片碧绿，秋季满墙艳红，对墙面和整个建筑物都起到了良好的装饰效果；茑萝枝叶纤细，体态轻盈，缀以艳红小花，显得更加娇媚；而观赏南瓜爬满棚架，其奇特的果实和丰富的色彩，使农家气息浓郁。

藤本植物用于垂直绿化极易形成立体景观，既可观赏又能起到分割空间的作用，加之需要依附于其他物体，显得纤弱飘逸，婀娜多姿，能够软化建筑物生硬的立面，给死寂沉闷的建筑带来无限的生机。藤本植物除能产生良好的视觉形象外，许多种类的花果还具有香味，从而引起嗅觉美感。

【高手必懂】攀缘植物的功能

攀缘植物的功能，如图6-5所示。

	景观功能	许多攀缘植物具有很高的观赏特性，可以观叶、观花、观果且具有很好的季相色彩变化和独特的风韵美
攀缘植物的功能	实用功能	由于造景形式的不同，攀缘植物具有分隔空间，营造休息环境的功能，还具有降噪、降温、反射光线等改善小环境气候的作用
	生态功能	增加绿化面积 攀缘植物是以依附其他物体而生长的，其本身占用土地面积很小，但绿化效果却非常显著，运用攀缘植物绿化可以在有限的土地上最大限度的增加绿化面积 净化空气 攀缘植物一般植株繁茂、叶片紧簇，覆盖面积大，能吸收空气中大量的二氧化碳，有的攀缘植物还可以吸收空气中的有害气体，起到净化空气的作用 降低温度 日光照射在植物叶片上，有70%被吸收或反射，因此，种植攀缘植物既可以保护人们的眼睛，减少强光及紫外线对眼睛的危害，又可降低炎夏建筑物墙面的温度，从而达到降低室内温度的效果

图6-5　攀缘植物的功能

【高手必懂】攀缘植物的造景应用

一、垂直绿化

垂直绿化是指藤本类植物依附在建筑墙体或各种实体立面上的一种绿化形式，如建筑墙面、堡坎立面、裸岩表面、坡面等，是藤本类植物最常见的一种绿化形式。现代城市的建筑外观固然再美也为硬质景观，若配以软质景观攀缘植物进行垂直绿化，不仅增添了绿意，使之富有生机，而且可以有效地遮挡夏季阳光的辐射，降低建筑物的温度；攀缘植物绿化旧墙面，可以遮陋透新，与周围环境形成和谐统一的景观，美化环境。

二、构架绿化

利用构架布置的攀缘植物已成为园林绿化中的独立景观，如游廊、花架、拱门、灯柱、栅栏、阳台等，种植上各种不同的攀缘植物，构成繁花似锦、硕果累累的植物景观，既可以赏花观果，又提供了纳凉游憩的场所。

棚架是园林绿化中最常见、结构造型最丰富的构筑物之一，是现代园林中重要的休息设施。棚架绿化一般来说都是以遮阴为主要目的，兼有景观的作用。棚架绿化要根据棚架尺寸、造型、构成材料等，结合植物的不同特点，选择适合的藤本类植物和其种植方式。有些攀缘植物可以建成独立景观，如木香可独立种植，用图形棚架设立柱，也可结合建筑物相互衬托，增加美观。

把各种攀缘植物种植于门、长廊两侧或亭的四周，使植物攀附而上，覆盖门、廊及亭，形成绿门、绿廊和绿亭，创造出独特的园林景观，同时为人们提供庇荫的场所。

在篱笆或栅栏前面种植攀缘植物，使其攀缘篱垣或栅栏形成绿墙、花墙、绿篱、花篱，可以形成非常优美的景观。篱笆和栏杆一般高度不高，对植物攀缘能力要求不严，一般可以考虑选择开花植物，四季可形成不同景观。

用攀缘植物装饰阳台可增添许多生机，既美化了楼房，又把人与自然有机地结合起来。此外，攀缘植物还是一种天然保护层，可以减少围护结构直接受大气的影响，避免表面风化，延缓老化。

三、立交桥绿化

随着社会的发展，城市交通日益增加，高架桥、立交桥成为城市的一道风景线。在城市市区的立交桥占地少，一般没有多余的绿化空间，可用攀缘植物绿化桥面，增添了桥面绿色。如长沙、武汉等城市用常春藤、地锦等绿化立交桥面，美化了环境，提高了生态效益。

四、地面绿化

利用根系庞大、牢固的攀缘植物覆盖地面，可起到保持水土的作用。园林中山石多以攀缘植物点缀，使之显得生机盎然，同时还可以遮盖山石的局部缺陷，让攀缘植物在配置中起到画龙点睛的作用。"山借树而为衣，树借山而为骨，树不可繁要见山之秀丽"。悬崖峭壁倒挂三五株老藤，柔条垂拂、坚柔相衬。

五、小品绿化

攀缘植物应用于小品绿化的形式也很常见，如景点入口可垂挂凌霄，角隅地可广植蔷薇，广场立柱可攀缘扶芳藤，钢骨架可攀缘地锦，拙劣建筑可匍匐地锦等。用各种攀缘植物装饰后的园林小品均会产生意想不到的效果，形成独特的垂直绿化景观。

第二节
攀缘植物种植设计

【新手必读】攀缘植物的种植设计原则

攀缘植物的种植设计原则，如图 6-6 所示。

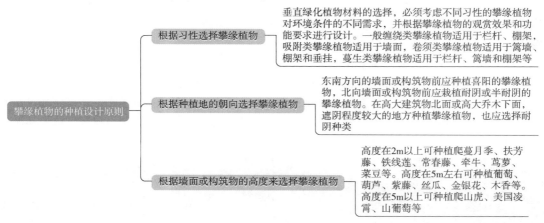

攀缘植物的种植设计原则	根据习性选择攀缘植物	垂直绿化植物材料的选择，必须考虑不同习性的攀缘植物对环境条件的不同需求，并根据攀缘植物的观赏效果和功能要求进行设计。一般缠绕类攀缘植物适用于栏杆、棚架，吸附类攀缘植物适用于墙面，卷须类攀缘植物适用于篱墙、棚架和垂挂，蔓生类攀缘植物适用于栏杆、篱墙和棚架等
	根据种植地的朝向选择攀缘植物	东南方向的墙面或构筑物前应种植喜阳的攀缘植物，北向墙面或构筑物前应栽植耐阴或半耐阴的攀缘植物。在高大建筑物北面或高大乔木下面，遮阴程度较大的地方种植攀缘植物，也应选择耐阴种类
	根据墙面或构筑物的高度来选择攀缘植物	高度在2m以上可种植爬蔓月季、扶芳藤、铁线莲、常春藤、牵牛、莴萝、菜豆等。高度在5m左右可种植葡萄、葫芦、紫藤、丝瓜、金银花、木香等。高度在5m以上可种植爬山虎、美国凌霄、山葡萄等

图 6-6 攀缘植物的种植设计原则

【高手必懂】攀缘植物的种植形式

攀缘植物的种植形式很多，主要有如下五种：

棚架式

棚架式绿化在园林中可以单独使用，也可以用作由室内到花园的类似建筑形式的过渡物，一般以观果遮阴为主要目的。卷须类和缠绕类的攀缘植物均可使用，木质的如猕猴桃类、葡萄、五味子类、木通等，草质的如西番莲、观赏南瓜、观赏葫芦等。花格、花架、绿亭、绿门一类的绿化方式也属于棚架式的范畴，但在植物材料选择上应偏重于花色鲜艳、枝叶细小的种类，如铁线莲、三角花、双蝴蝶、蔓长春花、探春等。部分蔓生种类也可以用作棚架式，如木香和野蔷薇及其变种七姊妹、荷花蔷薇等，但前期应当注意设立支架、人工绑缚以帮助其攀附，如图6-7所示。

图 6-7 棚架式

凉廊式

凉廊式绿化是以攀缘植物覆盖长廊的顶部及侧方，从而形成绿廊或花廊、花洞。应选择生长旺盛、分枝力强、叶幕浓密而且花朵秀美的种类，一般多用木质的缠绕类和卷须类攀缘植物。因为廊的侧方多有格架，不必急于将藤蔓引至廊顶，否则容易造成侧方空虚。在北方可选用紫藤、金银花、南蛇藤、木通、蛇葡萄等落叶种类，在南方则有三角花、鸡血藤、炮仗花、常春油麻藤、龙须藤、使君子、红茉莉、串果藤等多种可供应用，如图6-8所示。

篱垣式

篱垣式主要用于矮墙、篱架、栏杆、钢丝网等处的绿化，以观花为主要目的。由于一般高度有限，对植物材料攀缘能力的要求不太严格，几乎所有的攀缘植物均可用于此类绿化，但不同的篱垣类型各有适宜材料。钢丝网、竹篱、小型栏杆的绿化以茎柔叶小的草本种类为宜，如牵牛花、香豌豆、月光花、倒地铃、打碗花、海金沙、金钱吊乌龟等，在背阴处还可选用瓜叶乌头、荷包藤、两色乌头、竹叶子等；普通的矮墙、钢架等可选植物更多，如蔓生类的野蔷薇、藤本月季、云实、软枝黄蝉，缠绕类的使君子、金银花、探春、北清香藤，具卷须的炮仗藤、甜果藤，具吸盘或气生根的五叶地锦、蔓八仙、凌霄等，如图6-9所示。

附壁式

附壁式绿化只能选用吸附类攀缘植物，可用于墙面、裸岩、桥梁、假山石、楼房等设施的绿化。较粗糙的表面可以选择枝叶较粗大的种类，如有吸盘的爬山虎、崖爬藤，有气生根的凌霄、常春卫矛、钻地枫、海风藤、冠盖藤等。而表面光滑、细密的墙面，如马赛克贴面则宜选用枝叶细小、吸附能力强的种类如络石、紫花络石、小叶扶芳藤、常春藤等。在华南地区，阴湿环境还可以选用蜈蚣藤、量天尺、绿萝、球兰等，如图6-10所示。

图6-8　凉廊式

图6-9　篱垣式

图6-10　附壁式

立柱式

随着城市的建设，各种立柱如电线杆、灯柱、高架桥立柱、立交桥立柱等不断增加，它们的绿化已经成为垂直绿化的重要内容之一。另外，园林中一些枯树如果能加以绿化也可以给人一种枯木逢春的感觉。从一般意义上讲，缠绕类和吸附类的攀缘植物均适用于立柱式绿化，用爬山虎、五叶地锦、常春油麻藤、常春藤、木通、南蛇藤、络石、金银花、南五味子、软枣猕猴桃、蝙蝠葛、扶芳藤等耐阴种类。一般的电线杆及枯树的绿化可选用观赏价值高的植物如凌霄、络石、素方花、西番莲等。植物材料宜选用常绿的耐阴种类如络石、扶芳藤、常春藤、南五味子、海金沙等，以防止内部空虚，影响观赏效果，如图6-11所示。

图6-11　立柱式

【高手必懂】攀缘植物的配置方式

应用攀缘植物造景要考虑其周围的环境再进行合理配置，在色彩和空间大小、形式上要协调一致，并努力实现品种丰富、形式多样的综合景观效果。草、木本混合播种，如地锦与牵牛、紫藤与莴萝。丰富季相变化、远近期结合，开花品种与常绿品种相结合。包括攀缘植物的叶、花、果、植株形态等合理搭配，丰富观赏效果。攀缘植物配置形式多样，如图6-12所示。

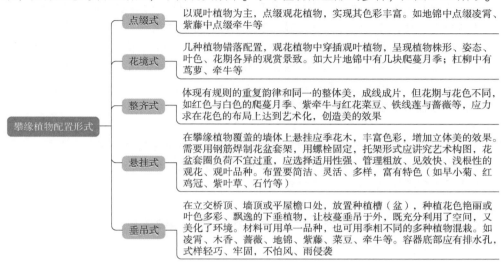

	点缀式	以观叶植物为主，点缀观花植物，实现其色彩丰富。如地锦中点缀凌霄、紫藤中点缀牵牛等
攀缘植物配置形式	花境式	几种植物错落配置，观花植物中穿插观叶植物，呈现植物株形、姿态、叶色、花期各异的观赏景致。如大片地锦中有几块爬蔓月季；杠柳中有莴萝、牵牛等
	整齐式	体现有规则的重复韵律和同一的整体美，成线成片，但花期与花色不同，如红色与白色的爬蔓月季、紫牵牛与红花菜豆、铁线莲与蔷薇等，应力求在花色的布局上达到艺术化，创造美的效果
	悬挂式	在攀缘植物覆盖的墙体上悬挂应季花木，丰富色彩，增加立体美的效果。需要用钢筋焊制花盆套架，用螺栓固定，托架形式应讲究艺术构图，花盆套圈负荷不宜过重，应选择适用性强、管理粗放、见效快、浅根性的观花、观叶品种。布置要简洁、灵活、多样，富有特色（如早小菊、红鸡冠、紫叶草、石竹等）
	垂吊式	在立交桥顶、墙顶或平屋檐口处，放置种植槽（盆），种植花色艳丽或叶色多彩、飘逸的下垂植物，让枝蔓垂吊于外，既充分利用了空间，又美化了环境。材料可用单一品种，也可用季相不同的多种植物混栽。如凌霄、木香、蔷薇、地锦、紫藤、菜豆、牵牛等。容器底部应有排水孔，式样轻巧、牢固，不怕风、雨侵袭

图6-12　攀缘植物配置形式

第三节
攀缘植物种植施工

【高手必懂】攀缘植物的栽植技术

一、栽植季节

大部分木本攀缘植物应在春季栽植，并且要在萌芽前栽完。落叶树种在春季解冻后发芽前，或秋季落叶后冰冻前栽植。常绿植物栽植应在春季解冻后发芽前，或在秋季新梢停止生长后降霜前进行。若有特殊需要，雨季可以少量栽植，应采取先装盆，或者强修剪、起土球、阴雨天栽植等措施。

二、栽植间距

根据品种、大小及要求见效的时间长短，确定栽植间距，一般宜为40～50cm。墙面贴植，间距宜为80～100cm。垂直绿化材料要靠近建筑物的基部栽植。

三、栽植方法

1. 栽植槽、穴准备
按照种植设计所确定的坑（沟）位，定点、挖坑（沟），坑（沟）应四壁垂直、低平，坑径（或沟宽）应大于根径 10～20cm。不能采用一锹挖一个小窝，将苗木根系外露的栽植方法。栽植工序应紧密衔接，做到随挖、随运、随栽、随灌，裸根苗不能长时间曝晒和长时间脱水。栽植穴大小要根据苗木规格来定，一般为长（20～35）cm×宽（20～35）cm×深（30～40）cm。栽植前，可结合整地，向土壤中施基肥。肥料宜选择腐熟的有机肥，每栽植穴应施 0.5～1.0kg。将肥料和土拌匀，施入坑内。

2. 苗木准备

运苗前应先验收苗木，对太小、干枯、根部腐烂等的植株不得验收装运。苗木运至施工现场，如果不能立即栽植，应用湿土假植。假植超过两天，应浇水管护。对苗木的修剪程度视栽植时间的早晚来确定，栽植早宜留蔓长，栽植晚宜留蔓短。用于棚架栽植的植物材料，若是藤本植物，如紫藤、常春油麻藤等，最好选一根独藤长 5m 以上的；如果是如木香、蔷薇之类的攀缘类灌木，因其多为丛生状，要下决心剪掉多数的丛生枝条，只留 1～2 根最长的茎干，以集中养分供应，使今后能够较快地生长，较快地使枝叶盖满棚架。

3. 栽植

苗木摆放立面应将较多的分枝均匀地与墙面平行放置。栽植时的埋土深度应比原土痕深 2cm 左右。埋土时应舒展植株根系，并分层踏实。栽植后应做树堰，树堰应坚固，用脚踏实土埝，以防跑水。在草坪地栽植攀缘植物时，应先起出草坪草。

4. 浇水

苗木栽植后随即浇水，次日再浇水 1 次，两次水均浇透。第 2 次浇水后要进行根际培土，做到土面平整、疏松。

四、枝条固定

栽植无吸盘的绿化材料应予以牵引和固定。固定植株枝条应根据长势分散固定。固定点位置可以根据植物枝条的长度与硬度来定。紧靠墙面贴植，并剪去内向、外向的枝条，保存可填补空档的枝条，按主干、主枝、小枝的顺序进行固定，固定好后修剪平整。

【高手必懂】养护管理

养护管理如图 6-13 所示。

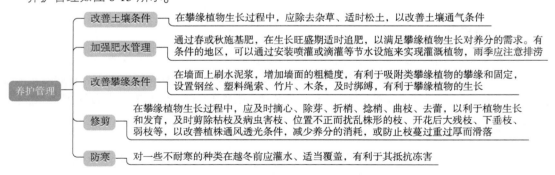

图 6-13　养护管理

【高手必懂】墙面绿化

利用攀缘植物装饰建筑物墙面称为墙面绿化。这类攀缘植物基本上属于攀附攀缘植物。由于其茂密的枝叶，能起到防止烈日暴晒和风雨侵蚀的作用，就好像给墙面披上了绿色的保护服。墙面绿化以后，还能创造一个凉爽舒适的环境。经测定，在炎热季节，有墙面绿化的室内温度比没有墙面绿化的要低 2～4℃。适于作墙面绿化的攀缘植物种类很多，如薜荔、常春藤终年翠绿，扶芳藤、五叶地锦入秋叶色橙红，络石飘洒自然，凌霄金钟朵朵，可以起到点缀或陪衬园林景色的作用。广泛运用墙面绿化，对于人口和建筑密度较高的城市，是提高绿化覆盖率，创造较好的生态环境，发展城市绿化的一条重要途径。

一、植物材料

常用攀附能力较强的爬山虎、崖爬藤、凌霄、常春藤等。

二、墙面处理

表面粗糙度大的墙面有利于植物攀附，垂直绿化容易成功。当墙面太光滑时，植物不能攀附墙面，需在墙面上均匀地钉上水泥钉或膨胀螺栓，用钢丝贴着墙面拉成网，供植物攀附。

三、种植带（槽）

爬墙植物都栽种在墙脚下，墙脚下应留有种植带或建有种植槽。种植带的宽度一般为 50～150cm，土层厚度在 50cm 以上。种植槽宽度 50～80cm，高 50～70cm，槽底每隔 2～2.5cm 应留出一个排水孔。

四、种植技术要求

种植土应该选用疏松肥沃的壤土。栽种时，苗木根部应距墙根 15cm 左右，株距采用 50～70cm，以 50cm 的效果更好些。栽植深度，以苗木的根团全埋入土中为准；苗木栽下后要将根团周围的土壤摁实。

五、保护设施

为了确保成活，在施工后一段时间中要设置篱笆、围栏等，保护墙脚刚栽上的植物；以后当植物长到能够抗受损害时，才拆除围护设施。

第七章
综合实例

【高手必懂】×××园林乔灌木种植设计实例

某园林乔灌木种植设计实例如图7-1～图7-10所示。

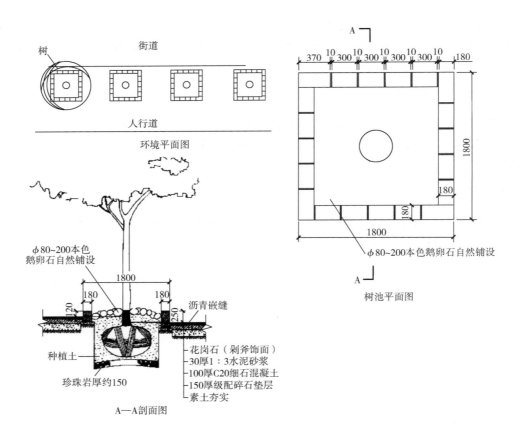

图 7-1 树穴做法 1

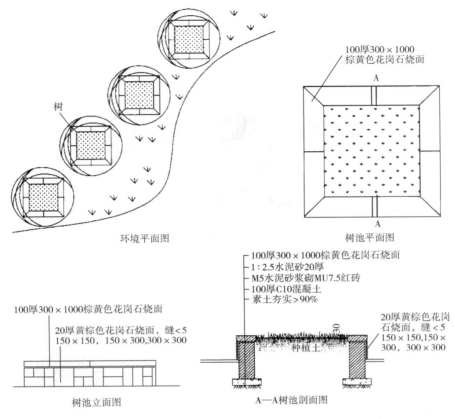

环境平面图

树池平面图

100厚300×1000
棕黄色花岗石烧面

100厚300×1000棕黄色花岗石烧面
1:2.5水泥砂20厚
M5水泥砂浆砌MU7.5红砖
100厚C10混凝土
素土夯实>90%

树池立面图

100厚300×1000棕黄色花岗石烧面

20厚黄棕色花岗石烧面，缝<5
150×150，150×300,300×300

20厚黄棕色花岗
石烧面，缝<5
150×150,150×
300，300×300

种植土

A—A树池剖面图

图 7-2 树穴做法 2

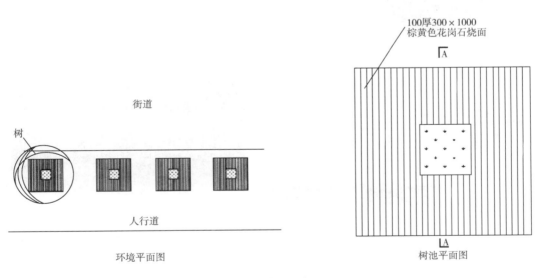

街道

树

人行道

环境平面图

100厚300×1000
棕黄色花岗石烧面

A

A

树池平面图

图 7-3 树穴做法 3

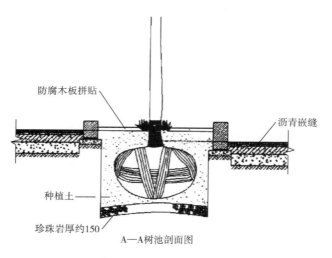

防腐木板拼贴

沥青嵌缝

种植土

珍珠岩厚约150

A—A树池剖面图

图 7-3　树穴做法 3（续）

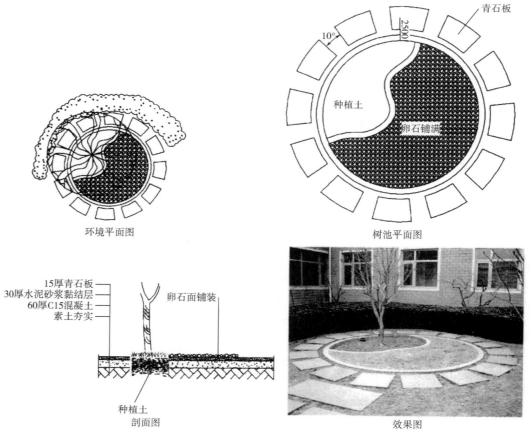

环境平面图

青石板

10°　2500

种植土

卵石铺满

树池平面图

15厚青石板
30厚水泥砂浆黏结层
60厚C15混凝土
素土夯实

卵石面铺装

种植土
剖面图

效果图

图 7-4　树穴做法 4

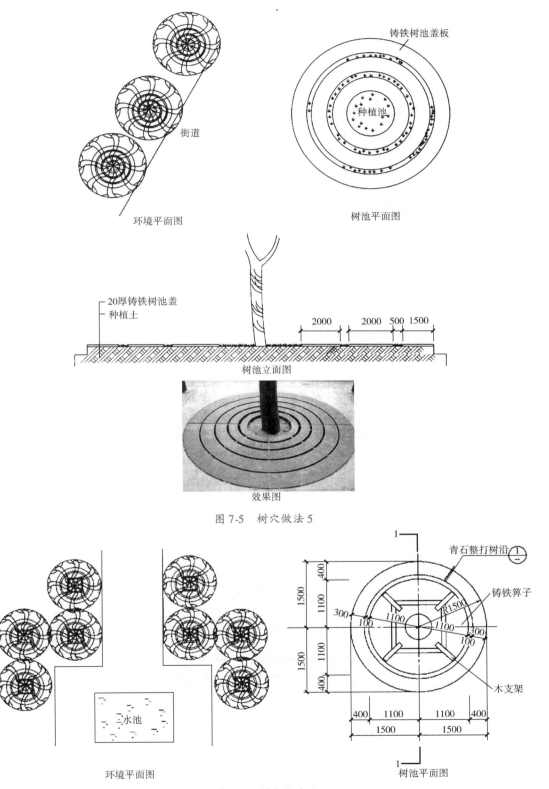

铸铁树池盖板

种植池

街道

环境平面图

树池平面图

20厚铸铁树池盖
种植土

2000　2000　500　1500

树池立面图

效果图

图 7-5　树穴做法 5

水池

环境平面图

青石整打树沿

铸铁箅子

400
1500
1100
300
100　1100　R1500
1100　300
100
1100
1500
400

木支架

树池平面图

400　1100　1100　400
1500　1500

图 7-6　树穴做法 6

227

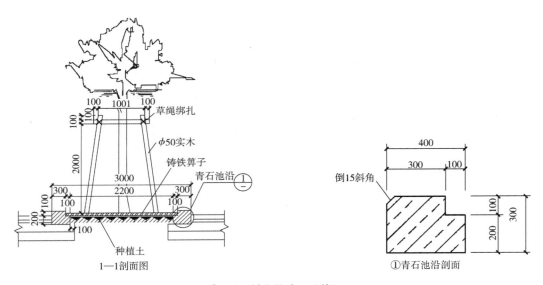

图 7-6 树穴做法 6（续）

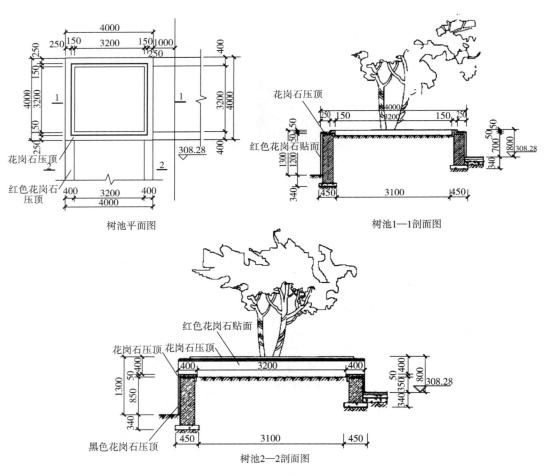

图 7-7 树穴做法 7

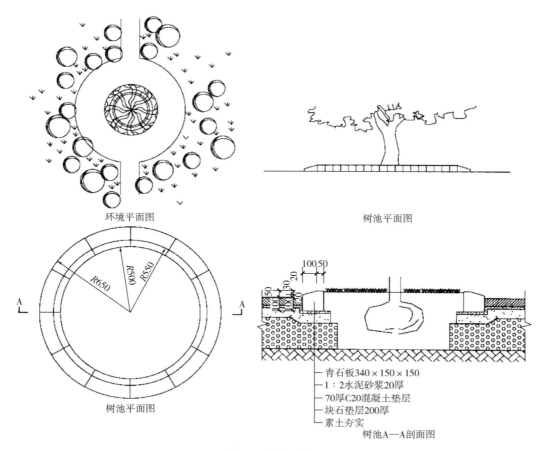

环境平面图

树池平面图

树池平面图

青石板340×150×150
1:2水泥砂浆20厚
70厚C20混凝土垫层
块石垫层200厚
素土夯实

树池A—A剖面图

图 7-8　树穴做法 8

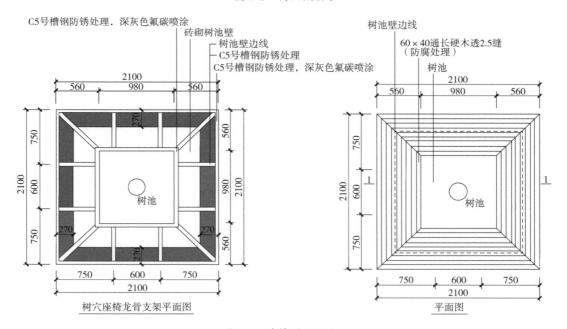

C5号槽钢防锈处理，深灰色氟碳喷涂

砖砌树池壁
树池壁边线
C5号槽钢防锈处理
C5号槽钢防锈处理，深灰色氟碳喷涂

树穴座椅龙骨支架平面图

树池壁边线
60×40通长硬木透2.5缝
（防腐处理）
树池

平面图

图 7-9　座椅树穴做法 1

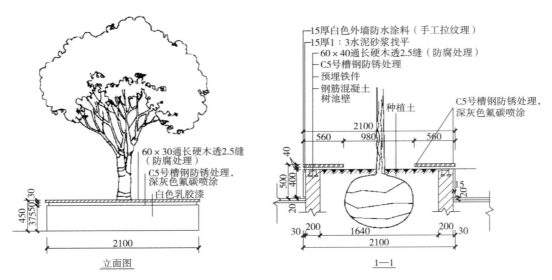

图 7-9　座椅树穴做法 1（续）

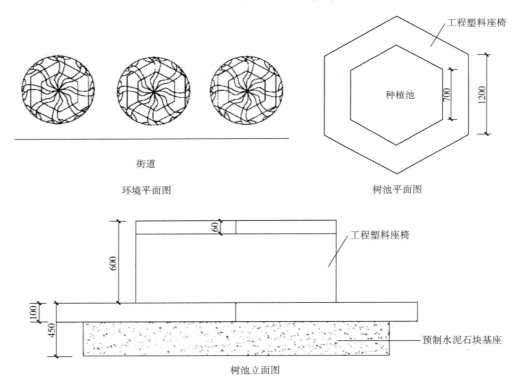

图 7-10　座椅树穴做法 2

【高手必懂】×××园林草坪种植设计实例

1. 植草停车位

植草停车位结构如图 7-11、图 7-12 所示。

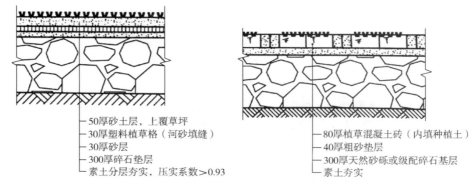

图 7-11　植草格停车位结构

图 7-12　嵌草砖停车位结构

2. 植草路面

植草路面结构如图 7-13、图 7-14 所示。

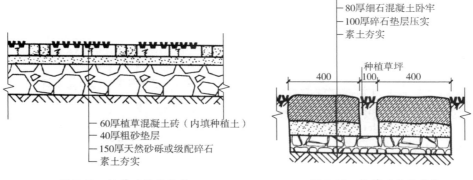

图 7-13　植草砖路面结构

图 7-14　植草石路面结构

3. 草坪边沟侧石

草坪边沟侧石结构如图 7-15～图 7-18 所示。

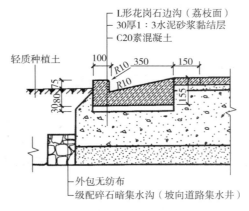

图 7-15　花岗石边沟侧石结构

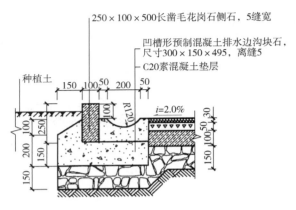

图 7-16　预制混凝土边沟结构

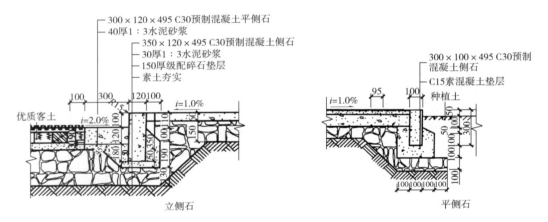

图 7-17　混凝土侧石

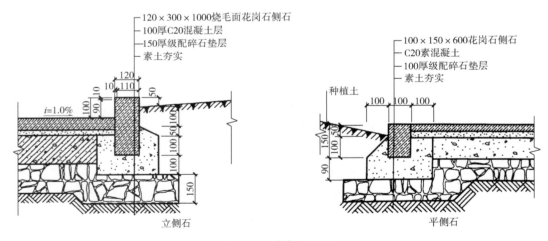

图 7-18　花岗石侧石

【高手必懂】×××园林花卉种植设计实例

一、花镜设计实例

花境设计实例如图 7-19 ~ 图 7-25 所示。

1. 花镜设计实例一

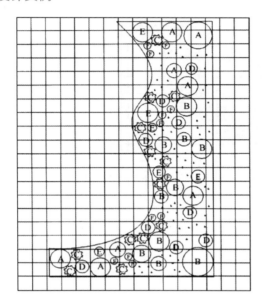

主要植物名录	
序号	名称
A	狼尾草
B	美人蕉
C	矮牵牛
D	万寿菊
E	一串红
F	四季海棠

图 7-19　单面花镜 1

2. 花镜设计实例二

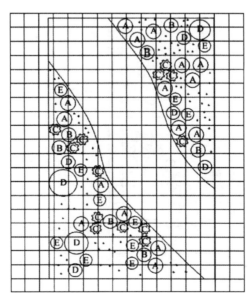

主要植物名录	
序号	名称
A	万寿菊
B	醉蝶花
C	矮牵牛
D	狼尾草
E	松果菊

图 7-20　单面花镜 2

3. 花镜设计实例三

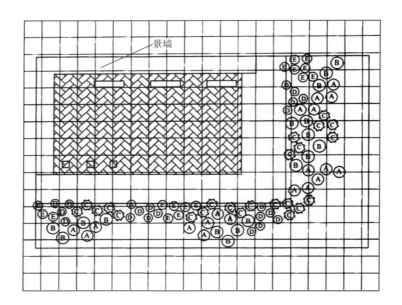

景墙

序号	名称
A	狼尾草
B	美人蕉
C	矮牵牛
D	万寿菊
E	一串红

主要植物名录

图 7-21　单面花镜 3

4. 花镜设计实例四

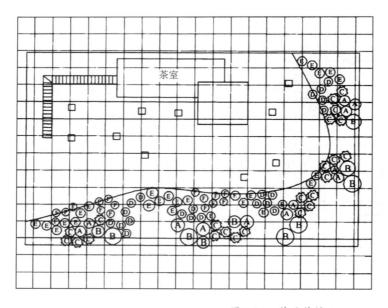

茶室

序号	名称
A	狼尾草
B	美人蕉
C	矮牵牛
D	万寿菊
E	一串红
F	四季海棠

主要植物名录

图 7-22　单面花镜 4

5. 花镜设计实例五

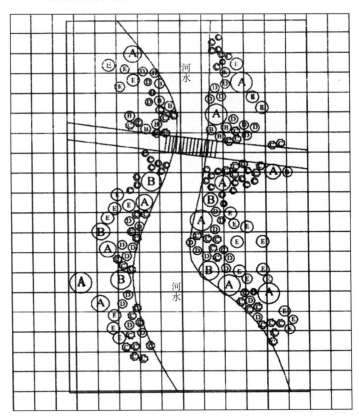

主要植物名录

序号	名称
A	狼尾草
B	美人蕉
C	矮牵牛
D	万寿菊
E	一串红

图 7-23 双面花镜 1

6. 花镜设计实例六

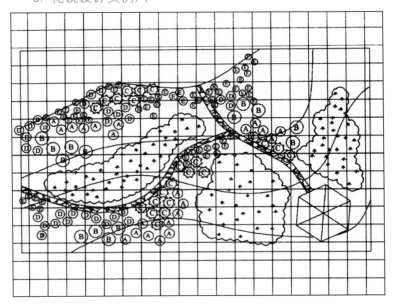

主要植物名录

序号	名称
A	狼尾草
B	美人蕉
C	矮牵牛
D	万寿菊
E	四季海棠

图 7-24 双面花镜 2

7. 花镜设计实例七

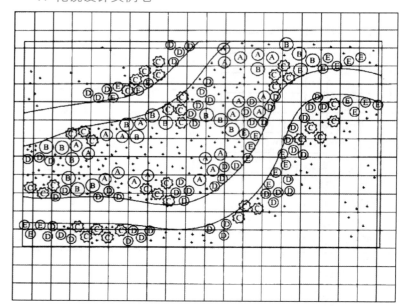

主要植物名录

序号	名称
A	狼尾草
B	美人蕉
C	矮牵牛
D	万寿菊
E	一串红

图 7-25 双面花镜 3

二、花坛设计实例

1. 环境总平面图

应标出花坛所在环境的道路、建筑边界线、广场及绿地等，并绘出花坛平面轮廓。依面积大小有别，通常可选用 1:100 或 1:1000 的比例。

2. 花坛平面图

需标明花坛的图案纹样及所用植物材料。其上标明符号或阿拉伯数字，从花坛内部向外依次编号，并要与图旁的植物材料表对应，表内项目包括花卉的中文名、拉丁学名、株高、花色、花期以及用花量等，如图 7-26 所示。

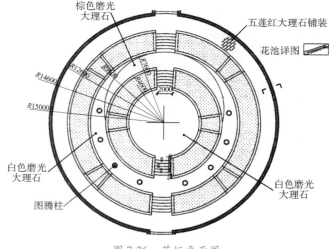

图 7-26 花坛平面图

3. 花坛立面图

说明花坛的效果及景观。在花坛中某些局部，比如造型物等细部，在必要时绘出立面放大图，其比例尺寸应准确，为制作及施工提供可靠数据，如图7-27所示。

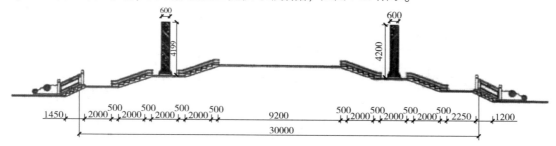

图7-27 花坛立面图

4. 设计说明书

简述花坛的主题、构思，并说明设计图中难以表现的内容，文字宜简练，也可附在花坛设计图内。对植物材料的要求，包括育苗计划、用苗量的计算、育苗方法、起苗、运苗及定植要求，以及花坛建立后的一些养护管理要求。设计说明书可以与上述各图可布置在同一图纸上，注意图纸布图的整体效果，也可另列出来。

5. 花坛设计图例

（1）混合花坛

1）混合花坛1如图7-28所示。图中数字代表的植物依次是：1—中心花卉；2—草花（中、高花卉）；3—草花（低矮花卉，如荷兰菊）；4～7—五色草，依次为花大叶、绿草、小叶红、黑草。

2）混合花坛2如图7-29所示。图中数字代表的植物依次是：1—串红（紫或红色鸡冠花）；2，5—荷兰菊；3—五色草（绿草）；4—五色草（花大叶或小叶红）；6—五色草（黑草）。

3）混合花坛3如图7-30所示。图中数字代表的植物依次是：1—草花（凤仙花、半支莲、早菊、一串红、矮鸡冠花）；2—草花（孔雀草、荷兰菊）；3～5—五色草，依次为绿草、花大叶或小叶红、黑草。

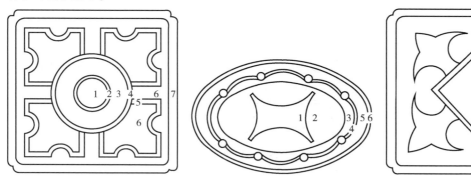

图7-28 混合花坛1   图7-29 混合花坛2   图7-30 混合花坛3

（2）花坛群

1）花坛群1如图7-31所示。图中数字代表的植物依次是：1—树坛种植常绿树或开花灌木、草花；2～5—草花或木本花卉（如月季）。

2）花坛群2如图7-32所示。图中数字代表的植物依次是：1—二年生草花或球根花卉；2～5—宿根花卉。

（3）模纹花坛

1）模纹花坛1如图7-33所示。图中数字代表的植物依次是：1—四季海棠；2～5—五色草，依次为小叶、花大红、绿草、花大叶；6—四季海棠或龙舌兰。

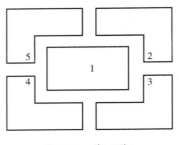

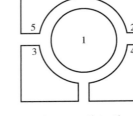

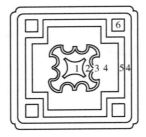

图 7-31　花坛群 1　　　　图 7-32　花坛群 2　　　　图 7-33　模纹花坛 1

2）模纹花坛2如图7-34所示。图中数字代表的植物依次是：1—中心花卉；2—草花；3～6—各色五色草。

（4）花草花坛

1）花草花坛1如图7-35所示。图中数字代表的植物依次是：1—中心花卉；2，4—凤仙花；3，5—半支莲；6—扫帚草。

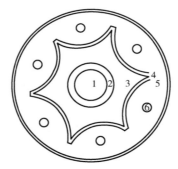

图 7-34　模纹花坛 2　　　　　　　图 7-35　花草花坛 1

2）花草花坛2如图7-36所示。图中数字代表的植物依次是：1—中心花卉；2—雏菊（粉色）；3—小丽花；4—半支莲；5—孔雀草；6—福禄考；7—荷兰菊；8—孔雀草。

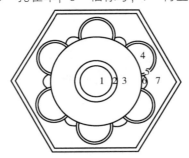

图 7-36　花草花坛 2

【高手必懂】×××园林水生植物种植设计实例

某园林水生植物种植设计实例如图7-37～图7-43所示。

图7-37　放在支墩上的盆栽水生植物景观

图7-38　水生植物栽植床

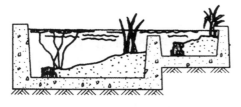

图7-39　水生植物栽培池结构图1

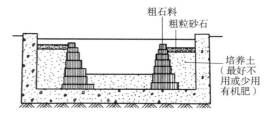

粗石料
粗粒砂石
培养土（最好不用或少用有机肥）

图7-40　水生植物栽培池结构图2

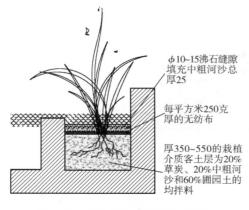

φ10～15沸石缝隙填充中粗河沙总厚25

每平方米250克厚的无纺布

厚350～550的栽植介质客土层为20%草炭、20%中粗河沙和60%圃园土的均拌料

图7-41　水生植物栽培池结构图3

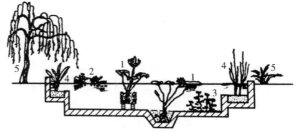

图7-42　水生植物造景示意图（规则式剖面图）

1—挺水植物（荷花）　　2—浮叶植物（水葫芦）

3—沉水植物（金鱼藻）　4—沼生植物（海芋、香蒲）

5—岸边植物（垂柳、蕨类）

图7-43　水生植物造景示图（自然式透视图）

【高手必懂】×××园林攀缘植物种植设计实例

墙面绿化实例

1. 绿化材料选择

常用攀附能力较强的爬山虎、岩爬藤、凌霄、常春藤等作为绿化材料。

2. 墙面处理

表面粗糙度大的墙面有利于植物攀附，否则，就只有在墙面上均匀地钉上水泥钉或膨胀螺栓，用钢丝贴着墙面拉成网，供植物攀附。

3. 种植带（槽）

爬墙植物都栽种在墙脚下，墙脚下应留有种植带或建有种植槽。种植带的宽度一般为 50 ~ 150cm，土层厚度在 50cm 以上。种植槽宽度 50 ~ 80cm，高度 40 ~ 70cm，槽底每隔 2 ~ 2.5cm 应留出一个排水孔。

4. 栽植技术

种植土应该选用疏松肥沃的壤土。栽种时，苗木根部应距墙根 15cm 左右，株距采用 50 ~ 70cm，而以 50cm 的效果更好些。栽植深度，以苗木的根团全埋入土中为准；苗木栽下后要将根团周围的土壤摁实。

5. 保护设施

为了确保成活，在施工后一段时间中要设置篱笆、围栏等，保护墙脚刚栽上的植物；当植物长到能够抗受损害时，才拆除围护设施。攀缘植物沿着钢丝生长，或斜向或水平；钢丝网也可以被取下来，钢丝的两端应能分开，同时植物应能被放倒在地面上，以确保枝条不会发生折断或扭伤。钢丝可以通过拧进墙体中的螺钉钩来固定，只需露出足够的长度即可（见图 7-44 ~ 图 7-47）。

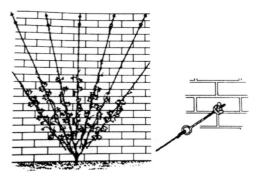

图 7-44　发扇形牵引

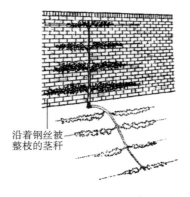

图 7-45　水平垂直牵引

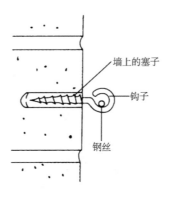

图 7-46　螺钉固定

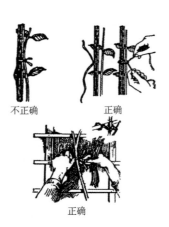

图 7-47　藤本捆绑法

参 考 文 献

[1] 陈祺，陈佳．园林工程建设现场施工技术 [M]．北京：化学工业出版社，2010.

[2] 谢云．园林植物造景工程施工细节 [M]．北京：机械工业出版社，2009.

[3] 李坤新．园林绿化与管理 [M]．北京：中国林业出版社，2007.

[4] 郭丽峰．园林工程施工便携手册 [M]．北京：中国电力出版社，2006.

[5] 白金瑞．园林绿化与管理 [M]．武汉：华中科技大学出版社，2012.

[6] 郝瑞霞．园林工程规划与设计便携手册 [M]．北京：中国电力出版社，2008.

[7] 郭爱云．园林工程施工技术 [M]．武汉：华中科技大学出版社，2012.

[8] 孟兆祯，毛培琳，黄庆喜，等．园林工程 [M]．北京：中国林业出版社，1995.

[9] 蒋林君．园林绿化工程施工员培训教材 [M]．北京：中国建筑工业出版社，2011.

[10] 魏岩．园林植物栽培与养护 [M]．北京：中国科学技术出版社，2003.

[11] 陈进勇，朱瑾，张佐双．园林树木选择与栽植 [M]．北京：化学工业出版社，2011.

[12] 吴玉华．园林树木 [M]．北京：中国农业出版社，2008.

[13] 赵滢．中国传统园林植物的人文思想 [J]．杨凌职业技术学院学报，2007，6 (1)：26-28.

[14] 祝秀丽，曹志敏，罗晓明．城市垂直绿化设计原则及其植物配置 [J]．现代农业科技，2010 (21)：268-269.

[15] 曹受金，田英翠．攀缘植物在南方园林绿化中的应用 [J]．北方园艺，2006 (3)：109-110.

[16] 姚德权．攀缘植物及攀缘植物在园林中的应用 [J]．北京农业，2011 (6)：63-64.

[17] 孔杨勇．水生植物种植设计与施工 [M]．杭州：浙江大学出版社，2015.

[18] 邹原东．园林绿化设计与施工图文精解 [M]．南京：江苏人民出版社，2012.

[19] 本书编委会．园林工程技术手册 [M]．合肥：安徽科学技术出版社，2014.

[20] 曾艳．风景园林艺术原理 [M]．北京：中国林业出版社，2015.

[21] 王亚南，周晓晶．花坛营造与管理 [M]．北京：化学工业出版社，2015.

[22] 卢圣．图解园林植物造景与实例 [M]．北京：化学工业出版社，2011.

[23] 本书编委会．园林景观细部设计 CAD 精选图集 [M]．北京：机械工业出版社，2013.

[24] 李春娇，田建林，张柏，等．园林植物种植设计施工手册 [M]．北京：中国林业出版社，2013.

[25] 汪辉，汪松陵．园林规划设计 [M]．北京：化学工业出版社，2012.